Eduard Dunker

Über die Wärme im Innern der Erde und ihre möglichst fehlerfreie Ermittlung

bremen
university
press

Fduard Dunker

Über die Wärme im Innern der Erde und ihre möglichst fehlerfreie Ermittlung

ISBN/EAN: 9783955621766

Auflage: 1

Erscheinungsjahr: 2013

Erscheinungsort: Bremen, Deutschland

@ Bremen-university-press in Access Verlag GmbH, Fahrenheitstr. 1, 28359 Bremen. Alle Rechte beim Verlag und bei den jeweiligen Lizenzgebern.

bremen
university
press

Ueber die

Wärme im Innern der Erde

und

ihre möglichst fehlerfreie Ermittelung.

Von

Eduard Dunker,

Geh. Bergrath a. D.

Mit 2 Tafeln.

—◆–¦–❈–¦–◆—

Stuttgart.

E. Schweizerbart'sche Verlagshandlung (E. Koch).

1896.

Die Herausgabe des vom Verfasser bei seinem im September 1894 erfolgten Tode druckfertig hinterlassenen Werkes wurde durch

Dr. Reinhard Brauns,
Professor an der Universität Giessen,

besorgt.

Inhalt.

Viertes Capitel.

Fünftes Capitel.

Sechstes Capitel.

Siebentes Capitel.

Achtes Capitel.

Neuntes Capitel.

Zehntes Capitel.

Elftes Capitel.

Zwölftes Capitel.

Dreiundzwanzigstes Capitel.

Vierundzwanzigstes Capitel.

Fünfundzwanzigstes Capitel.

Register.

Erstes Capitel.

Ältere Beobachtungen. — Verschiedene Deutungen der neueren. — Die Wärme der oberen Bodenschichten. — Nach langjährigem Durchschnitte nimmt in diesem Theile des Bodens die Wärme mit der Tiefe gar nicht zu. — Ihre Veränderlichkeit nach den Jahreszeiten nimmt ab mit der Zunahme der Tiefe. — Beobachtungen im tiefen Keller des Observatoriums zu Paris. — In einer vom Klima abhängigen Tiefe wird die Erdwärme constant. — Stets gefrorener Boden. — Unterschied zwischen mittlerer Temperatur der Luft und der Bodenoberfläche.

Im Jahre 1664 theilte Athanasius Kircher die Antworten mit, welche er von Bergbeamten über die Wärme des Innern der Erde erhalten hatte. Die eine ging dahin, man hätte in den Gruben weder von Wärme noch von Kälte zu leiden, wenn guter Wetterwechsel vorhanden sei, wo dieser aber fehle, sei es wärmer. Nach der anderen wurde angegeben, die Gruben würden, wenn sie trocken seien, mit der Tiefe immer wärmer, weil es wegen der Tiefe unmöglich sei, ihnen hinlängliche Luftlöcher zuzuführen, hätten sie aber Wasser, so seien sie, obgleich tief, nicht so warm. Wenn sie aber tief und trocken seien, und kiesige Gänge hätten, so wären sie immer sehr warm[1].

Dies sind die ältesten Angaben, welche Reich[2] über die innere Wärme der Erde finden konnte. Später wurden hierüber Beobachtungen in grosser Zahl angestellt und die sich darauf beziehende Literatur nahm so an Umfang zu, dass Reich aus ihr schon 35 Autoren anführen konnte, von denen einige sich in mehrfachen Abhandlungen geäussert haben[3]. Es entspricht das der, durch die Kant-Laplace'sche Hypothese über die Entstehung der Weltkörper noch gesteigerten Bedeutung des Gegenstandes für die Physik der Erde.

---

[1] Mundus subterraneus. Vol. II. p. 184 et 185.

[2] Beobachtungen über die Temperatur des Gesteins in verschiedenen Tiefen in den Gruben des sächsischen Erzgebirges in den Jahren 1830—1832. Freiberg 1834. S. 139.

[3] Daselbst S. 140.

Man hat in verschiedenen Tiefen beobachtet die Wärme der oberen Bodenschichten, ferner die der Luft, des Wassers und Gesteins in Bergwerken und des Wassers in Bohrlöchern. Gleichwohl stimmen die daraus gezogenen Schlüsse noch nicht miteinander überein. Zu den neueren, bis zu einer ungewöhnlich grossen Tiefe sich erstreckenden Beobachtungen gehören die in den Jahren 1869, 1870 und 1871 unter meiner Leitung in dem 4052 rheinländische Fuss tief gewordenen Bohrloche I zu Sperenberg ausgeführten, über welche im Jahre 1872 in der Zeitschrift für das Berg-, Hütten- und Salinenwesen in dem preussischen Staate eine Abhandlung von mir erschienen und ausserdem in der Zeitschrift für die gesammten Naturwissenschaften von demselben Jahre zum Abdrucke gekommen ist. Auch über die Bedeutung dieser Beobachtungen gingen die Ansichten auseinander, denn man betrachtete die gefundene Wärme theils als den Rest einer ursprünglichen, theils schrieb man sie anderen Ursachen zu.

Nach weiteren Untersuchungen hielt ich es daher für zweckmässig, den bedeutsamen Gegenstand mit der erforderlichen Erweiterung und mit besonderer Berücksichtigung der Mittel zur Erlangung möglichst fehlerfreier Beobachtungen nochmals zu bearbeiten.

Von den Beobachtungen über die Wärme der oberen Bodenschichten mögen hier zunächst diejenigen näher in Betracht gezogen werden, welche G. BISCHOF angestellt und in seinem als hervorragend anerkannten Werke: „Die Wärmelehre des Innern unseres Erdkörpers 1837" eingehend beschrieben hat.

Zu Bonn liess er (S. 94 u. 98) in der Nähe seiner Wohnung einen 3½ Fuss weiten Schacht bis zu 40 und einigen Fuss abteufen und ausmauern. In dieser Tiefe, die wohl nahe das Niveau des Rheins erreicht haben mag, stiess man auf Wasser. „Hierauf wurden hölzerne Röhren von 7 Zoll ins Gevierte von 36, 30, 24, 18, 12 und 6 Fuss Länge so eingesetzt, dass sie einander nirgends unmittelbar berührten. In jede dieser Röhren kam, in den oben angezeigten Tiefen, eine mit Wasser angefüllte Glasbouteille, welche zwischen zweien durch hölzerne Leisten verbundenen Brettchen sich befand, zu stehen. An dem oberen Brettchen war ein Bügel von Eisendraht so angebracht, dass er leicht durch einen, an einem Seil befestigten und in die Röhren hinabgelassenen Haken ergriffen und damit das Ganze mit der Bouteille heraufgezogen werden konnte. Um die unmittelbare Leitung der äusseren Wärme durch die hölzernen Röhren ganz zu beschränken, wurde in jede Röhre bis zu einer

Tiefe von 6 Fuss ein, an einer hölzernen Stange befestigter Embolus, der aus einem mit Werg angefüllten Wulst von Leinwand besteht, und so dicht schliesst, dass durchaus keine Communication zwischen der unteren Luftsäule und der oberen über dem Embolus stattfinden kann, eingesetzt. Der leere Raum über dem Embolus bis zur Oberfläche wurde noch mit Werg ausgefüllt. Auf jeder Bouteille ruht demnach eine Luftsäule, die wenigstens für die Sommermonate, d. h. so lange, als die obere Temperatur höher, als die in der Tiefe ist, als ein völliger Nichtleiter der Wärme anzusehen ist. Hierauf wurde der ganze Schacht bis zur Oberfläche mit Sand ausgefüllt, und um das Eindringen des Regenwassers in die hölzernen Röhren zu verhüten, mit einem Dache überdeckt."

„Die Beobachtungsart ist sehr einfach. Nachdem der Embolus herausgezogen worden, wird das Seil mit dem Haken eingelassen, welcher nach einigen Bewegungen sogleich den Bügel über der Bouteille fasst, worauf dieselbe schnell heraufgezogen, ein empfindliches Thermometer in das Wasser gebracht, und nach einer Minute abgelesen wird."

Noch etwas richtiger, aber allerdings auch umständlicher und schwieriger wäre es gewesen, wenn der Embolus bis auf das Brettchen über der Bouteille heruntergeschoben wäre. Dadurch würde die namentlich bei den tieferen Beobachtungen lange Luftsäule über der Bouteille beseitigt und vermieden worden sein, dass der untere Theil dieser Luftsäule durch innere Strömung Wärme an ihren oberen Theil abgiebt, die Erdwärme also durch die der Luft zu gering gefunden wird. Aber auch ohne das geben die Beobachtungen noch ein befriedigendes Resultat.

Durch derartige Beobachtungen soll ermittelt werden, in welcher Weise die Wärme in den Bodenschichten, die noch unter dem Einflusse der nach den Jahreszeiten veränderlichen Sonnenwärme stehen, sich ändert, binnen welcher Zeit in den verschiedenen Tiefen der Einfluss der äusseren Wärme sich geltend macht, das Maximum und Minimum derselben erreicht, sowie in welcher Tiefe durch das Verschwinden dieses Einflusses die Erdwärme constant wird.

Die Beobachtungen begannen am 12. April 1836. Die an diesem Tage in den einzelnen Tiefen gemachten Beobachtungen sind nicht zu benutzen, weil zu dieser Zeit die durch das Einwerfen des Sandes gestörten Temperaturverhältnisse sich noch nicht ausgeglichen haben konnten. Die Reihe der brauchbaren Beobachtungen beginnt erst mit dem 9. Mai. Sie umfassten also, da sie (S. 394 u. 395) sich bis in den März des folgenden Jahres erstreckten, 11 Monate. Später sind (S. 508) zur Vervollständigung weiterer Beobachtungen in den Monaten März, April und Mai 1837 angestellt worden, so dass sie ein ganzes Jahr umfassten. Das Ergebniss war (S. 508) Folgendes:

	Tiefen in Fuss rheinl.					
	36	30	24	18	12	6
Anzahl der Beobachtungen	52	52	52	52	52	52
Summe der beobachteten Temperaturen Gr. R.	439,605	430,945	423,125	416,925	408,45	405,35
Jährliches Mittel . . .	8,453	8,2874	8,137	8,0178	7,8548	7,7952
Differenz zwischen Maximum und Minimum .	0,65	1,25	2,2	3,9	6,5	9,9
Mittel des Sommer-Semesters	8,6354	8,677	8,8102	9,219	9,8423	11,146
Mittel des Winter-Semesters	8,2966	7,8979	7,4385	6,9056	5,9426	4,6926
Diff. zwischen dem Mittel des Sommer-Sem. u. dem jährlichen Mittel	0,1824	0,3896	0,6732	1,2012	1,9875	3,3508
Diff. zwischen dem jährlichen Mittel und dem Mittel d. Winter-Sem.	0,1564	0,3895	0,6985	1,1122	1,9122	3,1026

In den geringeren Tiefen war die Temperatur wegen ihrer bedeutenden Veränderlichkeit bald grösser, bald kleiner als in der Tiefe von 36 Fuss. Von 6—36 Fuss, also für eine Tiefenzunahme von 30 Fuss nimmt das jährliche Mittel der Wärme um 0,6578° R., also für 100 Fuss um 2,19° R. = 2,74° C. zu. Wir werden später sehen, dass bis jetzt in grösserer Tiefe und festem Gestein nur einmal eine Temperaturzunahme gefunden worden ist, die jener nahekommt. Jene starke Zunahme des jährlichen Mittels deutet an, dass der Zeitraum eines Jahres noch nicht gross genug ist, um das arithmetische Mittel für die einzelnen Tiefen mit hinreichender Genauigkeit zu finden. Bestätigt wird dies durch folgende Beobachtungen, bei welchen die Tiefen in französischen Fussen, die Temperaturen, nach FAHRENHEIT'schen Graden angegeben sind und die Zeitdauer der Beobachtungen bemerkt ist[1].

	3 Fuss	12 Fuss	24 Fuss
Brüssel 3 Jahre	51,85	53,69	53,71
Edinburg (Craigleith) 5 Jahre . .	45,88	45,92	46,07
„ (Gardens) 5 Jahre . . .	46,13	46,76	47,09
„ (Observatorium) 17 Jahre	46,27	46,92	47,18
Greenwich 15 Jahre , ...	50,92	50,61	50,28

[1] Nature a weekly illustrated journal of Science. 1882. p. 566.

Man ersieht daraus, dass namentlich bei langer Dauer der Beobachtungen die Mittelwerthe für die einzelnen Tiefen sich nur wenig von einander unterscheiden und dass deshalb nichts darauf ankommt, ob sie eine geringe Zunahme oder Abnahme der Wärme mit der Tiefe ergeben haben. Daraus ergiebt sich, dass in der Zone der oberen veränderlichen Temperaturen die Wärme mit der Tiefe gar nicht zunimmt und dass, weil nach G. Bischof's Beobachtungen die Differenzen zwischen Maximum und Minimum der Temperatur mit der Tiefe abnehmen, sie ganz verschwinden werden, wenn eine gewisse Tiefe erreicht worden ist.

Von den Beobachtungen, durch welche dies bestätigt wurde, mögen nur die in dem tiefen Keller des Observatoriums zu Paris ausgeführten hervorgehoben werden.

Hier stellte im Jahre 1783 Cassini in Gemeinschaft mit Lavoisier in einer Tiefe von 27,6 oder abgerundet 28 m unter der Oberfläche ein von Lavoisier selbst construirtes, mit wohl gereinigtem Quecksilber gefülltes Thermometer auf, dessen Theilung auf Glas geätzt ist. Es reicht nur bis 16° C., hat aber am oberen Ende seiner Röhre eine Erweiterung, in welche das Quecksilber steigen kann, wenn etwa die Wärme über 16° C. hinausgehen sollte. Die Kugel des Thermometers hat einen Durchmesser von 7 cm. Die Röhre ist so fein, dass ein Grad ungefähr die Länge von 95 mm einnimmt und man noch die Hälfte von $\frac{1}{100}$° ablesen kann. Auf einem massiven, 1,3 m hohen Steinblocke steht ein mit feinem Sande angefülltes Glasgefäss und in diesem Sande die Kugel des Thermometers, so dass etwaige schnell vorübergehende und von der Erdwärme nicht herrührende Temperaturveränderungen sich nicht bemerkbar machen können.

Dieses Thermometer hat eine constante Temperatur von 11,82° C. gezeigt, von der es zwar auch abgewichen ist, aber ohne dass die Abweichung $\frac{15}{100}$° erreichte und man konnte nachweisen, dass dies wahrscheinlich den Arbeiten der Steinbrecher in Paris und den dadurch entstandenen zufälligen Luftströmungen zuzuschreiben war[1].

Die Tiefe, in welcher die Erdwärme constant wird, kann nicht an allen Orten dieselbe sein, weil sie abhängig sein muss von den Schwankungen der Lufttemperatur und dem Wärmeleitungsvermögen des Gesteins. Je geringer die jährlichen Schwankungen der Lufttemperatur sind und je geringer das Wärmeleitungsvermögen der

[1] Pouillet u. Müller's Lehrbuch der Physik und Meteorologie. 1843. Bd. II. S. 470.

oberen Gesteinsmassen ist, desto mehr muss sich die Grenze des Temperaturwechsels der Oberfläche nähern. Sie liegt daher bei den geringen Schwankungen der Lufttemperatur in den Aequatorialgegenden weit höher, als in der gemässigten Zone, wo diese Schwankungen schon sehr stark sind. Die Grenze des Temperaturwechsels muss daher in Gegenden, welche ein continentales Klima mit sehr veränderlichen Temperaturen haben, tiefer liegen, als in anderen Gegenden mit weniger veränderlichem Küstenklima[1].

In Deutschland verschwinden bei einer Tiefe von 6 dcm die täglichen Temperaturschwankungen und in einer Tiefe von 24 m auch die jährlichen[2].

Die genaue Ermittelung der Tiefe, von welcher an die Erdwärme constant wird, ist oft schwierig, oder nicht möglich. Das tritt aber zurück gegen die Thatsache, dass diese Tiefe an allen Orten vorhanden ist, wenn auch verschieden nach Maassgabe der geographischen Breite, der absoluten Höhe und der sonstigen klimatischen Bedingungen.

Da die Erdwärme in der Zone der veränderlichen Temperaturen nach langjährigem Durchschnitte mit der Tiefe nicht zunimmt, so folgt daraus, dass, wenn die mittlere Jahrestemperatur eines Orts unter dem Gefrierpunkte liegt, der Boden bis zu einer gewissen Tiefe stets gefroren sein muss, dass also, wenn der Sommer zwar kurz, aber hinreichend warm ist, dadurch nur die oberen Bodenschichten vorübergehend aufthauen können. Die Beobachtungen in einem Schachte zu Jakutsk im nördlichen Sibirien haben dies bestätigt.

Reich fand[3] die mittlere Temperatur der Erdoberfläche um fast 1º C. höher, als die aus den Beobachtungen an einem frei im Schatten hängenden Thermometer abgeleitete mittlere Temperatur der Luft. Dies entspricht anderen Beobachtungen, nach welchen die mittlere Wärme der Oberfläche in den kleineren Breiten niedriger, in den grösseren höher als die der Luft ist und in den mittleren Breiten beide nahezu einander gleich sind. Es wird dies davon abgeleitet, dass in dem kälteren Klima nur in der warmen Jahreszeit, in dem wärmeren aber während des ganzen Jahres Wasser, durch welches vorzugsweise die Luftwärme in den Boden gelangt, in die Erde dringt[4].

---

[1] Lehrbuch der Geognosie von Naumann. 1849. I. S. 42.
[2] Müller, Lehrbuch der Physik und Meteorologie. 1879. Bd. II. 2. S. 612.
[3] a. a. O. S. 122.
[4] Die Naturlehre von Baumgartner und v. Ettingshausen. 1842. S. 832.

Zweites Capitel.

Vom Eintritt der constanten Erdwärme an beginnt das Gesetz ihrer Zunahme
mit der Tiefe. — Auch im stets gefrorenen Boden. — Zur gesetzmässigen Leitung
der Wärme ist ein fester und dichter Körper erforderlich. — Beobachtungen
mittelst in das Gestein gesenkter Thermometer in den Gruben des sächsischen
Erzgebirges. — Störungen. — Arithmetisches Mittel der Wärmezunahme. —
Das Gesetz dieser Zunahme konnte nicht festgestellt werden. — Wärme einer
in der Grube eingeschlossenen Wassermasse. — Gesteinswärme in frisch angehauenen Stössen. — Beobachten mit einem durch Paraffin träge gemachten
Thermometer.

Dass vom Eintritt der constanten Temperatur an die Erdwärme
mit der Tiefe zunimmt, ist selbst durch solche Beobachtungen nachgewiesen, die mit wesentlichen Fehlern behaftet waren. Ausnahmen
hiervon sind entweder Folge besonderer localer Verhältnisse, oder
zu fehlerhafter Beobachtung.

Es kommen daher stets z w e i Reihen in Betracht, von denen
die obere die Zone der veränderlichen Temperaturen umfasst und
die untere mit dem Eintritt der constanten Temperatur beginnt.
Nur in der letzteren kann, wie auch schon G. Bischof hervorgehoben hat [1], das Gesetz der Zunahme der Wärme mit der Tiefe
ungestört zum Ausdruck kommen.

Wenn die Wärme des Erdkörpers der Rest einer früher viel
grösseren Wärme ist und deshalb nur in beschränkten Fällen durch
einen chemischen Process erhöht werden kann, dann muss sie mit
der Tiefe auch in solchen Substanzen zunehmen, in welchen, wie
im stets gefrorenen Boden eine Erwärmung durch einen chemischen
Process gar nicht angenommen werden kann. Die erwähnten Beobachtungen zu Jakutsk haben auch dies bestätigt.

Die Wärme des aus verschiedenen Tiefen einer Grube ge-
förderten Wassers kann nicht die der Erde sein, weil es mit seltenen
Ausnahmen von oben nach unten zieht, also eine geringere Wärme
mitbringt, als das Gestein, dem es entspringt, ursprünglich besitzt.

Die gesetzmässige Leitung der Wärme ist nur in einem hinreichend festen und dichten Körper möglich. Sind dessen Theile
beweglich, wie bei der Luft und dem Wasser, und handelt es sich

---

[1] a. a. O. S. 172.

wie hier um die Zunahme der Wärme in senkrechter Richtung, so
steigen die unteren wärmeren Schichten wegen ihres geringeren
specifischen Gewichts in die Höhe und zum Ersatz senken sich obere,
nicht so warme und deshalb schwerere herab.

Die Luft wird daher in Bergwerken, auch wenn man vom
Wetterzuge und sonstigen Störungen absieht, zwar in Folge der
Erdwärme mit der Tiefe wärmer, aber diese Wärme kann wegen
der inneren Circulation zwischen ihren unteren wärmeren und oberen
kälteren Schichten nicht die des anstossenden Gesteins sein, und
am wenigsten, wenn der obere Theil durch die äussere Luft abgekühlt wird. Durch Verschliessung aller äusseren Öffnungen einer
Grube würde sich zwar die Fortbewegung der Luft, nicht aber ihre
innere Circulation beseitigen, sondern höchstens abschwächen lassen.

So wie die innere Circulation der Luft wirkt, so wirkt, wenn
auch nicht so stark, die des Wassers. Die Zunahme der Gesteinswärme mit der Tiefe lässt sich also richtig nicht dadurch finden, dass
man die Wärme des in einem Schachte stehenden Wassers misst,
und wieder am wenigsten, wenn das Grubenwasser durch die über
ihm stehende Luft abgekühlt wird.

Eine wesentliche Verbesserung erhielten die Wärmebeobachtungen in Bergwerken dadurch, dass man Löcher in das Gestein
bohrte und in diese Thermometer schob

Von den in dieser Weise ausgeführten Beobachtungen mögen
die, welche in den Jahren 1830—1832 unter sorgfältiger Beachtung
der in Betracht kommenden Fehlerquellen in den Gruben des sächsischen Erzgebirges angestellt wurden und über deren Ausführung ihr
Leiter REICH in dem schon angezogenen Werke eine eingehende
Erörterung gegeben hat, als für ihre Zeit hervorragend, besonders
hervorgehoben werden.

Die angewandten, Grade C. angebenden Thermometer wurden
hinsichtlich ihrer Richtigkeit genau untersucht und soweit als nöthig
corrigirt. Ihre Gefässe waren cylindrisch und im Verhältniss zu
ihren Röhren so gross, dass die Schätzung der Grade bis 0,01 oder
0,02 möglich wurde. Die Scalen reichten von 0—21⁰ C. Versuche hatten gezeigt, dass der höhere Luftdruck in den Gruben auf
die Angaben der Thermometer noch ohne Einfluss sei. Um den
Einfluss des Luftwechsels möglichst zu umgehen, wurde als Grundsatz festgestellt, die Thermometer von so grosser Röhrenlänge zu
wählen, dass, wenn man das Gefäss etwa 40 Dresdener Zoll tief in
die Löcher, welche in das Gestein gebohrt wurden, senkte, die am

Ende der Röhre befindliche Scala immer ausserhalb blieb und die Temperatur ohne Verrückung des Instruments abzulesen war. Zur Füllung der Thermometer wurde Weingeist gewählt, weil er sich bei gleicher Wärmezunahme mehr ausdehnt als Quecksilber, und die Nachtheile desselben, wie besonders seine unregelmässige Ausdehnung und sein theilweises Klebenbleiben an den Wänden der Röhren, wenn ein schneller Temperaturwechsel eintritt, bei der gewählten Art, die Instrumente zu graduiren, und bei den sehr langsamen Temperaturwechseln, denen sie unterworfen waren, nicht in Betracht kamen. Zum Schutze vor dem Zerbrechen steckten die langen Glasröhren bis auf die Scalen in Messingröhren, die unten mit einem Kork geschlossen waren, auf welchem das Gefäss stand. Röhren und Bohrlöcher waren bis oben hin mit trockenem Sande angefüllt.

Die Vorschriften, welche bei Aufstellung der Thermometer zu Grunde gelegt wurden, waren der Hauptsache nach folgende:

1. Möglichste Entfernung von starkem Wetterwechsel und von mit Arbeitern belegten Punkten.
2. Die Thermometer ein und derselben Grube sollen thunlichst senkrecht übereinander stehen.
3. Bei jeder Grube wird ein Thermometer so nah unter der Oberfläche, ein anderes so tief angebracht, als möglich; dazwischen werden ein oder zwei in ungefähr gleichen Abständen aufgestellt.
4. Das oberste Thermometer muss noch ins feste Gestein kommen und darf sich keine Halde oder schüttiges Gebirge darüber befinden.
5. Das Bohrloch, welches das Thermometer aufnimmt, muss so gestellt werden, dass das Gefäss nach allen Seiten hin wenigstens 40 Zoll von der freien Gesteinsfläche entfernt ist und dass man bei der Beobachtung senkrecht auf die Scala sehen kann.
6. Die Bohrlöcher müssen trocken sein.

Die Bedingungen, von denen No. 2 nirgends streng zu verstehen ist, waren sehr schwierig zu erfüllen, und es gelang nur in einigen Gruben, die Ausführung ganz den Wünschen entsprechend zu sehen. Am schwersten hielt es gewöhnlich, für die nahe unter Tage aufzustellenden Thermometer einen entsprechenden Ort zu finden[1]. Sie waren dazu bestimmt, die jährliche mittlere Temperatur der Erdoberfläche anzugeben und sie mit der mittleren Lufttemperatur,

---

[1]. REICH, a. a. O. S. 7 u. w.

zu deren Ermittelung an einigen Orten Vorkehrungen getroffen waren, zu vergleichen.

Bald nach dem Beginn der Beobachtungen gewahrte man, dass die Thermometer nur an wenigen Stellen constante Temperatur zeigten, dass also die umgebende Luft noch merklichen Einfluss ausübte. Reich hatte Gelegenheit, sich zu überzeugen (S. 9), wie gegen alles Erwarten schnell dies der Fall sei. Es hatte nämlich da, wo in der Grube Beobachtungen über die stündlichen Veränderungen der Magnetabweichung angestellt wurden, die Luft mit wenig Änderung die Temperatur von 9,25° C., und ein in die Gesteinssohle gesenktes Thermometer, dessen Gefäss über 40 Zoll von der Gesteinsoberfläche entfernt war und bis zu welchem in keiner Weise Luftwechsel gelangen konnte, zeigte 9,27° C. Wenn aber bei den 44 Stunden hintereinander dauernden Magnetbeobachtungen die Beobachter und zwei Lichter die Temperatur der Luft höchstens bis zu 9,9° C. erhöhten, so stieg auch das Gesteinsthermometer bis 9,31 und selbst bis 9,33° C.

Mit dieser Bemerkung schwand die Hoffnung, durch die 40 Zoll tiefe Einsenkung des Thermometergefässes in das Gestein die Temperatur des letzteren ziemlich unabhängig von der Einwirkung der umgebenden Luft zu erhalten. Auch da, wo die Störungen der Temperatur durch Beobachter und Lichter nicht vorhanden waren, zeigten die in das Gestein gesenkten Thermometer keine constante Temperatur und bei einer Einsenkung von nur 30 Zoll trat dies selbst in der Tiefe von 329,5 m noch ein (S. 38).

Reich hat (S. 131) die erwärmenden und erkaltenden Einflüsse erwogen und bemerkt darüber: „Die erwärmenden Einflüsse dürften bestehen in der Gegenwart der Arbeiter und Lichter, dem Sprengen mit Pulver, zuweilen auch dem Feuersetzen und der Compression, welche die Luft beim Eindringen in tiefere Räume erleidet. Die erkältenden Einflüsse möchten sein: das Eindringen der atmosphärischen Luft und des Wassers der Oberfläche, da ihre mittlere Temperatur nicht allein niedriger ist als die der Gruben, sondern auch die Luft stärker einzufallen pflegt, wenn sie kalt, als wenn sie warm ist, und die Dampfbildung beim Eintritt nicht mit Feuchtigkeit gesättigter Luft. Dass die erkältende Einwirkung sehr merklich sein kann, zeigen, auch abgesehen von dem ganz anomalen Sauberge (zu Ehrenfriedersdorf), die Beobachtungen auf dem Stollen und der neunten Gezeugstrecke von Beschert Glück und auf der Heinrichssohle im Altenberger Stockwerke, wo die Luft eine geringere Temperatur zeigt als das Gestein, sowie die Beobachtungen der fünften und siebenten Gezeugstrecke von Neue Hoffnung Gottes und der 36. und 75. Lachter Strecke auf Weisse Hirsch, wo die Temperatur jedesmal nach dem Ersaufen und Wiedergewältigen der Strecke höher gefunden wurde als früher." Er findet es (S. 133) wahrscheinlich, dass die erkältenden Einflüsse bedeutender seien als die erwärmenden und glaubt, das Gestein, welches die offenen Grubenbaue umgiebt, sei durch das immerwährende Eindringen kälteren Wassers und kälterer Luft einer allmählichen Erkältung unterworfen, welche, abgesehen von allen anderen Einflüssen, einer gewissen Grenze entgegengehen, die bei mehrere Jahrhunderte alten Gruben vielleicht ziemlich erreicht sei.

Da auf einigen Gruben mehr als zwei Beobachtungspunkte untereinander lagen, so konnte gefragt werden, ob die Temperaturzunahme der Tiefe proportional sei. Die verschiedenen Gruben gaben hierauf aber die widersprechendsten Antworten, denn die Temperatur nahm je nach der Grube mit der Tiefe zu, ab, erst ab und dann wieder zu, sowie erst zu und dann wieder ab (S. 133). Da hiernach die gestellte Frage ganz unerledigt blieb, hat Reich zwar die durchschnittliche Wärmezunahme mit 2,39° C. für 100 m Tiefenzunahme oder 1° C. für 41,84 m Tiefenzunahme ermittelt (S. 131), sich aber wegen jener Verschiedenheiten verhindert gesehen, das wahrscheinlichste Gesetz der Zunahme der Erdwärme mit der Tiefe aufzusuchen (S. 134).

Dadurch dass, wie Reich fand, nach dem Ersaufen und der Wiedergewältigung von Grubenstrecken die Wärme des Gesteins höher gefunden wurde als früher, war nicht die Beseitigung, sondern nur die Ermässigung der Abkühlung des Gesteins bewiesen, weil auch das in den Strecken aufgegangene Wasser der inneren Circulation, wenn auch weniger als die Luft in den wasserfreien Strecken, ausgesetzt war.

Wenn aber ein mit Luft oder Wasser angefüllter, weder grosser noch hoher Raum so abgeschlossen wird, dass er nur vom Gestein und dem keine Wärme durchlassenden Abschlussmittel begrenzt ist, so muss er nach einiger Zeit die Wärme des Gesteins annehmen. Für Wasser hat dies Reich (S. 134 u. w.) in der Weise benutzt, dass er die Wärme des Wassers maass, das, 20 m lang, 2 m hoch und 1 m breit, in einer Strecke der Grube Himmelfahrt sammt Abraham Fundgrube bei Freiberg durch ein Verspunden aus 6 Fuss langen keilförmigen Holzstücken abgeschlossen war. Die Holzstücke schlossen sowohl gegen einander, als gegen die zugehauenen Streckenwände so genau an, dass ungeachtet des ungefähr 18 Atmosphären betragenden Druckes des hinter dem Verspunden aufgestauten Wassers in einer Stunde nur die geringe Wassermenge von 0,326 Cubik-Fuss durchdrang. Die so eingeschlossene Wassermasse musste die Wärme des Gesteins annehmen, wenn nicht etwa in dem aufgestauten Wasser eine Circulation stattfand, was aber nicht wahrscheinlich ist, weil der abgeschlossene Streckentheil schwerlich mit grossen, sondern nur mit den sehr engen Klüften, die im alten Manne nach seinem Festsetzen noch verblieben waren, in Verbindung gestanden haben wird. Von dem abgeschlossenen Wasser konnte mittelst eines kleinen Hahns etwas abgelassen werden, um seine Wärme zu messen. Die Wärmezunahme betrug nach dieser Beobachtung auf 100 m 2,99° C. oder 1° C. auf 33,4 m, also mehr als das aus den übrigen nicht so wichtigen Beobachtungen gefundene Mittel (S. 138).

Nur selten wird man Gelegenheit finden, den Wasserabschluss in einer Grube zu einer Temperaturbeobachtung zu benutzen. Ihn nur einer solchen Beobachtung wegen auszuführen, würde zu viel kosten, zumal da er sich, wie noch gezeigt werden soll, viel billiger und häufiger in Bohrlöchern herstellen lässt.

CORDIER liess zur Vermeidung der Abkühlung des Gesteins in Steinkohlengruben auf lebhaft betriebenen Abbaustrecken in frisch angehauenen Stössen so schnell als möglich Bohrlöcher bis zu 24 Zoll Tiefe schlagen, versenkte darin seine Thermometer unter gehörigen Vorsichtsmaassregeln und wartete ab, bis sie eine stabile Temperatur angenommen hatten[1]. Die sichere Wirkung dieses Mittels bleibt nach der Erfahrung REICH's über die unerwartet schnelle Einwirkung der Lufttemperatur auf ein 40 Zoll tief eingesenktes Thermometer zweifelhaft und in festem Gestein lässt es sich wegen der zum Bohren erforderlichen längeren Zeit nicht anwenden. Man hat auch, wie im Gotthardtunnel, die Gesteinswärme dadurch ermittelt, dass bis auf den Grund eines horizontalen Bohrloches ein Thermometer geschoben wurde, welches durch Umgebung seines Gefässes mit Paraffin, dessen Masse wegen der geringen Weite des Bohrlochs nicht gross sein konnte, träge gemacht worden war, worauf das Bohrloch durch Thon oder mit Talg bestrichene Lumpen geschlossen, das Thermometer hinreichend lange im Bohrloche gelassen und sofort nach seinem Herausziehen die Wärme beobachtet wurde. Ich fand, dass wenn das Instrument aus Luft von 63,7° F. in solche von 52° F.

[1] NAUMANN, Lehrbuch der Geognosie. 1849. Bd, I. S. 51.

gebracht wurde, das Quecksilber in einer halben Minute um 0,25° F.
bis 0,4° F. herunterging. Der Unterschied zwischen Gesteins- und
Luftwärme wird aber nicht leicht wie hier 11,7° F. erreichen und
das genaue Ablesen der Grade auch keine halbe Minute erfordern.

Drittes Capitel.

Benutzung des Wassers in Bohrlöchern zur Messung der Erdwärme. — Über-
fliessendes, stillstehendes. — Das träge gemachte Thermometer. — Gewöhn-
liches Thermometer, dessen oberes Ende nicht unter Wasser gebracht werden
darf. — Geothermometer von MAGNUS. — Correctur wegen des Wasserdrucks.
— Geothermometer ohne Scala. — Störungen durch Oxydation des Quecksilbers.
— Apparat zum Einlassen. — Verhinderung des Eintritts von Wasser in das
Instrument. — Geothermometer ohne Scala in einer zugeschmolzenen Glasröhre.
— Die Maximumthermometer von WALFERDIN, NEGRETTI und ZUMBRA, CASELLA.
— Vergleichung derselben miteinander. — Desgleichen mit Normalinstrumenten.
— Thermometer bei einer Centralstelle. — Verpackung der Thermometer für
den Transport.

Ein weiteres Mittel zur Erforschung der Wärme des Innern
der Erde geben die mit Wasser angefüllten Bohrlöcher. Es ist
hierauf ein besonderer Werth zu legen, weil solche Bohrlöcher oft
zu Gebot stehen, mit ihnen schon Tiefen erreicht sind, wie bis jetzt
noch niemals bei Bergwerken, und wenn auch in Bohrlöchern wirklich brauchbare Beobachtungen nur unter Anwendung grosser Vorsicht erlangt werden können, die Bedingungen dazu doch in mehr-
facher Beziehung günstig sind; endlich auch die Beobachtungen in
einer senkrechten Linie, also in der Richtung liegen, in welcher
man die Zunahme der Wärme mit der Tiefe finden will.

ARAGO hat schon darauf hingewiesen, dass Bohrlöcher, deren
Wasser überfliesst, besonders dazu geeignet seien, die Zunahme der
Erdwärme mit der Tiefe nachzuweisen. Dies wird allerdings dadurch
erreicht, denn wenn das Wasser stark überfliesst, verliert es bei
seinem Aufsteigen nicht viel oder gar nichts von seiner Wärme.
Damit ist aber noch nicht festgestellt, dass die Wärme des Gesteins
im Tiefsten des Bohrlochs der des eintretenden Wassers gleich, also
die Tiefenzunahme, zu welcher die Wärmezunahme gehört, richtig
gefunden sei, denn wenn das Wasser durch eine Kluft von unten

nach oben in das Bohrloch gelangt, so wird es wärmer als das
Gestein sein und ebenso auch, wenn es vorher unter einem hohen
Berge hergezogen ist, weil in demselben die Curven gleicher Erdwärme — die Chthonisothermen Bischof's — in die Höhe ziehen
und das Wasser dabei Curven durchschnitten haben kann, deren
Wärme höher ist als die des Gesteins im Tiefsten des Bohrlochs.
Da sich das aber selten nachweisen lässt, so schliesst man bekanntlich, wenn eine Quelle für die Tiefe ihres Auftretens im Bohrloche
zu warm oder zu kalt ist, im ersteren Falle auf ein Aufsteigen aus
grösserer Tiefe und im anderen auf ein Herabziehen von oben, das
heisst, man hält sich an das, was andere, wenn auch meist ebenfalls
nicht hinreichend genaue Beobachtungen ergeben haben. Allein
wenn Derartiges auch nicht einträte, so würde dadurch noch keine
Temperaturreihe, sondern nur ein Glied derselben gefunden sein.

Reichlichere Aufschlüsse geben die Bohrlöcher, in denen das
Wasser sich nicht bewegt, demnach weder so, dass es überfliesst,
noch so, dass es in der oberen Region durch Klüfte ein- und tiefer
wieder abfliesst, oder umgekehrt.

Da im Allgemeinen feststeht, dass die Wärme der Erde und
dadurch auch die des in Bohrlöchern stehenden Wassers mit der
Tiefe zunimmt, so müssen, um die letztere zu finden, Thermometer
angewandt werden, die, nachdem sie aus dem Bohrloche gezogen
worden sind, die höchste Temperatur angeben, der sie ausgesetzt
waren.

Hierzu hat man sich auch des schon von Saussure vorgeschlagenen gewöhnlichen aber träge gemachten Thermometers
bedient. Man umgiebt zu diesem Zwecke das Gefäss eines gewöhnlichen Thermometers mit einem schlechten Wärmeleiter, bei Bohrlöchern von geringer Weite wenigstens in solcher Dicke, als es die
Weite des Bohrlochs gestattet. Talg, Stearin und Paraffin sind
hierzu gut geeignet. In einer Büchse sind sie so weit zu erwärmen,
dass man das Thermometer einschieben kann. Hierauf lässt man
erkalten, senkt den Apparat bis zu der betreffenden Tiefe in das
Bohrloch, wo er so lange verbleiben muss, dass die schlecht leitende
Masse vollständig die Wärme des Wassers angenommen hat, zieht
ihn dann thunlichst rasch heraus und beobachtet. Je tiefer aber
die Beobachtungsstelle liegt, je mehr Zeit man also zum Herausziehen braucht, desto leichter kann das Instrument in dem oberen
kälteren Wasser etwas von der Temperatur, die es hatte, verlieren,
desto unzuverlässiger werden die Beobachtungen und für grosse

Tiefen ganz unbrauchbar. Es kommt dies um so mehr in Betracht, weil es sich jetzt nicht sowohl darum handelt, nachzuweisen, dass die Wärme mit der Tiefe zunimmt, denn davon hat man sich durch zahlreiche Beobachtungen schon überzeugt, als vielmehr darum, mit hinreichender Genauigkeit das Gesetz zu finden, nach welchem diese Zunahme stattfindet, und dazu sind möglichst fehlerfreie Beobachtungen erforderlich. Zudem können solche Thermometer, wenn bei denselben die Wand des Gefässes nicht ungewöhnlich dick ist, durch den grossen Druck der Wassersäule im Bohrloche zerstört werden. Bei der gewöhnlichen geringen Wandstärke kann dies schon in einer Tiefe von 600 Fuss eintreten. Wenn sich das nun auch dadurch beseitigen lässt, dass man das Instrument in eine starkwandige, an beiden Enden zugeschmolzene Glasröhre bringt, so würden doch noch die sonstigen Mängel des Verfahrens übrig bleiben. Das schliesst jedoch nicht aus, dass für Bohrlöcher von geringer Tiefe das Instrument brauchbar ist.

Es müssen daher, um die erforderliche Genauigkeit zu erreichen, Maximumthermometer angewandt werden. Dahin gehört:

1. Das Geothermometer von Maonus [1].

Zu den Beobachtungen in Sperenberg hat Universitätsmechanikus W. Apel zu Göttingen zwei Stück nach der in Taf. I Fig. 1 dargestellten Einrichtung geliefert.

Es ist ab das Quecksilbergefäss, das gross genug sein muss, um für die Grade eine hinreichende Länge zu erhalten. Die Grade sind auf dem Glase der Röhre ac, deren oberes offenes Ende zur Seite gebogen ist, mit dem Diamanten angegeben, und jeder Grad Reaumur ist in $\frac{1}{5}$ Grade getheilt, durch deren Halbirung man noch $\frac{1}{10}$ Grade, und wenn es nöthig ist, durch weiteres Taxiren unter Anwendung einer schwachen Lupe auch noch kleinere Theile ablesen kann. Die Theilung wird von der Spitze c, wohin man sich Null zu denken hat, nach unten fortgezählt und enthält meist 40—45 Grade. Die Röhre des Instruments wird durch ein für sie passendes, im Boden der Messingkapsel $fghi$ befindliches Loch gesteckt. Von diesem Boden gehen drei dünne Messingstangen x herunter durch den Boden der Messingkapsel $klmn$ und sind unten mit Schrauben und Schraubenmuttern versehen. Zwischen jene beiden Messing-

---

[1] Poggendorff's Annalen der Physik und Chemie. Bd. 22 S. 136 u. Bd. 40 S. 142.

kapseln wird das Gefäss $a\,b$, das an seinem oberen und unteren Ende durch Scheiben von Kork oder Kautschuk Schutz gegen Stösse erhält, gebracht. Durch sanftes Anziehen der Schraubenmuttern o wird das Gefäss und damit das ganze Instrument in seiner Stellung zur Messingeinfassung fixirt. Nun kann auf die Röhre $a\,c$ mit Siegellack das oben offene Glasgefäss $d\,e$ gekittet werden. In dasselbe kommt Quecksilber, aber nur so viel, dass es beim senkrechten Stande des Instruments auch bei einiger Erschütterung nicht bis an die Spitze c gelangen kann.

In einer Tiefe des Bohrlochs I zu Sperenberg von 4042 rheinländischen Fussen und der daselbst vorhanden gewesenen Wasserwärme von $38,5^0$ R. ist das Gefäss $d\,e$ einmal heruntergerutscht, ob durch Erweichung des Siegellacks in dieser Wärme, oder durch eine sonstige Veranlassung, ist nicht gewiss. Es wurde deshalb seitdem zur Kittung Schellack genommen, der nicht nur fester ist als Siegellack, sondern auch eine höhere Temperatur zum Weichwerden erfordert. Bei einer Wärme von 55^0 R. ist er noch so fest, dass sich das Gefäss $d\,e$ nicht bewegen lässt, und bei 66^0 R. ist diese Bewegung zwar möglich, die Verbindung aber doch noch fest genug. Zur haltbaren Verkittung mit Siegellack oder Schellack muss selbstverständlich das Gefäss $d\,e$ und die Röhre $a\,c$ vorher an den betreffenden Stellen vorsichtig erwärmt werden. Sollte aus besonderen Gründen ein Ablösen und Heruntergleiten von $d\,e$ zu befürchten sein, so kann man auf seinen unteren Theil und den daran stossenden Theil der Röhre etwas Brei von gebranntem Gyps streichen.

Auf die Kapsel $f\,g\,h\,i$ wird die in dem Röhrenstücke $p\,q\,f\,g$ von Messing festgekittete, am oberen Ende zugeschmolzene Glasröhre $r\,s\,t\,u$ geschroben. Mit der Aussenseite steht das Innere dieser Röhre in Verbindung durch ein kleines, in dem Rohrstücke $p\,q\,f\,g$ angebrachtes Loch v. Wenn man die Glasröhre (Glashaube) auf die Messingkapsel $f\,g\,h\,i$ schrauben will, hat man erst die Schraubenmuttern o zurückzudrehen, um das Instrument in der Messingeinfassung beweglich zu machen und ein Klemmen in der Glashaube zu verhüten. Nach dem Aufschrauben der Haube werden jene Schraubenmuttern wieder sanft angezogen. Ebenso ist zu verfahren, wenn man die Haube abnehmen will. Das Gefäss $d\,e$ muss eine solche Stellung haben, dass sein oberes Ende e möglichst nah unter das obere Ende der Glashaube kommt.

Magnus hatte zuerst die Absicht, das Ende des kleinen Gefässes zuzuschmelzen, um die Luft vom Quecksilber abzuhalten. Als er indes das Instrument nach dem Zuschmelzen in einen gläsernen Compressionsapparat brachte und einem Drucke von mehreren Atmosphären aussetzte, fand er, dass das Quecksilber, weil das Quecksilbergefäss durch den auf dasselbe wirkenden Druck comprimirt wurde, für den Druck einer Atmosphäre um etwa $\frac{1}{8}°$ R. stieg, weshalb es aufgegeben werden musste[1]. Es würde eine solche Einrichtung auch keinen Vorzug vor dem Säckchen gehabt haben, das bei dem Instrumente WALFERDIN's mit dem oberen Ende der Röhre zusammengeschmolzen ist und es wäre, wie für letzteres, eine wasserdichte, hinreichend starke Hülle nöthig gewesen, um das Zerstörtwerden des Instruments durch den Druck der Wassersäule im Bohrloche zu verhindern. Dadurch, dass e offen bleibt, wird jener Druck ausgeglichen. Wenn nämlich das Geothermometer im Bohrloche herabgelassen wird, so tritt das Wasser durch die Öffnung v in die Glasröhre $r\,s\,t\,u$ und presst die in derselben befindliche Luft zusammen, wodurch, weil c und e offen sind, auch für die Glasmasse von $a\,b$ und $a\,c$ der innere Druck dem äusseren gleich wird. Die Höhe der in der Glashaube eingeschlossenen Luftsäule wird nach dem MARIOTTE'schen Gesetze desto kleiner, je mehr die Höhe der drückenden Wassersäule zunimmt, so lange aber als die Entfernung der Öffnung c von der Decke der Glashaube noch kleiner ist, als die Höhe der comprimirten Luftsäule, kann, vorausgesetzt, dass das Wasser nicht durch eine heftige Erschütterung in die Höhe geschleudert wird, nichts davon in das Gefäss $d\,e$ und von da in die Röhre des Geothermometers dringen. Es wurde ausserdem von MAGNUS an das obere Ende des Glasgefässes $d\,e$ ein kurzes Stück eines Rohrs geschmolzen, das wegen seiner geringen Weite der Luft zwar noch den Zutritt gestattete, das Ausfliessen des Quecksilbers aber verhinderte. Hierbei stieg das Quecksilber selbst bei rascher Compression nur einen Augenblick und sank gleich darauf wieder auf seinen ursprünglichen Stand. Will man aber auch das verhindern, so muss man das Instrument nicht mit grosser Geschwindigkeit im Wasser herablassen, oder jenes Rohr nicht gar zu eng wählen. Bei den in Sperenberg gebrauchten Instrumenten fehlte, wie Taf. I Fig. 1 zeigt, dies Röhrchen.

Ausser dem Geothermometer ist ein genaues gewöhnliches Thermometer (Normalthermometer) erforderlich, dessen Grade ebenso eingetheilt und auch nicht kürzer sind, wie die des Geothermometers,

---

[1] Pogg. Ann. Bd. 40 S. 143 u. w.

und welches mit demselben einen übereinstimmenden Gang haben muss. Das Normalthermometer wird wegen der Grösse seiner Grade sehr lang, wenn es vom Frost- bis zum Siedepunkte reichen soll. Soll es daher nicht zugleich zu solchen Untersuchungen dienen, bei denen man bis zum Siedepunkte gehen muss, so braucht es nicht so weit zu reichen, aber jedenfalls so weit, dass es für die höchste zu erwartende Temperatur zu dem später zu erwähnenden Control-versuche ausreicht. Selbstverständlich muss die Scala des Normal-thermometers auch den Frostpunkt enthalten, damit man ersehen kann, ob er sich im Laufe der Zeit verschiebt.

Wenn die Scala des Normalthermometers mit einer in Wasser auflöslichen Farbe auf einen Streifen von Milchglas, der sich in einer am oberen Ende mit einer Messingkapsel geschlossenen Glasröhre befindet, gezeichnet ist, so darf man ein solches Instrument zum Messen von Temperaturen im oberen Theile eines Bohrlochs nicht in das Wasser senken, weil dabei leicht Wasser eindringt, welches die Scala verwischt. Zu solchen Messungen sind also nur Thermometer zu verwenden, deren Scala nicht durch Wasser be-schädigt wird, oder die sich in einer zugeschmolzenen Glasröhre befinden.

Die Art der Anwendung des Geothermometers ist folgende. Man stellt das Instrument in Wasser, welches so warm ist, dass Quecksilber bei c ausfliesst, neigt dann das Instrument so, dass die Spitze c in das Quecksilber kommt und kühlt unter Beibehaltung der geneigten Lage in der Luft, oder wenn diese zu warm ist da-durch, dass man kaltes Wasser auf ab giesst, bis zu einer Temperatur ab, die geringer ist, als die im Bohrloche zu erwartende. Im In-strumente befindet sich also mehr Quecksilber als es bei einer höheren Temperatur aufzunehmen vermag. Geht man daher mit demselben im Bohrloche herunter, so fliesst bei c in demselben Maasse Queck-silber über, als das Wasser mit der Tiefe wärmer wird. Das Ein-lassen des Geothermometers in das Bohrloch erfolgt am schnellsten und bequemsten mit dem Löffelseile von Hanf oder Draht unter Mitanwendung von einem Gewicht an seinem unteren Ende, wenn dies nöthig ist, um das Seil gehörig anzuspannen. Misst man auf der Bohrlochsohle, so muss zuletzt sehr langsam eingelassen werden, damit der Apparat nicht hart aufstösst. Will man Temperaturen an von der Bohrlochsohle entfernten Stellen messen und nimmt man dazu ein Hanfseil, so muss man dies im Wasser erst einquellen lassen, weil sonst die Angabe der Tiefe zu unrichtig würde.

Das Geothermometer bleibt so lange im Bohrloche, dass die Temperatur des Wassers vollständig vom Quecksilber angenommen werden kann. Es ist dazu in Sperenberg meistens eine halbe Stunde genommen worden. MAGNUS nahm dazu bei seinen Beobachtungen in Rüdersdorf eine Stunde[1] und ARAGO in dem Bohrloche zu Grenelle noch viel mehr[2]. Letzteres ist, wenn man glaubt, dieser Art des Beobachtens, durch welche nur die Wärme des Wassers, diese aber auch möglichst richtig gefunden werden soll, einen hohen Werth beilegen zu müssen, nöthig, um den einzelnen verschieden warmen Wasserschichten reichlich Zeit zu geben, sich richtig über einander zu stellen. Jedenfalls ist es, wenn man unmittelbar hinter einander in verschiedenen Tiefen beobachten will, geboten, damit, um das Wasser nicht durch einander zu rühren, von oben nach unten vorzugehen, und wenn man sich der Beobachtungsstelle nähert, sehr langsam einzulassen. Ausserdem muss, wie es auch von ARAGO geschah, so spät nach dem Bohren beobachtet werden, dass sich im Wasser nicht mehr der Theil der Wärme befinden kann, den es nicht vom Gestein, sondern der Bohrarbeit erhalten hat.

Kurz vorher ehe man ausziehen will, ist das Instrument etwas zu erschüttern und zwar, wenn es an einem Seile eingelassen ist, dadurch, dass man das Seil in Schwingung setzt, wenn man es aber aus besonderen Gründen mit dem Gestänge eingelassen hat, dadurch, dass man an das Gestänge einen eben hinreichend starken Schlag führt, was auch nöthig sein kann, wenn zum Einlassen ein starkes Drahtseil gedient hat. Ist bis zur Bohrlochsohle niedergegangen, so kann man die Erschütterung mit Sicherheit auch dadurch bewirken, dass man den Apparat wenig aufzieht und dann so wieder niederlässt, dass er sanft auf die Bohrlochsohle stösst. Durch die Erschütterung sichert man sich dagegen, dass an der Spitze c ein Quecksilbertropfen hängen bleibt, der beim Aufholen des Instruments und der dabei eintretenden Abkühlung in die Röhre zurückgehen wird, wodurch man die Temperatur geringer findet, als sie wirklich gewesen ist.

Aus demselben Grunde muss die Spitze c von der Wand des Gefässes $d e$ so weit abstehen, dass die austretenden Quecksilbertropfen nicht bis an die Wand dieses Gefässes reichen können. Wenn sie nämlich daran reichen, werden sie grösser als sonst ehe sie

[1] POGG. Ann. Bd. 22 S. 147.
[2] FRANZ ARAGO's sämmtliche Werke. Deutsche Originalausgabe, herausgegeben von Prof. Dr. W. G. HANKEL. Leipzig 1857. Bd. VI S. 303 u. w.

herabfallen und können beim Aufholen durch c wieder in die Röhre des Instruments gelangen. Bemerkt man also über Tage ein solches Hängenbleiben, so muss die Verkittung von de durch Erwärmen erweicht und die Wand dieses Gefässes durch Schiefstellen so weit als nöthig von c entfernt werden.

Es ist erwünscht, dass die austretenden Quecksilbertropfen möglichst klein sind, damit der Fehler durch Zurücktreten eines Tropfens wenigstens nicht zu gross wird. Die einzelnen Tropfen sind desto kleiner, je enger das Ende c der Röhre und je kleiner die an c vorhandene Fläche ist. Sehr fein kann man das Ende der Röhre nicht ausziehen, weil es sonst leicht zerbrechen könnte, wenn das Gefäss de entfernt worden ist. Es kann aber von Nutzen sein, das Ende der Röhre bis nah an ihre freiere Öffnung spitz zuzuschleifen, wie es Taf. I Fig. 3 zeigt. Übrigens wird das Abfallen der Tropfen auch sehr dadurch unterstützt, dass bei senkrechtem Stande des Instruments das Ende der Röhre völlig oder doch fast ganz horizontal gerichtet ist.

Das Geothermometer wird nach seinem Heraufholen unter Abschrauben der Röhre $rstu$ zugleich mit dem Normalthermometer in Wasser gestellt, das wenigstens etwas kälter sein muss, als die zu messende Temperatur im Bohrloche und wozu man einen ganzen Eimer voll Wasser nimmt, damit seine Temperatur durch die der Luft nicht schnell verändert werden kann. Dass hierbei beide Instrumente hinreichend lange in einer nicht kleinen Wassermasse von constanter Wärme stehen, ist besonders dann nöthig, wenn wie meistens das Quecksilbergefäss des Geothermometers bedeutend grösser als das des Normalthermometers ist und also nicht so schnell wie dieses die Wärme des Wassers annimmt. Ausserdem ist darauf zu sehen, dass die Gefässe beider Thermometer sich gleich tief unter dem Wasserspiegel befinden. Sobald beide die auf gleicher Höhe zu erhaltende Temperatur des Wassers vollständig angenommen haben, also der Stand des Quecksilbers sich nicht mehr ändert, beobachtet man diesen Stand an beiden Instrumenten und addirt die Zahl der Grade, welche beide zeigen. Diese Summe giebt die an der betreffenden Stelle des Bohrlochs vorhandene Temperatur des Wassers an.

Die Richtigkeit dieses Verfahrens leuchtet aus Folgendem ein.

Wenn das Geothermometer beim Herausziehen in Wasser gelangt, dessen Wärme z. B. einen Grad weniger beträgt, als die des Wassers, in welchem es sich vorher befand und in welchem das Quecksilber bis zum Röhrenende c reichte, so wird der Quecksilber-

faden in der Röhre um einen Grad kürzer, und weil das im Gefässe *de* befindliche Quecksilber nicht bis an die Spitze *c* reicht,
also auch das vorher übergeflossene nicht in die Röhre zurücktreten
kann, so entsteht in derselben oben ein mit Luft gefüllter, einem
Grade entsprechender Raum. Dies gilt ebenso für jede weitere
Temperaturabnahme. Es müssen also an der Scala des nach dem
Herausziehen aus dem Bohrloche in Wasser gestellten Geothermometers so viel Grade ohne Quecksilber sein, als die Wärmegrade
dieses Wassers unter denen des Wassers im Bohrloche liegen. Die
vom Normalthermometer angezeigte Wärme dieses Wassers᾽ giebt
also unter Hinzufügung der am Geothermometer nur Luft enthaltenden
Grade die Wärme des Wassers im Bohrloche an.

Setzt man dem Wasser unter fleissigem Umrühren nach und
nach so viel wärmeres Wasser zu, dass das Quecksilber des Geothermometers genau bis zur Spitze *c* steigt, so ist der Zustand derselbe wie er im Bohrloche war. Das Wasser hat dann also auch
dieselbe, an dem Normalthermometer zu ersehende Temperatur, wie
das Wasser im Bohrloche. Auch hierbei muss dem Quecksilber
hinreichend Zeit gegeben werden, die Wärme des Wassers völlig
anzunehmen. Sollte es dabei überfliessen wollen, so ist das Instrument rasch auszuziehen und das Wasser erst etwas abzukühlen.
Bei richtiger Ausführung des Geothermometers und Normalthermometers müssen beide Arten der Ermittelung der Wärme des Wassers
im Bohrloche dasselbe Resultat ergeben. Die Scala am Geothermometer ist also nicht absolut nothwendig, gewährt aber den grossen
Nutzen, das bei dem zuletzt erwähnten, dem sogenannten Controlversuche, erforderliche zeitraubende Erwärmen des Wassers entbehrlich zu machen.

Man hat anderwärts das Geothermometer nach dem Herausziehen aus dem Bohrloche dicht neben dem Normalthermometer
in der Luft aufgehängt und, nachdem beide die Lufttemperatur
angenommen hatten, die des Wassers im Bohrloche bestimmt. Dies
ist unzweckmässig, nicht nur weil, wie schon MAGNUS bemerkt hat[1],
die Luft schneller ihre Wärme ändern kann, als das Wasser im
Eimer, sondern auch weil bei einem solchen Verfahren keine Beobachtung möglich ist, wenn die Luft wärmer ist, als das Wasser
im Bohrloche, was an warmen Tagen stets der Fall sein wird, wenn
die Beobachtungsstelle im Bohrloche nicht schon in sehr grosser

---

[1] Pogg. Ann. Bd. 22 S. 139.

Tiefe liegt. Man würde also auf diese Weise unter Umständen, ausser in kalter Jahreszeit, keine zusammenhängende Reihe von Beobachtungen erhalten können. Wasser, welches kälter ist, als das im Bohrloche, wird namentlich aus Brunnen fast immer zu haben sein, und nur wenn man in warmer Jahreszeit in den oberen Tiefen eines Bohrlochs beobachten wollte, könnte es ausnahmsweise nöthig sein, das Wasser zum Zwecke der Füllung des Geothermometers mit Quecksilber und der Temperaturermittelung durch künstliche Mittel noch weiter abzukühlen, wenn es nicht etwa vorgezogen wird, ein träge gemachtes, für geringe Tiefen noch zulässiges Thermometer anzuwenden.

Ist das Wasser, in welches das Geothermometer und Normalthermometer gestellt worden sind, zwar kälter als das Bohrlochwasser, aber nicht so viel, dass im Geothermometer das Quecksilber bis zum ersten Theilstriche der Scala bei *d*, Taf. I Fig. 1, heruntergeht, so ermittelt man die Temperatur des Bohrlochwassers durch den vorerwähnten Controlversuch.

Die von MAGNUS für die Scala des Geothermometers gewählte Einrichtung war nach seiner hier folgenden Erörterung etwas anders als die vorerwähnte [1].

Die Scala ist so getheilt, „dass sowohl der Nullpunkt derselben, als auch ihr oberes Ende T und jeder dazwischen liegende Punkt den gleichnamigen Punkten irgend einer der bekannten Thermometerscalen entsprechen, so dass, wenn man dies Instrument in dieselbe Temperatur mit einem nach derselben Scala getheilten Instrumente bringt, beide dieselbe Anzahl von Graden zeigen. Erwärmt man nun das Instrument bis zu einer Temperatur, die höher ist, als die dem oberen Scalenende entsprechende = T, so wird ein Theil des in ihm enthaltenen Quecksilbers ausfliessen, und bringt man es dann wieder in ein und dieselbe Temperatur mit dem nach derselben Scala getheilten Thermometer" (Normalthermometer), „so wird es nicht mehr dieselbe, sondern eine niedrigere Anzahl von Graden zeigen als jenes. Aus der Differenz des Standes, den es wirklich hat, und dem, den es haben sollte und der durch das Normalthermometer angezeigt wird, lässt sich leicht die Temperatur finden, bis zu welcher es erwärmt gewesen." Denn bei diesem Maximum der Temperatur, das der Kürze wegen mit x bezeichnet sei, war das Instrument ganz, d. i. bis T, mit Quecksilber gefüllt,

---

[1] Daselbst Bd. 22 S. 138.

es war also so viel Quecksilber herausgetreten, dass es nur T^0
zeigte, während das Normalthermometer x^0 gezeigt haben würde.
Es kommt also eigentlich nur darauf an, diese Differenz $x-T$ zu
finden. Diese wird man aber leicht beobachten können, wenn man
das Instrument mit dem Normalthermometer · in eine Temperatur
bringt, die geringer ist als x; denn das Instrument wird dann um
so viel unter dem Normalthermometer stehen, als es bei der Temperatur x unter demselben gestanden hatte, nämlich $T-x$, nur dass
dieses $T-x$ die gehörige Correction erleiden muss, da es hier nicht
bei der Temperatur x, sondern bei einer niedrigeren gemessen wird."

„Diese Betrachtung macht es auch zugleich anschaulich, dass
zur Bestimmung des Maximums der Temperatur keineswegs gerade
das ursprüngliche Quecksilbervolumen, nach welchem das Instrument
getheilt worden, und das es bei der Temperatur 0^0 gerade bis Null
erfüllt, in demselben vor dem Versuche enthalten zu sein brauche;
sondern, dass dieses Quecksilbervolumen grösser oder kleiner sein
dürfe, wenn es nur hinreichend ist, das Instrument bei der Temperatur x^0 gänzlich, d. h. bis T zu füllen. Dieser Umstand aber,
dass die Bestimmung des Maximums unabhängig ist von der Quecksilbermenge, die vor dem Versuche in dem Instrumente enthalten
gewesen, macht dasselbe eigentlich erst anwendbar. Denn man
braucht nur dafür zu sorgen, dass es nicht zu wenig Quecksilber
enthalte, ohne dass es auf die Quantität ankommt, die man zu dem
Ende einführt; und die ganze Beobachtung besteht nur darin, dass
man nach dem Versuche das Instrument mit dem Normalthermometer in ein und dieselbe Temperatur bringt, um den Stand von
beiden zu verzeichnen."

„Um nun die für die Scala des Instruments nöthigen Punkte
zu bestimmen[1], füllt man dasselbe mit Quecksilber und bringt es,
ohne den zum Einfüllen des Quecksilbers auf die Spitze gebrachten
Quecksilber enthaltenden Trichter abzunehmen, mit dem Normalthermometer, nach dessen Scala es getheilt werden soll, in eine
beliebige, unveränderliche Temperatur T. Wenn man sicher ist,
dass dasselbe diese Temperatur angenommen, nimmt man den
Trichter mit dem überflüssigen Quecksilber ab und bringt das Instrument zuerst in fein zerstossenes Eis, um den Nullpunkt desselben
zu bestimmen und darauf mit dem Normalthermometer in verschiedene Temperaturen, die zwischen 0^0 und T^0 liegen, um so viele

---

[1] Pogg. Ann. Bd. 22 S. 141.

Punkte der Scala als nöthig zu bestimmen. Sind diese Punkte
einmal bestimmt, so kommt es nicht mehr darauf an, dass gerade
das Quecksilbervolumen, dessen Ausdehnung sie anzeigen, das schon
oben das ursprüngliche Quecksilbervolumen genannt worden ist, in
dem Instrumente bleibe, man braucht daher nun nicht mehr zu
scheuen, dasselbe einer Temperatur auszusetzen, die höher ist als T."

Es zählen also bei dieser Einrichtung die Grade von unten
nach oben. T^0 betrug für das zu den Beobachtungen in einem
Bohrloche zu Rüdersdorf bei Berlin gebrauchte Instrument 11,1° R.
Die Scala, bei welcher jeder Grad einen halben rheinländischen Zoll
lang war, enthielt also überhaupt vom Nullpunkt aufwärts 11,1° R. [1].

Zur genauen Auffindung des Werthes von x, der gesuchten
Temperatur des Bohrlochwassers, diente folgende Entwickelung [2].

„Man bezeichne das ursprüngliche Quecksilbervolumen, nach
welchem das Instrument getheilt worden und das es bei 0° bis zum
Nullpunkte füllt, mit V und das Quecksilbervolumen, das nach dem
Versuche in dem Instrumente enthalten ist, gleichfalls bei der Temperatur 0° betrachtet, mit V', ferner sei t die Temperatur, in welche
das Instrument zur Vergleichung mit dem Normalthermometer nach
dem Versuche gebracht wird, und t' die Anzahl von Graden, welche
das Instrument bei dieser Temperatur einnimmt; endlich sei $\frac{1}{\delta}$ die
Ausdehnung des Quecksilbers für einen Grad der Scala, nach welcher
das Instrument getheilt worden, so hat man folgende Gleichung:

$$V'\left(1+\frac{t}{\delta}\right) = V\left(1+\frac{t'}{\delta}\right),$$

weil das Volumen V' bei der Temperatur t denselben Raum einnimmt, den V, als das Instrument getheilt wurde, bei der Temperatur
t' einnahm.

Ferner hat man die Gleichung:

$$V'\left(1+\frac{x}{\delta}\right) = V\left(1+\frac{T}{\delta}\right),$$

denn bei der Temperatur x hatte sich V' so ausgedehnt, dass es
das ganze Instrument erfüllte, d. h. denselben Raum einnahm, den
V bei der Temperatur T eingenommen.

Dividirt man die obigen Gleichungen durch einander, so erhält man:

[1] Pogg. Ann. Bd. 22 S. 147.
[2] Daselbst S. 143.

$$\frac{1+\frac{t}{\delta}}{1+\frac{x}{\delta}} = \frac{1+\frac{t'}{\delta}}{1+\frac{T}{\delta}}$$

oder:

$$\frac{\delta+t}{\delta+x} = \frac{\delta+t'}{\delta+T}$$

woraus sich ergiebt:

$$x = \frac{\delta+T}{\delta+t'}(\delta+t) - \delta$$

oder:

$$x = \frac{(t-t'+T)\delta + tT}{\delta+t'}$$

„Da δ für alle gebräuchlichen Thermometerscalen, selbst für die von Fahrenheit, sehr gross ist im Vergleich mit t, t' und T, so sind die nicht mit δ multiplicirten Glieder sehr klein im Vergleich mit den übrigen und können daher gänzlich vernachlässigt werden [1]." Es fällt also im Zähler $t\,T$ fort, ein Nenner t' und das dann noch übrigbleibende δ im Zähler und Nenner hebt sich auf. Man erhält also:

$$x = t - t' + T. \text{[1]}$$

Die zuerst erwähnte Art der Einrichtung der Scala, die jetzt auch die übliche sein wird, hat vor der zweiten den Vorzug, dass sie directer verständlich ist und dass man dazu die constante Zahl T nicht nöthig hat, die damit zwischen den einzelnen Instrumenten keine Verwechselung eintreten kann, auf dem Glase des Instruments unverwischbar angegeben werden müsste.

Das Geothermometer kann zwar, weil es oben offen ist, durch die im Bohrloche stehende Wassersäule nicht von aussen zerdrückt werden, wohl aber werden dadurch Glas und Quecksilber in sich zusammengedrückt, und weil die Zusammendrückbarkeit des Quecksilbers grösser ist als die des Glases, wird aus dem oberen Ende des Instruments um so viel weniger Quecksilber überfliessen, als der Unterschied der Zusammendrückbarkeit beträgt. Die Beobachtungen sind daher nach der folgenden, von Magnus gegebenen Entwickelung [2] zu corrigiren.

„Da Colladon und Sturm den Unterschied in der Zusammendrückbarkeit des Quecksilbers und des Glases für den Druck einer

---

[1] Pogg. Ann. Bd. 22 S. 146.
[2] Daselbst S. 145.

Atmosphäre von 0,76 m Quecksilber- oder 10,32 m Wasserhöhe zu $\frac{1,73}{1000000}$ gefunden haben[1]; so beträgt die Quecksilbermenge, die durch den Druck einer solchen Atmosphäre verhindert worden, aus dem Instrumente zu entweichen, $\frac{1,73}{1000000} \cdot V'$ und wenn man diese Grösse in Graden des Instruments ausdrückt:

$$\frac{1,73 \cdot V'}{1000000} \cdot \frac{\delta}{V} \text{ Grade.}$$

Da nun V' nur sehr wenig von V unterschieden ist, so kann man beide, ohne einen Fehler zu begehen, einander gleich setzen und erhält dann:

$$\frac{1,73}{1000000} \cdot \delta.$$

Bezeichnet nun h die Höhe der Wassersäule, die, wenn das Instrument in die Tiefe herabgelassen ist, auf dasselbe drückt, so ist da 10,32 m = 32,8 preussische Fuss[2]:

$$\frac{h}{32,8}$$

diese Grösse in Atmosphären ausgedrückt und folglich ist

$$\frac{1,73}{1000000} \cdot \frac{\delta h}{32,8}$$

die Anzahl von Graden, um die sich das Quecksilber weniger ausgedehnt hat, als es sich ausgedehnt haben würde, wenn es diesem Drucke nicht ausgesetzt gewesen wäre." Man muss daher diese Grösse der beobachteten Temperatur, d. h. dem obigen Werthe von x zusetzen.

DULONG und PETIT haben die scheinbare Ausdehnung des Quecksilbers für einen Grad der hunderttheiligen Scala zwischen 0^0 und 100^0 gleich $\frac{1}{62,80} = \frac{1}{\delta}$ gefunden[3]. Für die RÉAUMUR'sche Scala ist dieser Werth $\frac{5}{4}$ mal grösser $= \frac{1}{5184}$. Es ist daher $\frac{1,73}{1000000} \cdot \delta = \frac{1,73}{1000000} \cdot 5184 = 0,008968$ und also der Zusatz zur beobachteten Temperatur

$$0,0089 \cdot \frac{h}{32,8}$$

---

[1] POGG. Ann. Bd. 12 S. 61.

[2] Abgekürzt statt 32,88 preuss. Fuss, als für die kleinen Correcturen genügend.

[3] Daselbst Bd. 22 S. 147.

Wenn das specifische Gewicht des Wassers im Bohrloche nicht $= 1$ ist, so muss, da die Höhen gleich stark drückender Flüssigkeiten sich umgekehrt verhalten, wie ihre specifischen Gewichte, die Grösse 32,8 noch durch das specifische Gewicht der Flüssigkeit $= \gamma$ dividirt werden, wodurch man erhält

$$0,0089 \cdot \frac{h \cdot \gamma}{32,8}$$

Ist die Höhe der drückenden Wassersäule in Metern angegeben, so hat man in den vorerwähnten beiden Ausdrücken statt 32,8 zu setzen 10,32.

Für die hunderttheilige Thermometerscala hat man $\frac{1,73}{1000000} \cdot \delta =$ $\frac{1,73}{1000000} \cdot 6480 = 0,0112104$ und also den Zusatz zur beobachteten Temperatur für rheinländische Fusse. Bei dem specifischen Gewichte des Wassers $= 1$,

$$0,0112 \cdot \frac{h}{32,8}$$

und bei dem specifischen Gewichte $= \gamma$

$$0,0112 \frac{h \cdot \gamma}{32,8}$$

in welchen beiden Ausdrücken, wenn h in Metern gegeben wurde, statt 32,8 zu setzen ist 10,32.

Es wurde schon angeführt, dass die Scala an einem Geothermometer nicht absolut erforderlich ist, aber den Nutzen gewährt, das bei dem Controlversuche erforderliche zeitraubende Erwärmen des Wassers entbehrlich zu machen. Man kann dies, wenn es sich nur um wenige Temperaturbeobachtungen handelt, benutzen, um sich in folgender Weise ein sehr einfaches und billiges Geothermometer zu verschaffen.

An einer Thermometerröhre wird, wie bei dem Geothermometer von MAGNUS, ein grosses Quecksilbergefäss $a\,b$, Taf. 1 Fig. 2, hergestellt. Das obere Ende der Röhre schleift man schief ab und führt dann in gewöhnlicher Weise die Füllung mit Quecksilber aus. Über die Röhre werden zwei durchbohrte Korke geschoben, die, damit sie sich nicht verschieben, mit Schellack festzukitten sind, der eine $g\,h$ bis auf das Gefäss $a\,b$ und der andere, welcher mit einer conischen Aushöhlung $c\,d\,e\,f$ versehen ist, etwas unter das obere Ende der Röhre. Mit einem Drahte $i\,k$, an dem ein Kork l befestigt ist, schiebt man dies einfache Instrument in eine, an ihrem oberen Ende geschlossene, angemessen lange Röhre $m\,n\,o$ von Glas so, dass der obere Rand der schiefen Fläche am Ende der Thermometerröhre an die Decke *o* der Röhre stösst. Die Öffnung der Thermometerröhre erhält dadurch einen angemessen kleinen Abstand von der Decke der Röhre, der aber zum Heraustreten und Herabfallen der Quecksilbertropfen ausreicht, wenn man die Neigung der schiefen Fläche am oberen Ende der Röhre richtig gewählt hat. Der Kork *l* ist an der Stelle, die man ihm gegeben hat, festzuhalten, z. B. dadurch, dass man auf das untere Ende der Glasröhre ein kurzes, mit einer äusseren Schraube versehenes Rohrstück kittet und das Drahtende *k* auf den Boden einer Kapsel stellt, die so lange auf jenes Rohrstück geschroben wird, bis das obere Ende des Geothermometers an die Decke der Glasröhre stösst. Diese Kapsel muss am Boden oder an der Seite ein kleines Loch zum Eindringen des Wassers haben. Zu demselben Zwecke müssen die drei Korke an ihren Seiten kleine Einschnitte erhalten und ausserdem mit so wenig Reibung in der Röhre gleiten, dass bei aufrechtem Stande das Geothermometer heruntersinkt, wenn es durch den Stopfen *l* nicht mehr festgehalten wird, das Ganze wird, durch eine passende Hülle geschützt, im Bohrloche herabgelassen. Das Quecksilber fliesst in der grösseren Wärme über, fällt auf der schiefen Fläche herunter und sammelt sich in der Höhlung *cdef*. Nach dem Herausziehen ermittelt man die Temperatur ebenso wie bei dem erwähnten Controlversuche.

Bringt man bei diesem Instrumente das Quecksilber durch Erwärmen zum Überfliessen, so kann, wenn jede Erschütterung vermieden wird, der austretende Tropfen beinahe 1 mm dick werden, ehe er auf der schiefen Fläche herunterrollt. Stösst man aber das Gefäss mit mässiger Kraft auf einen Gegenstand, der nicht sehr weich ist, z. B. auf Pappe, und verfährt ähnlich im Bohrloche, so fällt das Quecksilber auch dann herunter, wenn es aus der Röhrenöffnung nur mit einer flachen Wölbung hervorragt. Noch leichter wird es aber herabfallen, wenn man das obere Ende der Röhre horizontal umbiegt und fein auszieht. Der gewünschte Abstand vom geschlossenen Ende der Röhre *m n o* lässt sich dann dadurch erreichen, dass man die Umbiegung erwärmt und darauf geschmolzenes Schellack in der erforderlichen Dicke bringt, oder an die Umbiegung etwas Glas schmilzt. Wegen der Umbiegung der Röhre müssen die beiden Korke auf ihr der Länge nach durchschnitten und durch feine Messingdrähte wieder zusammengebunden werden.

Es kommt vor, dass bei Verkürzung des Quecksilbers des Geothermometers durch Abkühlung, sei es beim Füllen des Instrumentes oder beim Herausziehen aus dem Bohrloche, kleine Stücke desselben sich abtrennen. Bei Ermittelung der höchsten Temperatur, welcher das Instrument ausgesetzt gewesen ist, muss die Länge der abgetrennten Stücke bestimmt, und damit man die Temperatur nicht höher findet, als sie war, der Länge des übrigen Quecksilbers zugerechnet werden, was aber, zumal weil die Endflächen dieser Stückchen nicht immer rechtwinkelig zu ihrer Länge sind, mit Sorgfalt geschehen muss, damit dadurch kein Fehler entsteht. Es ist dies einer theilweisen Oxydation des Quecksilbers zuzuschreiben, die eintreten kann, weil das Instrument nicht wie ein gewöhnliches Thermometer an seinem oberen Ende geschlossen und ausserdem luftleer ist.

Man muss daher suchen, die Oxydation thunlichst zu verhindern und, wenn sie im Verlaufe der Zeit doch eingetreten ist, das theilweise oxydirte Quecksilber durch oxydfreies zu ersetzen. Hierzu ist es zweckmässig, beim Versenden eines Geothermometers in dem Gefässe de, Taf. I Fig. 1, kein Quecksilber zu lassen, weil das Rütteln beim Transport die Oxydation befördert. Zeigt das Quecksilber in jenem Gefässe keine glänzende Oberfläche mehr, so muss es vom Oxyde dadurch befreit werden, dass man es durch ein sehr feines Loch presst, das in ein Stück weichen Leders gestochen worden ist. Tritt das Hängenbleiben kleiner Quecksilbertheile in der Röhre ein, so ist es nützlich, das Instrument in Wasser zu stellen, welches man nach und nach so stark erwärmt, dass ein, unter Umständen bedeutender Theil des Quecksilbers bei c austritt, den man entfernt. Dadurch wird der Theil des Quecksilbers beseitigt, auf den, weil er durch das Überfliessen bei jedem Versuche mit der Luft in Berührung kommt, die Oxydation am meisten gewirkt haben muss. Man erwärmt dann weiter so stark, dass von dem im Instrumente gebliebenen Quecksilber bei c etwas überfliesst, schüttet sofort das Gefäss de ganz voll Quecksilber und lässt erkalten, wodurch wieder Quecksilber in die Röhre fliesst. Es kann ein solches Verfahren unter Umständen auch bei der Füllung, die nur dazu dient, das Instrument zur Beobachtung vorzubereiten, besser sein, als wenn man die Spitze c nur durch Neigung der Röhre unter das Quecksilber in de bringt, es muss dann aber selbstverständlich, nachdem hinreichend Quecksilber eingezogen worden ist, vor Ausführung der Beobachtung so viel wieder entfernt werden, dass es auch bei einer Erschütterung die Spitze c bei senkrechtem Stande des Instruments nicht berühren kann.

Der Verfertiger der angewandten Geothermometer hat gerathen, bei noch nicht weit fortgeschrittener Oxydation den oberen leeren Theil der Röhre dadurch, dass man ihn einigemal durch eine schwache Weingeistflamme zieht, bis gegen 40° R. zu erwärmen, dann das Quecksilber bis oben hin zu treiben, den vorher leeren Theil der Röhre noch stärker, etwa bis 80° R., zu erwärmen, hierauf in Wasser abzukühlen und so das hängengebliebene Quecksilber mit herabzuziehen. Mir scheint es bedenklich, dass hierdurch das Oxyd nicht entfernt wird. Ausserdem hat der Verfertiger für den Fall, dass beim Abkühlen das Quecksilber nicht zusammenhängend in die Röhre zieht, den Rath gegeben, unter Quecksilber mit einem spitzen Hölzchen etwas an der Spitze *c* zu reiben.

Über das Hängenbleiben des Quecksilbers hat der Bohrmeister zu Sperenberg trotz langdauernder Anwendung nicht geklagt und es fast gar nicht beobachtet. Es empfiehlt sich aber, bei längere Zeit fortgesetzten Beobachtungen zwei Geothermometer zu haben, um jedesmal das gebrauchen zu können, welches am besten im Stande ist und um eine Reserve zu haben, wenn ein Instrument beschädigt werden sollte. Aus dem letzterwähnten Grunde ist es auch räthlich, gleich zwei Normalthermometer anzuschaffen.

Das Hängenbleiben des Quecksilbers scheint übrigens mit von Umständen abzuhängen, die sich nicht nachweisen liessen. Als nämlich die Geothermometer in meine Hände gelangt waren, entsprachen sie zunächst allen Erwartungen, und dennoch konnte ich bald darauf in Sperenberg ihre Füllung mit Quecksilber nur nach mehrfachen Versuchen erreichen. Vielleicht wurde dies dadurch herbeigeführt, dass selbst in der kurzen Zeit eine wenn auch noch geringe Oxydation des Quecksilbers eingetreten war. Diese bleibt daher ein Übelstand, und ich hatte später Gelegenheit, mich davon zu überzeugen, dass sie, wenn die Grade gross sind und dementsprechend die Röhre fein ist, ein Instrument in nicht sehr langer Zeit unbrauchbar machen kann. Es war nämlich nach Beendigung der Beobachtungen zu Sperenberg für das Königliche Oberbergamt zu Halle noch ein Geothermometer angeschafft worden, dessen Grade noch einmal so lang wie früher waren, während das Quecksilbergefäss in seiner Grösse sich nicht wesentlich von der früheren unterschied, die Röhre also entsprechend enger als früher sein musste, wodurch das Hängenbleiben des Quecksilbers begünstigt wurde. Als dies Instrument noch gar nicht gebraucht, aber längere Zeit aufbewahrt worden war, blieben beim Abkühlen in einem oberen Theile der Röhre viele kleine Stücke Quecksilber hängen, und es zeigte sich, dass dieser Theil der Röhre mit einer grauen Oxydhaut ausgekleidet war, was bei den zwei anderen Geothermometern trotz längeren Gebrauchs niemals eingetreten ist und auch hier an den Stellen, wo das Quecksilber zusammenblieb, nicht der Fall war. Das Instrument war also in diesem Zustande gar nicht zu gebrauchen.

Da aber das Quecksilber ein edles Metall ist und als solches an der Luft sich nicht oxydirt, so kann die Oxydation nur dadurch entstehen, dass ihm fremde Metalle beigemischt sind. Nun kann man gewöhnliches Quecksilber zwar dadurch reinigen, dass man es durch Leder presst und dann destillirt, oder mit verdünnter Salpetersäure in mässiger Wärme behandelt, wobei sich die fremden Metalle oxydiren und auflösen, ebenso freilich auch ein kleiner Theil des Quecksilbers, und die Salpetersäure durch Waschen mit Wasser entfernt. Besser ist es aber, vollkommen reines Quecksilber zu verwenden, das man durch Destillation von chemisch reinem Schwefelquecksilber mit Eisenfeilspähnen erhält. Die angeführten Übelstände werden dann verschwinden. Hiermit steht in Übereinstimmung, dass MAGNUS, obgleich bei seinem Instrumente die Länge der Grade grösser und der Inhalt des Quecksilbergefässes kleiner als bei den in Sperenberg gebrauchten Instrumenten war, der Quecksilberfaden also eine das Hängenbleiben des Quecksilbers begünstigende geringere Dicke hatte, nichts über das Hängenbleiben des Quecksilbers bemerkt, wohl aber die Anwendung ganz reinen und vollkommen trockenen Quecksilbers verlangt[1]. Dass vollkommen reines Quecksilber mehr kostet als verunreinigtes, kann gegenüber den sonstigen Kosten guter Beobachtungen gar nicht in Betracht kommen.

Die Geothermometer erhielten bei ihrer Anwendung in Sperenberg einige Male sowohl an der Röhre als an der Glashaube Sprünge, ohne dass die Veranlassung hierzu in einer Erschütterung gesucht werden konnte. Es wird sich dies in folgender Weise erklären lassen.

Das Instrument wurde zwar dadurch, dass sein oberes Ende offen ist und in Folge davon der grosse Druck der im Bohrloche stehenden Wassersäule, sowie der durch dieselbe zusammengepressten Luft auf der Innen- und Aussenseite des Glases einander gleich waren, gegen das Zerbrechen durch den Wasserdruck, nicht aber dagegen geschützt, dass es von innen und aussen durch die Wassersäule einen Druck abzuhalten hatte, der zuletzt etwas über 146 Atmosphären hinausging. Ist nun auch die rückwirkende Festigkeit des

---

[1] Pogg. Ann. Bd. 22 S. 141.

Glases eine grosse, so kann es doch dadurch, dass es bald unter diesem hohen Druck, bald unter dem gewöhnlichen von 1 Atmosphäre stand, seine Textur so geändert haben, dass es bei der geringsten Veranlassung zersprang. Der Apparat zum Einlassen des Geothermometers in die Bohrlöcher zu Sperenberg hatte die auf Taf. I Fig. 4 u. 5 dargestellte Einrichtung. Es ist $a\,b\,c\,d$ eine geschweisste Röhre aus Schmiedeeisen mit einer Wanddicke von 0,2 Zoll rheinl. Sie besteht aus zwei, durch die angeschrobene und angelöthete Messingschraube $e\,f\,g\,h$ wasserdicht mit einander verbundenen Theilen. An ihrem oberen Ende ist sie wasserdicht geschlossen und kann durch eine Schraube mit dem Löffelseile oder dem Gestänge verbunden werden. Ihr unteres Ende ist entweder ganz offen, oder wenn es aus sonstigen Gründen, z. B. um, wenn Schlamm im Bohrloche liegt, ein kurzes Gestängestück anschrauben zu können und dadurch das Geothermometer aus dem Schlamme zu bringen, geschlossen ist, wird dicht über dem Schlusse wenigstens ein kleines Loch o, Taf. I Fig. 4 in der Seitenwand der Röhre angebracht, damit Wasser eindringen und den Druck des Wassers im Bohrloche auf die Röhre ausgleichen kann. In der eingelötheten Platte $r\,r$ von Eisen, Taf. I Fig. 4, befinden sich vier kleine Löcher t. Auf diese Platte kömmt das zum Einsetzen und Ausheben mit einem Stiele $x\,h$ versehene cylindrische Gefäss $x\,i\,k\,l$ von Zinkblech zu stehen, welches, damit es die Löcher t nicht verstopfen kann, an seinem Boden mit kurzen Beinen versehen ist. Dies Gefäss hat folgenden Zweck. Es wurde oben angeführt, dass man das Geothermometer nach dem Heraufholen nicht in Luft, sondern in Wasser mit dem Normalthermometer auf gleiche Temperatur bringen muss. Dadurch ist aber das Geothermometer noch nicht gegen die Einwirkung warmer Luft geschützt, wenn es in derselben getragen wird. Hat man daher, nöthigenfalls unter Abkühlung mit kaltem Wasser, die erforderliche Menge von Quecksilber in das Instrument gebracht, so schüttet man kaltes Wasser in das Zinkgefäss, stellt das Instrument hinein und bringt es mit diesem Wasser in den Apparat, dessen oberer Theil abgeschroben ist. Wenn nun auch die Menge des kalten Wassers im Zinkgefässe gering ist, so reicht sie doch aus, das Geothermometer hinreichend lange gegen die Einwirkung der warmen Luft zu schützen, so dass es ohne Übereilung in den Apparat gebracht werden kann. Über die Glashaube des Geothermometers wird nun die Röhre $m\,n\,o\,p$ aus dünnem Messingblech geschoben, die sich (Taf. I Fig. 5) mit drei

Flügeln q an die Innenseite der eisernen Röhre legt und dadurch das Instrument in senkrechter Stellung erhält. Hierauf wird die Messingschraube fest zugedreht. Nach dem Heraufholen nimmt man das Instrument mit dem Zinkgefässe aus dem Apparate und trägt es in dem Wasser dieses Gefässes an den Eimer voll kalten Wassers, stellt es mit dem Zinkgefässe in dies Wasser und zieht dann das Zinkgefäss fort. Auch jetzt gewährt das im Zinkgefässe befindliche Wasser Schutz gegen die warme Luft, weil es beim Aufholen die oberen Regionen des Bohrlochs passirt hat und dadurch kälter geworden ist als das Wasser, dessen Temperatur man messen will. Ist die Luft kälter als die im Bohrloche zu erwartende Temperatur, so kann selbstverständlich das Zinkgefäss fortgelassen werden.

Das Bohrloch No. I zu Sperenberg hatte, als die Temperaturbeobachtungen in demselben beginnen konnten, bereits die Tiefe von 1520 rheinl. Fuss erreicht. Im Vertrauen darauf, dass, wie MAGNUS[1] anführt, das Wasser in der Glashaube $rstu$, Taf. I Fig. 1, zwar in die Höhe steige, aber nie in die Öffnung e gelangen könne, was auch noch für eine nicht geringe Tiefe richtig ist, wenn jene Öffnung sich sehr nahe unter der Decke der Glashaube befindet, liess ich das in dem beschriebenen Apparate befindliche Geothermometer mit dem eisernen Löffelseile bis zur Bohrlochsohle herunter. Es füllte sich aber dabei das Gefäss de mit Soole und eine Wiederholung des Versuchs gab kein besseres Resultat, während keine Soole in das Gefäss trat, als ich nur bis 300 Fuss niederging.

Zur Beseitigung dieses Übelstands wurde der Theil $cduv$ der eisernen Röhre Taf. I Fig. 4 entfernt und durch eine längere Röhre Taf. I Fig. 7 ersetzt. Dadurch kam zu der durch die Wassersäule im Bohrloche zusammenzudrückenden Luftsäule von der Öffnung v, Taf. I Fig. 1, bis zur Decke der Glashaube noch die Luftsäule von jener Öffnung bis zur Öffnung o, Taf. I Fig. 7, am unteren Ende des Apparats. Bei gleichem Drucke musste also die länger gewordene Luftsäule länger bleiben und daher das eingetretene Wasser nicht so hoch hinaufreichen wie vorher. Um für alle Fälle gerüstet zu sein, wurde die Einrichtung so getroffen, dass sie auch für die grösste zu erwartende Tiefe ausreichen konnte.

Nimmt man an, die Soole im Bohrloche habe überall das specifische Gewicht 1,2 gehabt und bis zur Hängebank des Bohrschachts gereicht, obgleich das specifische Gewicht etwas geringer war

---

[1] POGG. Ann. Bd. 40 S. 144.

und das Wasser 7 Fuss unter der Hängebank stand, so übte, da der
Druck einer Atmosphäre dem Drucke einer 10,32 m = 32,88 rheinl.

Fuss hohen Säule süssen Wassers gleich ist, eine $\frac{32,88}{1,2} = 27,4$ Fuss

hohe Säule der im Bohrloche stehenden Soole den Druck einer
Atmosphäre aus. Bei einer Tiefe von 4000 rheinl. Fuss entstand

also durch die Soolsäule ein Druck von $\frac{4000}{27,4} = 146$ Atmosphären.

Die Luftsäule vom oberen Ende der Glashaube bis zum unteren Ende
des Apparats hatte jetzt eine Länge von 91 Zoll erhalten und konnte
als cylindrisch betrachtet werden. Sie blieb also, abgesehen von
der durch die höhere Wärme im Bohrloche entstehenden Ausdehnung
in einer Tiefe von 4000 Fuss nach dem MARIOTTE'schen Gesetz noch

$\frac{91}{146+1} = 0,62$ Zoll lang, während der Abstand der Öffnung e, Taf. I

Fig. 1, von der Decke der Glashaube meist nur 2 mm = 0,076 rheinl.
Zoll betrug, also gegen 8 Mal kleiner war.

Es ist, nachdem die Einrichtung so getroffen war, im Verlaufe
einer langen Zeit und obgleich mit den Beobachtungen bis zu einer
Tiefe von 4042 rheinl. Fuss herunter gegangen wurde, nur noch
einigemal Wasser in das Geothermometer gekommen und, wie die
Untersuchung zeigte, nur deshalb, weil die eiserne Röhre in ihrem
oberen Theile nicht mehr ganz wasserdicht war. Ist diese Undicht-
heit nur gering, so dringt noch kein Wasser in das Instrument, wenn
es nur 1 Stunde im Bohrloche bleibt, wohl aber, wenn dies 10 Stunden
oder noch länger dauert.

Das Eintreten von Wasser macht übrigens die betreffende Beobachtung noch nicht unrichtig, wenn es sich nicht etwa zwischen
den Quecksilberfaden in der feinen Röhre des Instruments gesetzt
hat. Auch für fernere Beobachtungen wird das Instrument durch
Eintritt von Wasser nicht untauglich und man muss nur etwas Ge-
duld haben, um es wieder zu entfernen. Dazu ist es mitunter
ausreichend, dass man, nachdem das Wasser und Quecksilber aus
dem Gefässe $d\,e$, Taf. I Fig. 1, entfernt worden, das Quecksilber durch
Erwärmen langsam bis zur Spitze c steigen lässt, um das auf ihm
stehende Wasser fortzutreiben. Ist Soole in die Röhre gekommen,
so treibt man sie erst wie süsses Wasser heraus und lässt dann
durch Erkalten und Erwärmen des Quecksilbers mehrmals destillirtes
Wasser ein- und wieder austreten. Da der obere Theil der Röhre
noch Feuchtigkeit enthalten kann, so muss er getrocknet werden.
Man nimmt dazu das Gefäss $d\,e$ ab und erwärmt den Theil der

Röhre, in welchen Wasser oder Soole gekommen ist und aus dem man sich das Quecksilber durch Abkühlen hat herunterziehen lassen, das obere Ende schief nach oben gerichtet, von unten nach oben vorsichtig über einer kleinen Spiritusflamme, nöthigenfalls unter Erwärmen des Quecksilbers im Gefässe ab, Taf. I Fig. 1, um durch sein Steigen den etwa noch vorhandenen Wasserdampf auszutreiben. Kommt aber trübes Wasser in die Röhre und setzt darin Theile ab, die sich nicht wieder entfernen lassen, so kann das Instrument unbrauchbar werden. Aber auch das Eindringen von reinem Wasser muss vermieden werden, weil es die Theilung des Quecksilbers in einzelne Stücke bewirken kann.

Wenn die unter dem Geothermometer angebrachte Röhre nach unten kegelförmig erweitert ist, wozu es bei den meisten Bohrlöchern nicht an Raum fehlen wird, so reicht sie bei gleicher Länge und gleichem Wasserdrucke für eine grössere Tiefe aus, als wenn sie cylindrisch wäre. Da nämlich nach dem MARIOTTE'schen Gesetze das Volum einer gegebenen Gasmenge sich umgekehrt verhält wie der Druck, dem sie ausgesetzt ist, so wird, wenn die eingeschlossene Luft wie die freie nur unter dem Drucke von einer Atmosphäre steht und hierzu durch das Wasser der Druck von noch einer Atmosphäre kommt, die Luft auf die Hälfte ihres anfänglichen Volumens zusammengedrückt. Befindet sie sich hierbei in einem Cylinder, so liegt die Grenze zwischen Luft und Wasser in der halben Höhe des Cylinders, weil zur halben Höhe auch die Hälfte des Inhalts gehört. Betrüge der Wasserdruck 2 Atmosphären, so würde die Luftsäule nur den dritten Theil ihrer anfänglichen Länge haben u. s. w. Ist aber die Röhre kegelförmig, so liegt bei dem Wasserdrucke von einer Atmosphäre die Grenze zwischen Wasser und Luft nicht in der halben Höhe, sondern tiefer, weil der zur unteren halben Höhe gehörende abgestumpfte Kegel viel grösser ist, als der zur oberen halben Höhe gehörende und in ähnlicher Weise, wenn der Druck grösser ist. P. HARTING hat dies bei den von ihm in einem Bohrloche zu Utrecht angestellten Temperaturbeobachtungen benutzt[1]. In Sperenberg ist dies nicht geschehen, weil wegen anderer in Aussicht genommener Versuche die Röhre stark sein musste und eine cylindrische von dieser Beschaffenheit sofort zu haben war. Kommen derartige Versuche nicht in Betracht, so genügt für die Röhre ziemlich dünnes

[1] Déterminations thermométriques faites dans un puits de 369 mètres profondeur à Utrecht. Archives Néerlandaises des sciences exactes et naturelles. Harlem 1879. Tome XIV p. 472.

3*

Zinkblech, das auf den Fugen zusammengelöthet ist. Man darf dann
aber, um schlammiges Wasser bei seinem Eintritte in die Röhre zu
klären, deren untere Öffnung von ziemlicher Grösse nicht mit Leinwand, oder einem sonstigen Stoffe, der als Filter wirken soll, zu-
binden, denn es kann dadurch, entsprechend der Kraft, die das
Wasser braucht, um schnell durch solche Stoffe zu dringen, bei
raschem Herablassen des Apparates der Druck der Wassersäule in
so weit thätig werden, dass er das Zinkrohr plattdrückt.

Da die im Apparate abgeschlossene Luftsäule für desto grössere
Tiefen ausreicht, je weniger die Öffnung e, Taf. I Fig. 1, von der Decke
der Glashaube entfernt ist, so muss man wünschen, sie möglichst
nahe daran bringen zu können. Das ist aber schwierig, wenn die
Glashaube aufgeschroben wird, denn wenn, wie meistens, e nicht
genau centrirt ist, kann es dabei an die Decke der Glashaube stossen
und dadurch abbrechen. Es kann daher von Nutzen sein, die Glashaube nicht aufzuschrauben, sondern aufzuschieben und sie in der
gewünschten Lage durch eine kleine Druckschraube festzuhalten.

Wenn man das Geothermometer in eine gut schliessende, starkwandige Stahlbüchse bringt und diese auch in den grössten Tiefen
wasserdicht bleibt, so werden entbehrlich die Correctur der Beobachtungen wegen des Wasserdrucks, die Glashaube und die lange
Röhre, Taf. I Fig. 7. Man kann auch zur Beförderung der baldigen
Annahme der Temperatur so viel Wasser in die Büchse bringen, dass
es das Quecksilbergefäss bedeckt. Findet man dann nach dem
Herausziehen nur dieselbe Wassermenge, so hat die Büchse wasserdicht geschlossen. Bei dem Zutreffen dieser Bedingung ist die Anwendung des Geothermometers auch für grosse Tiefen bequem.

Die von mir bei Anwendung des Geothermometers gemachten
Erfahrungen sind eingehend mitgetheilt worden, um sie anderen
Beobachtern zu ersparen. Ist ein Bohrloch schon sehr tief geworden
und war man verhindert, sich zeitig vorher mit einem zweckmässigen
Maximumthermometer, das eine Scala hat, zu versehen, so kann
man zwar statt dessen das oben (S. 27) erwähnte Geothermometer
ohne Scala anwenden, da aber dann die Röhre, welche das Eindringen
von Wasser in das Instrument verhindern soll, eine lästige Länge
erhalten müsste, so ist es besser, statt dessen folgende Einrichtung
anzuwenden.

Eine starkwandige Glasröhre, Taf. I Fig. 6, wird an einem Ende
zugeschmolzen und in dieselbe das Geothermometer ohne Scala gebracht. Nach dem Einbringen einer passenden Menge Quecksilbers

in die Glasröhre wird auch deren anderes Ende zugeschmolzen. Soll Quecksilber in das Geothermometer gebracht werden, so erwärmt man so stark, dass es überfliesst und richtet dann rasch das obere Ende nach unten. Giesst man gleich hierauf etwas heisses Wasser auf die Röhre, so tritt das Überfliessen, wenn es etwa beim Umkehren unterbrochen gewesen wäre, wieder ein, so dass also keine Luft mit in das Thermometer gelangen kann. Beim Umkehren gleitet das Thermometer herab und taucht mit seiner Spitze in das beigegebene heruntergeflossene Quecksilber, das beim Abkühlen das Thermometer anfüllt. Wenn sich hierbei die Ausflussspitze an die Seite der Röhre gestellt hat, kann neben dem Quecksilber Luft eindringen. Das wird aber dadurch verhindert, dass die Spitze, an der Wölbung des Glases herabgleitend, in die Mitte gelangt. Man verdankt diese zweckmässige und einfache Einrichtung dem Königlichen Bergrath Köbrich zu Schönebeck und sie ist wegen Mangels eines Ausflussthermometers mit Scala bei den später zu erwähnenden Beobachtungen zu Schladebach benutzt worden.

Wenn man hierbei zur möglichst genauen Bestimmung der Temperatur dem Wasser im Eimer wärmeres zusetzt, so lange wartet, bis beide Thermometer die höhere Wärme angenommen haben und so fortfährt, bis das Quecksilber oben nicht nur mit ebener Fläche erscheint, sondern dies auch bei gleich erhaltener Wärme sich nicht ändert, so ist das sehr zeitraubend und ermüdend. Wenn die Luft etwas kälter ist, als das Wasser im Eimer, kann man leichter in folgender Weise verfahren.

Es wird so lange warmes Wasser zugesetzt, bis das Quecksilber oben ebenflächig erscheint. Das ist aber noch nicht genügend, weil man fast stets finden wird, dass sich noch ein Tropfen bildet. Ist das eingetreten, so nimmt man das Ausflussthermometer aus dem Wasser, das sich langsam abkühlt. Dann kommt dasselbe wieder in das Wasser und dies wird so lange wiederholt, bis das Quecksilber, mit ebener Fläche erscheinend, nicht mehr steigt und in Folge der langsamen Abkühlung des Wassers nach einiger Zeit heruntergeht.

Das Erscheinen des Quecksilbers mit ebener Fläche ist unter den Fällen, bei welchen es, ohne abzufallen, mit geringerer oder grösserer Wölbung erscheint, wobei man nicht weiss, wie gross dieselbe im Bohrloche war, ein bestimmter und einziger. Das Instrument muss daher vor dem Herausziehen so stark erschüttert werden, dass nur die ebene Fläche übrig bleibt, was mit völliger Sicherheit dadurch erreicht wird, dass man den Apparat etwas in die Höhe zieht und dann unmittelbar oder mit dem unter ihm befindlichen Gestänge auf die Bohrlochsohle stossen lässt.

Gegenüber der umständlichen Temperaturbestimmung bei diesem Apparate hat man bei der Anwendung eines Ausflussthermometers mit Scala nur nöthig, die Wärme des Wassers hinreichend lange unverändert zu erhalten.

Es ist daher besser, bei zahlreichen Beobachtungen das umständlichere Verfahren zu vermeiden und dies geschieht dadurch, dass man zeitig vor dem Beginne der Beobachtungen sich wo möglich in zweifachen Exemplaren mit den erforderlichen Thermometern versieht, an deren mit Sorgfalt angefertigten Scalen die Grade eine das genaue Ablesen ermöglichende Grösse besitzen.

Das Thermometer, Taf. I Fig. 6, muss sich bei seiner Versendung, wenn dazu ein Mittel benutzt wird, durch welches, wie bei Eisenbahn und Post, Stösse entstehen, stets in aufrechter Stellung befinden, weil bei horizontaler Lage das durch seine Quecksilber schwere Thermometer so oft gegen das obere Ende der zugeschmolzenen Glasröhre gestossen wird, dass dieses zerbricht und das beigegebene Quecksilber ausfliesst.

2. Das Maximumthermometer von WALFERDIN.

Taf. II Fig. 12 ist die Abbildung dieses Instruments nach einem im physikalischen Cabinete der Universität Halle befindlichen Exemplare. Die Röhre $a\,b$, auf deren Glase sich die Scala befindet, ist oben in eine enge Spitze ausgezogen und mit der Röhre ist zusammengeschmolzen das Glasgefäss $c\,d\,e\,f$, dessen Theil $e\,f\,g$, in welchem sich Quecksilber befindet, eine sackförmige Gestalt hat. Das obere Ende e wird zugeschmolzen. Die Röhrenspitze ist durch das Gefäss, in welchem sie sich befindet, gegen Beschädigung geschützt und kann deshalb sehr fein ausgezogen werden. Dies ist aber auch nöthig, weil die Quecksilbertropfen von der senkrechten Spitze b nicht so leicht abfallen, wie von der umgebogenen Spitze des Instrumentes von MAGNUS. Zur Beobachtung der Erdwärme ist die Anzahl der Grade geringer, ihre Länge aber grösser zu nehmen, als in der Abbildung. Die Zahlen der Scala werden zweckmässig von b, wo Null liegt, nach unten grösser und nicht umgekehrt wie bei POUILLET [1]. Der Raum von der Spitze b bis zu $c\,d$ muss gross genug

---

[1] Éléments de physique expérimentale et de météorologie. II. 1856. p. 689. Taf. 48 Fig. 3.

sein, um das bei der höchsten zu erwartenden Temperatur ausfliessende Quecksilber so aufzunehmen, dass es b nicht erreicht, was sich bei der Anfertigung ermitteln lässt. Es ist deshalb auch in Übereinstimmung mit POUILLET[1] b in der Abbildung höher gelegt, als im Originalexemplare.

Um das Instrument zum Gebrauche vorzubereiten, erwärmt man so stark, dass bei b Quecksilber austritt, neigt das Instrument so, dass Quecksilber aus dem Sacke efg fliessend, die Spitze b vollständig bedeckt, kühlt dann bis zu einer Temperatur ab, die sicherlich unter der im Bohrloche zu erwartenden liegt und neigt dann das Instrument so, dass die in dem Raume bcd noch vorhandene Quecksilbermenge nach f zurückfliesst. Die Ermittelung der Temperatur erfolgt unter Mitanwendung des auch hier erforderlichen Normalthermometers wie bei dem Geothermometer.

Da das Instrument geschlossen ist, muss es gegen den Wasserdruck geschützt werden. Dies wird am einfachsten und mit der grössten Sicherheit dadurch erreicht, dass man es nach WALFERDIN in eine starkwandige, an beiden Enden zugeschmolzene Glasröhre bringt[2].

Das Quecksilber erhält durch die Schliessung des Instrumentes Schutz gegen die Oxydation. Es zeigte deshalb auch in dem vorerwähnten Exemplare eine glänzende Oberfläche. Gleichwohl war während der Zeit seiner Anfertigung die Adhäsion zwischen Glas und Quecksilber so gross geworden, dass wenn man das Instrument umkehrte und dann ohne Stoss wieder aufrecht stellte, unter e Quecksilber hängen blieb, was zur Folge hatte, dass man zwar durch Erwärmen Quecksilber zum Überfliessen aus b, nicht aber durch Abkühlung wieder zurückbringen, also auch keine Temperaturbeobachtung anstellen konnte. Man wird nicht anzunehmen haben, dass dies auch bei völlig reinem Quecksilber eingetreten sein würde.

Es lässt sich das Instrument zweckmässig auch so einrichten, dass der oberste Theil der Röhre nicht nur sehr fein ausgezogen, sondern auch horizontal umgebogen und, wie nach Taf. II Fig. 18, mit einem senkrechten Gefässe umgeben wird, jedoch mit dem Unterschiede, dass dies Gefäss seine Verbindung mit der Röhre nicht durch Verkittung, sondern durch Zusammenschmelzung erhält und oben zugeschmolzen wird. Die austretenden Quecksilbertropfen werden

---

[1] Daselbst Taf. 48 Fig. 7.
[2] ARAGO, a. a. O. Bd. VI. 1857. S. 307.

von der umgebogenen Spitze sehr leicht abfallen und klein bleiben. Weil hierbei der Sack efg, Taf. II Fig. 12, zur Unterbringung von Quecksilber fortfällt, muss die umgebogene Spitze wie bei dem Geothermometer so hoch liegen, dass auch bei der höchsten zu erwartenden Temperatur das austretende Quecksilber unter ihr bleibt. Es lässt sich das bei der Anfertigung leicht ermitteln.

Bei einer solchen Einrichtung wird das Instrument, zumal da die mit ihm gemachten Beobachtungen wie bei dem Geothermometer durch Stösse im Bohrloche nicht unrichtig werden und seine Anwendung keine Correctur wegen des Wasserdrucks erfordert, allen Anforderungen entsprechen.

3. Das Maximumthermometer (Inverting Maximum) von Neoretti und Zambra in London.

Taf. II Fig. 13 zeigt die Einrichtung dieses Instruments nach einem Exemplare, dessen unentgeltliche Abgabe ich der Güte des Ausschusses der British Association zur Erforschung der Erdtemperatur, beziehungsweise des Schriftführers dieses Ausschusses, Professor J. D. Everett, am Queens-Colleg zu Belfast verdanke.

Das kugelförmige Quecksilbergefäss a befindet sich am oberen Ende des Instrumentes. Seine Röhre hat eine so starke Abplattung, dass der Quecksilberfaden, in der Richtung des Ablesens betrachtet, 1 mm breit ist und rechtwinkelig dagegen nur als eine feine Linie erscheint. Bei b ist die Röhre etwas umgebogen und hat bei d eine Stelle, die so verengt ist, dass Quecksilber durch dieselbe nur unter Wirkung von Druck oder durch die Kraft, mit welcher es sich bei seiner Erwärmung ausdehnt, gehen kann, wozu auch die Krümmung bei b mitwirkt. Die Scala ist in ganze Grade nach Fahrenheit getheilt, die von unten nach oben gezählt werden und von 5—135⁰ reichen. Zum Schutze gegen den Wasserdruck ist das Thermometer von einer starkwandigen, an ihren Enden zugeschmolzenen Glasröhre cf, die an ihrem unteren Ende f mit der Thermometerröhre zusammengeschmolzen ist, umgeben. Die Lage des Thermometers wird weiter durch eine, mit einem Seiteneinschnitte versehene Scheibe g von Kork fixirt. Die Anwendung ist folgende.

Man hält die Kugel a nach unten und stösst das Instrument auf die innere Fläche der Hand. Dadurch läuft nicht nur das zwischen d und f befindliche Quecksilber herunter, sondern es lässt sich auch mit dem zwischen d und der Kugel befindlichen vereinigen, weil es, wenn der Stoss auf die Hand nicht zu schwach ist, unterstützt durch sein Gewicht, auch durch die enge Stelle bei d getrieben wird. Das Thermometer wird nun, die Kugel a nach unten gerichtet, in Wasser gestellt, dessen Wärme geringer ist, als die im Bohrloche zu erwartende. Hierbei bleibt das zwischen d und f befindliche Quecksilber mit dem übrigen zusammen, weil es, wieder durch sein Gewicht unterstützt, nicht verhindert ist, nach Maassgabe seiner Abkühlung durch die enge Stelle bei d zu gehen. Richtet man nun die Kugel wieder nach oben, so fällt der zwischen d und f noch befindliche Theil des Quecksilbers herunter, während durch die Engheit der Stelle bei d der über ihr befindliche, von dem Grade der Abkühlung abhängende Theil zurückgehalten wird. In dieser Stellung kommt das Instrument in das Bohrloch, wo es in der betreffenden Tiefe wenigstens eine halbe Stunde bleibt, um vollständig die Wärme des Wassers annehmen zu können. Beim Herablassen befindet es sich zum Schutze gegen Beschädigung in einer Büchse von Kupfer, die oben durch eine in einem Gewerbe drehbare Kapsel geschlossen wird, zum freien Eintritte des Wassers unten Löcher, sowie ein Loch in der Kapsel hat. An den Seiten der Kapsel befinden sich zwei Stifte, um welche ein zum Aufhängen dienender Bügel drehbar ist.

Da die Wärme im Bohrloche höher ist, als die war, bei welcher man in den Raum über d Quecksilber treten liess, so geht dasselbe jetzt nach dem Maasse seiner Ausdehnung durch die enge Stelle bei d nach unten. Auch wenn der durchgetretene Theil noch keine grosse Länge hat, bricht er bei d ab, ohne herunter zu fliessen, was aber geschieht, sobald er hinreichend länger geworden ist.

Ist das Thermometer aus der höheren Wärme, der es ausgesetzt war, genommen und hängt an der engen Stelle bei d noch etwas Quecksilber, so neigt man das mit dem Quecksilbergefässe versehene Ende so weit herunter, dass alles Quecksilber langsam nach d hinrollt, was man auch durch sanftes Beklopfen der Röhre mit den Fingern befördern kann. Sobald dies Quecksilber das an d noch hängende oder unter demselben in kleinen Stücken etwa vorhanden gewesene gefasst hat, hält man das Instrument wieder senkrecht, so dass alles unter d befindliche Quecksilber herunterlauft und wenn es richtig auf dem unteren Ende bei i steht, geben die abgelesenen Grade die in der betreffenden Tiefe vorhandene Wärme des Wassers an.

Für den Fall, dass man hierin noch nicht geübt ist, wird gerathen, das Quecksilber den halben Weg von i nach d hin zurückrollen zu lassen, dann das Instrument wieder aufrecht zu stellen, nochmals abzulesen und wenn beide Ablesungen nicht einander gleich sind, die kleinere zu nehmen, weil diese eintritt, wenn das Quecksilber richtig bei *i* aufsteht und keine leere Zwischenräume enthält, was auch dadurch befördert werden kann, dass man *f* auf die innere Handfläche, oder einen nicht zu harten Gegenstand, wie z. B. Pappe, stösst. Diese Ermittelung der Wärme ist ebenso einfach wie genau.

Schon bei einer geringen Erniedrigung der Wärme reisst das Quecksilber bei *d* ab, weil es sich nach oben zurückzieht. Da nun das Instrument beim Heraufholen aus dem Bohrloche in immer kälter werdendes Wasser gelangt, so wird es sich von *d* aufwärts nach *a* hin zurückgezogen haben. Befindet sich dann dicht unter *d* oder weiter nach unten hin kein Stückchen Quecksilber mehr, so kann man gleich bei aufrechter Stellung ablesen.

Bei horizontaler Lage reisst das durch *d* getriebene Quecksilber nicht ab, aber sofort bei eintretender Abkühlung, die, wenn nöthig, dadurch herbeigeführt werden kann, dass man vor der Entfernung aus einem horizontalen Bohrloche an das Instrument oder seine Büchse kaltes Wasser spritzt, wozu die Veranlassung fehlt, wenn man weiss, dass die Wärme der Streckenluft geringer ist, als die des Gesteins.

Bei der Anwendung später zu erwähnender Apparate zu Temperaturbeobachtungen in tiefen Bohrlöchern können Erschütterungen vorkommen und es bleibt zu fragen, ob dadurch nicht Quecksilber aus der engen Stelle bei *d* heruntergeschleudert, und dadurch die Temperatur zu hoch gefunden werden kann. Hierüber stellte ich folgende Versuche an:

Das Instrument wurde so mit Bindfaden verbunden, dass es, die Kugel nach unten gerichtet, aufgehängt werden konnte. Bei dieser Lage ist es, wenn man vorher alles Quecksilber vereinigt hat, gleichgültig, welcher Wärme das Thermometer vorher ausgesetzt war, wenn es nur so lange an seiner Stelle bleibt, dass es vollständig die Wärme der Umgebung annimmt und eine Erwärmung durch zu starke Berührung mit der Hand vermieden wird. Durch Aufrichtung des Kugelendes und Abbrechung des Quecksilbers wird dann die Wärme richtig gefunden. Stösst man aber hierbei das Instrument hinreichend stark nach oben oder unten auf die innere Fläche der Hand oder auf Pappe, so wird ein kleines Stück Quecksilber aus der engen Stelle herunter geschleudert. Bei einer starken Neigung des Kugelendes fällt das Quecksilber so rasch herunter, dass es wieder zu einer Masse vereinigt wird und man erhält dann selbstverständlich beim Abbrechen die frühere Wärme. Durch sanftes

Neigen lässt sich aber leicht bewirken, dass nur das herunter geschleuderte Stück gefasst wird und man erhält dann die Wärme zu hoch, gewöhnlich um 1^0 F. Dasselbe tritt aber im Bohrloche ein, weil das herunter geschleuderte, nicht zur gesuchten Wärme gehörende Quecksilber unten bleibt und beim Verlassen des Bohrlochs von dem in d befindlich gewesenen, welches sich in der oberen geringeren Wärme nach der Kugel hin zurückgezogen hat, getrennt ist.

Bringt man an das untere Ende des Instruments geschmolzenes Siegellack in der Weise, dass dadurch ein nach oben das Glas rechtwinklig treffender Vorsprung entsteht, fasst dann das Glas oben mit umgelegter Pappe und zieht es rasch aus der festgeschlossenen Hand, so bewirkt auch der hierbei eintretende Stoss der Pappe gegen das Siegellack das Herunterschleudern eines kleinen Quecksilberstücks. Es hat dieses Verhalten grosse Ähnlichkeit mit dem raschen Abreissen eines, später näher zu begründenden Abschlusses einer kurzen Wassersäule in einem Bohrloche.

Genauer kann der ausgeübte Stoss dadurch ermittelt werden, dass man das Instrument etwas, z. B. 3 cm, aufhebt und es dann, zwischen den Fingern gleitend auf Holz fallen lässt, denn dadurch erhält man durch das Gewicht des Instruments und die Endgeschwindigkeit des Fallens eine genau bestimmte Grösse des Stosses.

Das Bedenken wegen der Wirkung des Stosses hat mich veranlasst, dies Thermometer nicht so dringend zu empfehlen, als es ohne das verdient hätte. Ich glaube aber jetzt, dass sich durch gehörige Vorsicht der durch Stoss entstehende Fehler vermeiden lässt.

Hierbei ist zunächst zu berücksichtigen, dass auf einen Stoss desto weniger etwas ankommt, je weiter er von der Stelle der Beobachtung entfernt ist, denn beim Herablassen muss das Quecksilber doch noch steigen und beim Heraufholen hat es sich von d nach oben so weit zurückgezogen, dass ein Herunterschleudern von Quecksilber nicht mehr möglich ist.

Ein Stoss auf die Bohrlochsohle kann dadurch, dass man zuletzt sehr langsam herablässt, oder auch noch unter dem thermometrischen Apparate einen elastischen Körper anbringt, vermieden werden und beim Anlangen daselbst hat auch das Thermometer die vorhandene Wärme noch nicht völlig angenommen.

Von besonderer Wichtigkeit ist, dass der später zu erörternde Abschluss einer kurzen Wassersäule durch langsames Drehen einer Schraube am oberen Ende des Gestänges ohne Stoss aufgehoben werden muss.

Das Gestänge ist auf einer elastischen Unterlage, z. B. so dass man auf der oberen Fläche der Abfanggabel eine ebenso gestaltete, hinreichend dicke Platte von Kautschuk anbringt, ohne Stoss abzufangen und wenn vorspringende Stellen der Verröhrung einen Stoss erzeugen sollten, kann er leicht dadurch beseitigt werden, dass man dicht über und unter dem thermometrischen Apparate eine zweckmässige Leitung anbringt.

In solcher Weise wird man die Stösse beseitigen können und wenn das ausnahmsweise nicht gelingen sollte, hat man nur die betreffende Beobachtung zu verwerthen.

Einen sehr sicheren Aufschluss hierüber werden folgende Versuche ergeben.

In einem geschlossenen Raume, dessen Lufttemperatur auf gleicher Höhe zu erhalten ist, befindet sich ein etwa 1 m hohes Gerüst, welches als Decke eine hinreichend starke, in ihrer Mitte mit einem Loche versehene Platte hat. Auf derselben ist in senkrechter Richtung eine Blechröhre von der Weite des Bohrlochs befestigt, in welche der zum Abschluss einer kurzen Wassersäule im Bohrloche dienende Apparat zu bringen ist. Mit dem unteren Ende desselben ist senkrecht eine kurze, unter der Decke des Gerüstes hervorragende Röhre verbunden, in welcher das Thermometer befestigt wird, nachdem man es, die Kugel nach unten gerichtet, in Wasser gebracht hat, dessen Wärme geringer ist, als die der Luft. Hierauf wird der Apparat wie im Bohrloche durch den auf ihn ausgeübten Druck hinreichend stark an die Wand der Blechröhre gepresst.

Nachdem das Thermometer die Wärme der Umgebung angenommen hat, trennt man es ohne Stoss vom Apparate, ermittelt die Temperatur, bringt es ohne Stoss wieder in den Apparat, zieht diesen langsam aus der Röhre und ermittelt die Temperatur, welche dieselbe sein muss wie vor dem Herausziehen. Dann wiederholt man diesen Versuch, aber mit dem Unterschiede, dass der Apparat mit einem heftigen Rucke aus der Röhre gezogen wird.

Wenn sich auch ein Stoss auf die Bohrlochsohle stets vermeiden lässt, so kann man doch, um zu erfahren, wie stark er sein darf, ohne einen Fehler zu veranlassen, erst die Temperatur beobachten, dann den Abschlussapparat etwas heben, auf die Gerüstplatte fallen lassen und nochmals beobachten.

Für einen Abschlussapparat, der bei diesen Versuchen leicht fehlerhafte Resultate ergiebt, ist ein Ausflussthermometer anzuwenden.

Ein ebenfalls durch die Güte der British Association in meinen

Besitz gelangtes, von L. CASELLA in London angefertigtes, in England PHILIPPS' Thermometer genanntes Maximumthermometer, unterscheidet sich von einem gewöhnlichen Thermometer zunächst dadurch, dass am oberen Ende des Quecksilberfadens ein kurzes Stück durch eine Luftblase von dem übrigen Quecksilber abgetrennt ist. Geht die Temperatur in die Höhe, so wird das kurze Stück mit fortgeschoben, bleibt aber an seiner Stelle, wenn der übrige Theil des Fadens durch Abkühlung kürzer wird. An dem oberen Ende des kurzen Stücks kann also das Maximum der Temperatur abgelesen werden. Vor einer weiteren Beobachtung muss man das untere Ende des Instruments so stark aufstossen, dass das abgetrennte Stück weit genug heruntergeht, um bei einer Temperatur, die höher ist, als die des Instruments, fortgeschoben zu werden. Bei meinem mit Sorgfalt angefertigten Instrumente ist, damit die Luftblase sehr klein sein kann, der Quecksilberfaden so fein, dass er nur mit voller Deutlichkeit gesehen wird, wenn man das Licht in angemessener Weise darauf fallen lässt. Wegen seiner Anwendung unter dem hohen Drucke des Bohrlochwassers befindet es sich in einer an beiden Enden zugeschmolzenen starkwandigen Glasröhre, in die zur schnelleren Annahme der Wärme Weingeist gebracht ist, der bei aufrechtem Stande das Quecksilbergefäss bedeckt. Die Scala erstreckt sich von 10—110° F., würde also für sehr tiefe Bohrlöcher nicht ausreichen.

Nachdem ich das untere Ende zum Heruntertreiben des abgetrennten Quecksilberstücks einigemal aufgestossen hatte, war die kleine Luftblase verschwunden. Es wird daher gut sein, nach dem Beobachten das abgetrennte Stück an seiner Stelle zu fassen, wenn aber wieder beobachtet werden soll, erst stark abzukühlen, weil man dann nicht nöthig hat, das kleine Stück ganz bis an die Luftblase zu bringen.

Nach demselben Princip construirte Thermometer werden gebraucht, um die höchste Wärme des Bluts in der Nähe von 37° C. zu messen. Bei diesen hat man den unteren Theil der Röhre für das Quecksilber doppelt umgebogen, um zu verhindern, dass durch zu starkes Klopfen die Quecksilbermassen sich vereinigen[1]. Damit ist aber noch nicht die Besorgniss beseitigt, dass beim Herausziehen in der damit eintretenden geringeren Wärme das abgesonderte Stück

---

[1] Lehrbuch der Physik und Meteorologie von J. MÜLLER. 8. Aufl. Bd. II 2. Abth. S. 75. Fig. 42.

durch einen Stoss heruntersinken kann. Der dadurch entstehende
Fehler bleibt auch, wenn er entfernt von der Stelle der Beobachtung
eintritt und er ist deshalb viel schwieriger zu vermeiden als bei
dem Inverting Maximum. Bei Beobachtungen in Bergwerken kommt
das nicht in Betracht. Mit der geringen Dicke des Instruments
ist dann auch der Vortheil verbunden, dass für die Löcher zu seinem
Versenken in das Gestein eine geringe Weite genügt. Die zugeschmolzene Glasröhre gewährt dabei Schutz gegen Beschädigung.

Es sind nur solche Maximumthermometer angeführt worden,
von deren Verhalten ich mich durch eigene Versuche überzeugen
konnte. Von denselben können besonders empfohlen werden für
Bohrlöcher:

1. Das Inverting Maximum, weil der Quecksilberfaden mit
grosser Genauigkeit abbricht, sein Gebrauch sehr bequem ist, ein
Vortheil darin liegt, dass man nur einmal die Bruchtheile eines
Grades abzuschätzen hat und es, ungleich einem Ausflussthermometer,
nicht erforderlich ist, die Wärme des Wassers in einem Eimer hinreichend lange unverändert zu erhalten.

2. Das in einer zugeschmolzenen Glasröhre befindliche Maximumthermometer von WALFERDIN wegen seiner Zweckmässigkeit und weil
es auch da anwendbar bleibt, wo Stösse nicht zu vermeiden sind.
Es ist zweckmässig, wenn das zugehörige Normalthermometer ein
eben so grosses Gefäss hat wie das Maximum, oder auch noch ein
wenig grösser ist, weil es direct vom Wasser berührt wird. Beide
Thermometer werden dann zu gleicher Zeit die Wasserwärme annehmen, was das richtige Beobachten sichert und erleichtert. Zur
Erhaltung der Wasserwärme auf gleicher Höhe trägt es bei, wenn
man neben dem Normalthermometer mit grossem Gefässe noch ein
zweites benutzt, welches dadurch, dass sein Gefäss klein und die
Röhre sehr fein ist, die Veränderung der Wasserwärme schnell anzeigt.

Die Benutzung des Geothermometers ist dadurch erschwert,
dass zwar alle Thermometer reines Quecksilber enthalten sollen, dies
aber bei ihm wegen des Luftzutritts viel nothwendiger ist und es
ohne das schon durch einfache Aufbewahrung unbrauchbar werden
kann. Ausserdem dadurch, dass wenn für dasselbe keine auch in
den grössten Tiefen wasserdicht bleibende Stahlbüchse zu Gebot
steht, die Beobachtungen wegen des Wasserdrucks corrigirt werden
müssen, was lästig und zeitraubend ist.

Für Beobachtungen in Bergwerken sind sehr gut geeignet das Inverting Maximum und das Maximumthermometer mit kleiner Luftblase.

Da das Bergwesen die meisten und besten Gelegenheiten zu Temperaturbeobachtungen giebt, so würde es sehr zweckmässig sein, an der Centralstelle einige möglichst richtige Exemplare der hierzu erforderlichen Thermometer in Vorrath zu halten, um sie bei sich darbietender Gelegenheit gleich zur Hand zu haben.

Die zu den Beobachtungen erforderlichen Maximum- und gewöhnlichen Thermometer müssen, wenn irgend möglich, vor ihrer Benutzung an einer Präcisionsanstalt mit den Normalinstrumenten verglichen, und mit Zeugnissen über die Abweichungen, die nur klein sein dürfen, versehen werden. In England geschieht dies bei dem Observatorium zu Kew und ist auch bei den vorerwähnten beiden englischen Maximumthermometern geschehen, in Deutschland bei der Seewarte zu Hamburg und der physikalisch-technischen Reichsanstalt in Charlottenburg.

Es ist mir bei den Beobachtungen zu Sperenberg in einem sehr kritischen Momente begegnet, dass ein scheinbar gut verpacktes Thermometer beim Transport zerbrochen wurde. Befindet es sich, weich eingewickelt, in einer festen Blechröhre, so erhält es dadurch schon Schutz. Fehlt die Röhre, so muss die weiche Einwickelung dicker sein. Der dann in beiden Fällen im Kasten noch übrigbleibende nicht zu kleine Raum ist zweckmässig unter, neben und über dem Instrumente mit langen dünnen Hobelspähnen von Tannenholz, die durch ihre Elasticität den Stoss mildern, auszustopfen. Hierzu gehört dann noch die Angabe der Zerbrechlichkeit auf dem Kasten.

Viertes Capitel.

Die Beobachtungen im Bohrloche I zu Sperenberg. — Die Wärme des Wassers
ist nicht die des anstossenden Gesteins. — Beobachtung der Wärme des Wassers
in einer durch einen Stopfen abgeschlossenen kurzen Wassersäule. — Die dadurch erhaltene Gesteinswärme. — Die störende innere Strömung nicht abgeschlossenen Wassers nimmt zu mit der Tiefe und Weite eines Bohrlochs
und verschwindet bei dem in sehr engen Klüften stillstehenden Wasser. — Wie
selbst eine Abnahme der Wärme des offenen Wassers mit Zunahme der Tiefe
entstehen kann. — WALFERDIN's Beobachtungen im Bohrloche zu Mondorf. —
ARAGO's Äusserung über die innere Strömung des Wassers.

Die Beobachtungen in dem Bohrloche I zu Sperenberg stehen
in so wesentlichem Zusammenhange mit dem, was hier überhaupt
zu erörtern ist, dass sie wie früher[1] eine eingehende Darstellung
erfordern.

Nach dem bereits beschriebenen Verfahren wurden unter Anwendung des Geothermometers von MAGNUS die in der folgenden
Zusammenstellung angegebenen Temperaturbeobachtungen, mit Ausnahme der unter No. 49 und 51 vorkommenden, bei welchen die
Zahlen für die Tiefe und Temperatur umrahmt sind, ausgeführt.
Beobachtungen, die auf der jedesmaligen Bohrlochsohle angestellt
wurden, d. h., bei denen das Quecksilbergefäss des Geothermometers
sich nur so viel über der Bohrlochsohle befand, als es die Länge
des Apparats, Taf. I Fig. 7, mit sich brachte, sodann diejenigen, bei
welchen dieser Abstand von der Sohle zwar etwas grösser, aber
doch noch so gering war, dass die gefundene Temperatur von der
auf der Sohle nicht verschieden gewesen sein kann und den man
gewählt hatte, um für die Tiefe eine runde Zahl zu erhalten und
endlich einige, bei denen aus gleichem Grunde die Tiefe um ein
Geringes grösser angegeben worden ist, als sie wirklich war, sind
mit * bezeichnet.

Weil das Bohrloch beim Beginn der Beobachtungen schon die
Tiefe von 1520 Fuss erreicht hatte, wurden die höher liegenden
und einige andere mit runden Tiefenzahlen später nachgeholt.

---

[1] Zeitschrift für das Berg-, Hütten- und Salinenwesen in dem preussischen
Staate. 1872. S. 206.

Von 1668 Fuss (Beobachtung No. 18) bis 1704 Fuss (No. 20), also für einen Tiefenunterschied von 36 Fuss, findet eine Abnahme der Temperatur von 0,1° R., das heisst, für 100 Fuss berechnet, eine solche von 0,28° R. und von 3846 Fuss (No. 79) bis 3850 Fuss (No. 80), also für eine Tiefenzunahme von 4 Fuss, ebenfalls eine Temperaturabnahme von 0,1° R. statt. Auf beides ist, abgesehen von später zu erwähnenden, auf den Grad der Richtigkeit sich beziehenden Gründen, zunächst schon deshalb kein Werth zu legen, weil die Tiefenunterschiede zu gering sind, als dass die Temperaturunterschiede mit Sicherheit hervortreten konnten. Es kann deshalb statt einer geringen Zunahme auch Gleichheit, und beim Eintritt eines wenn auch nur wenig störenden Umstands selbst eine geringe Abnahme der Temperatur gefunden werden. Im Übrigen zeigt die Zusammenstellung, dass, wenn man, wie später erörtert werden soll, von den mit Klammern eingeschlossenen Tiefen und Temperaturen, sowie von den Beobachtungen No. 47 bis einschliesslich No. 64 absieht, mit der Zunahme der Tiefe auch stets eine Zunahme der Temperatur verbunden ist, wie es bei der schon längst feststehenden Thatsache, dass die Wärme des Erdkörpers mit der Tiefe zunimmt, im Allgemeinen nicht anders erwartet werden kann.

Wo in der Zusammenstellung der Tiefenunterschied nicht 100 Fuss beträgt, die Zu- oder Abnahme der Temperatur für 100 Fuss also nicht ohne Weiteres als die Differenz der beiden Temperaturen erscheint, ist der Gleichförmigkeit wegen angegeben worden, wie viel der gefundene Unterschied für 100 Fuss betragen haben würde.

Die Temperaturunterschiede für die über und auf der Bohrlochsohle ausgeführten Beobachtungen sind getrennt von einander angegeben worden. Bei beiden sind die Zunahmen der Temperatur für gleiche Tiefenzunahmen nicht gleich und schwanken für 100 Fuss von 0,13° R. (No. 26) bis 1,8° R. (No. 10)[1].

Das im Vorhergehenden beschriebene Verfahren ist das, welches seither angewandt wurde, wenn man die Wärme des Wassers in Bohrlöchern möglichst genau ermitteln wollte, und die einzelnen Beobachtungen sind vom Bohrmeister CHRISTIAN KOHL mit grosser Sorgfalt ausgeführt worden. Man darf daher annehmen, dass die

---

[1] In der Abhandlung über die Beobachtungen zu Sperenberg vom Jahre 1872 sind: „Zeitschrift für das Berg-, Hütten- und Salinenwesen in dem preussischen Staate" S. 232 Zeile 25 und 26 v. u. und: „Zeitschrift für die gesammten Naturwissenschaften" 1872 S. 366 Zeile 7, 8 und 9 v. o. die Worte: „Von da weiter" bis „anzunehmen sein" zu streichen.

Tabelle I.

No.	Jahr	Monat	Tag	Tiefe, welche das Bohrloch zur Zeit der Beobachtung hatte (Fuss)	Tiefe, in welcher beobachtet worden ist (Fuss)	Gefundene Temperatur nach Graden (R.)	Temperaturzunahme direct oder berechnet für 100 Fuss bei Beobachtung über der Bohrlochsohle (Grade R.)	auf der Bohrlochsohle (Grade R.)	Temperaturabnahme berechnet für 100 Fuss (Grade R.)
1	1869	Juli	12.	2043	100	11,0	—	—	
2	1870	Januar	24.	2617	200	11,6	0,6	—	
3	1869	Juli	12.	2043	300	12,3	0,7	—	
4	1870	Januar	24.	2617	400	13,6	1,3	—	
5	1869	Juli	12.	2043	500	14,0	0,4	—	
6	1870	Januar	24.	2617	600	15,2	1,2	—	
7	1869	Juli		2043	700	15,6	0,4	—	
8	1869	"	12.	2043	800	16,2	0,6	—	
9	"	"	12.	2043	900	16,8	0,6	—	
10	"	"	12.	2043	1000	18,6	1,8	—	
11	"	"	12.	2043	1100	19,1	0,5	—	
12	"	"	13.	2043	1200	20,2	1,1	—	
13	"	"	12.	2043	1300	20,5	0,3	—	
14	"	"	13.	2043	1400	21,9	1,4	—	
15	"	"	12.	2043	1500	22,1	0,2	—	
16	"	April	23.	1520	*1519	23,2	—		
17	"	Juli	13.	2043	1600	23,5	1,4		
18	"	Mai	18.	1674	*1668	23,6		0,26	
19	"	Juli	12.	2043	1700	23,8	0,3	—	
20	"	Mai	24.	1711	*1704	23,5		—	0,28
21	"	"	31.	1770	*1763	24,3		1,35	
22	"	Juli	13.	2043	1800	25,0	1,2	—	
23	"	"	12.	2043	1900	25,4	0,4	—	
24	"	"	13.	2043	2000	26,4	1,0	—	
25	"	"	12.	2043	*2035	26,4		0,77	
26	"	September	26.	2130	2075	26,5	0,13	—	
27	"	Juli	19.	2086	*2080	26,5		0,22	
28	1870	Januar	24.	2617	2100	26,7	0,80	—	
29	"	"	24.	2617	2200	27,8	1,1	—	
30	"	"	24.	2617	2300	28,8	1,0	—	
31	"	"	24.	2617	2400	29,6	0,8	—	
32	"	"	24.	2617	2500	30,5	0,9	—	
33	"	"	24.	2617	2600	31,1	0,6	—	
34	"	"	31.	2636	*2630	31,5		0,90	
35	"	Februar	21.	2706	*2700	32,1		0,86	
36	"	März	7.	2769	*2763	32,4		0,47	
37	"	"	14.	2800	*2800	32,4	—	0,0	4,0
38	"	November	14.	3401	(2850	30,4)			
39	"	April	11.	2916	*2900	33,6	—	1,2	4,4
40	"	November	14.	3401	(2950	31,4)			
41	"	Mai	9.	3013	*3000	34,4	—	0,8	5,4
42	"	November	14.	3401	(3050	31,7)			5,6
43	"	Juni	7.	3102	*3100	35,2	—	0,8	
44	"	November	14.	3401	(3150	32,4)			

No.	Zeit der Beobachtung			Tiefe, welche das Bohrloch zur Zeit der Beobachtung hatte	Tiefe, in welcher beobachtet worden ist	Gefundene Temperatur nach Graden	Temperaturzunahme direct oder berechnet für 100 Fuss bei Beobachtung über | auf der Bohrlochsohle		Temperaturabnahme berechnet für 100 Fuss	
	Jahr	Monat	Tag	Fuss	Fuss	R.	Grade R.	Grade R.	Grade R.	
45	1870	August	14.	3246	3200	35,3	0,70	—		No.33—45.
46	"	November	14.	3401	(3250	32,6)			} 5,4	
47	"	September	12.	3313	*3300	35,8	—	0,3		
48	"	November	14.	3401	(3350	33,3)			} 5,0	
49	"	"	9.	3401	*3390	36,6				
50	"	"	10.	3401	*3390	33,6				
51	"	"	11.	3401	*3390	36,5				
52	"	"	11.	3401	*3390	33,9				
53	"	"	28.	3412	3390	33,8				
54	1871	Januar	28.	3516	3390	33,9				
55	"	Februar	20.	3538	3390	33,9				
56	1870	November	28.	3412	*3400	33,8			2,0	
57	1871	Februar	2.	3521	3450	34,7			0,24	
58	"	Januar	23.	3517	*3500	35,2	—	1,4		No.56—58.
59	"	Februar	2.	3521	*3513	35,2	—	0,0		
60	"	"	27.	3551	*3545	35,4	—	0,62		
61	"	April	17.	3648	3550	35,4	0,7	—		
62	"	März	13.	3577	*3570	35,6	—	0,8		
63	"	"	20.	3589	*3584	35,6	—	0,0		
64	"	April	3.	3615	*3600	35,7	—	0,62		
65	"	"	17.	3648	*3640	35,9	—	0,50		
66	"	Mai	1.	3696	3650	35,9	0,50	—		
67	"	April	24.	3672	*3665	36,0	—	0,40		
68	"	Mai	1.	3696	*3690	36,2	—	0,80		
69	"	"	30.	3771	3700	36,2	0,60	—		
70	"	"	8.	3716	*3710	36,3	—	0,50		
71	"	"	15.	3736	*3730	36,4	—	0,50		
72	"	"	22.	3753	*3746	36,4	—	0,0		
73	"	Juni	19.	3826	3750	36,4	0,40	—	—	No.69—73.
74	"	Mai	30.	3772	*3765	36,5	—	0,52		
75	"	Juni	5.	3788	*3783	36,6	—	0,55		
76	"	"	12.	3808	*3800	36,6	—	0,0		
77	"	"	19.	3826	*3820	36,8	—	1,0		
78	"	"	26.	3840	*3834	37,0	—	1,43		
79	"	Juli	3.	3851	*3846	37,0	—	0,0		
80	"	"	17.	3887	3850	36,9	0,5	—		No.73—80.
81	"	"	10.	3868	*3863	37,0	—	0,0		
82	"	"	24.	3905	*3900	37,3	—	0,81		
83	"	"	31.	3925	*3920	37,5	—	1,0		
84	"	October	10.	4052	*4042	38,5	—	0,82		

Temperatur des Wassers in den verschiedenen Tiefen möglichst fehlerfrei ermittelt worden ist. Dadurch ist man aber noch nicht der
Nothwendigkeit überhoben, zu untersuchen, was man überhaupt durch
ein solches Verfahren erreichen kann und zu welchem Zwecke es
anzustellen ist.

Wenn man Beobachtungen der Temperatur des Wassers in
Bohrlöchern nicht zu dem besonderen Zwecke anstellt, um zu erfahren, ob und welchen Einfluss ein plötzlicher Wechsel des Gesteins
auf die Temperatur hat, oder wenn man durch dieselben nicht etwa
die Stellen entdecken will, an welchen aufsteigende Quellen, die in
den Bohrlöchern zu Sperenberg nicht vorgekommen sind, auftreten,
so können solche Beobachtungen nur dann ihren vollen Werth haben,
wenn die Temperatur des Wassers nur das Mittel abgeben soll, um die des benachbarten Gesteins, das heisst
die des Erdkörpers zu finden, was voraussetzt, dass an
der jedesmaligen Beobachtungsstelle die Temperatur
des Wassers der des anstossenden Gesteins gleich ist.

Eine solche Gleichheit kann aber, wie bei dem schon erwähnten in einem Schachte stehenden Wasser, nicht stattfinden,
weil durch die Zunahme der Erdwärme mit der Tiefe auch die
Wärme des Wassers nach unten hin zunimmt und deshalb, auch
wenn die Wassersäule im Bohrloche äusserlich unbewegt ist, in ihr,
so gut wie bei dem Wasser in einem von unten erwärmten Gefässe,
eine Circulation in der Weise entsteht, dass unteres wärmeres und
deshalb specifisch leichteres Wasser in die Höhe steigt und sich
dafür kälteres schwereres Wasser herabsenkt.

Daraus folgt, dass wenn man in einem Bohrloche, das, wie
es hier der Fall war, keine Quellen besitzt, weder solche, die oben
ausfliessen, noch solche, die sich in Klüften verlieren, in dem also
das Wasser stillsteht, die Temperatur des Wassers auf der jedesmaligen Bohrlochsohle misst, sie geringer als die des anstossenden
Gesteins sein, und dass dieser Wärmeverlust mit dem Unterschiede
zwischen unterer und oberer Wärme des Wassers, das heisst mit der
Tiefe des Bohrlochs zunehmen muss. Die in solcher Weise auf
der jedesmaligen Bohrlochsohle gefundenen Temperaturen bilden
daher eine Reihe, welche der im Gestein vorhandenen nicht gleich
sein kann. Das Interesse, welches diese Beobachtungen gleichwohl
behalten, besteht darin, dass sie den störenden Einfluss der Wassercirculation in seiner reinsten Gestalt zeigen und dass man durch
sie die jedesmalige grösste Wärme des Bohrlochwassers erhält.

Die höher liegenden Theile des Wassers geben ebenfalls Wärme nach oben ab, während aber auf der Bohrlochsohle nur ein Wärmeverlust eintritt, findet hier wenigstens ein theilweiser Ersatz durch das aufsteigende untere wärmere Wasser statt. Dieser Ersatz kann in dem obersten Theile eines Bohrlochs den Verlust so überwiegen, dass, wenn nicht in Folge der Jahreszeit Luft oder Boden sehr abkühlend wirken, die Wärme des Wassers höher ist, als die des anstossenden Gesteins.

Nach alle diesem ist es nicht zulässig, anzunehmen, man werde die Temperatur auf der Sohle des Bohrlochs richtig finden, wenn man ihr das zusetzt, was eine beim Beginn der Bohrarbeit gemessene Temperatur des oberen Wassers durch das untere Wasser höher geworden ist, oder dass, wenn man die Temperatur des Wassers gleichzeitig unten und oben messe und von beiden das Mittel nehme, dieses Mittel dem Gesteine angehöre, das in der Mitte zwischen den beiden Beobachtungspunkten liegt. Solche Schlüsse müssen, abgesehen von der Einwirkung einer geringen Temperatur auf die Oberfläche des Wassers und von da im Bohrloche herunter, schon deshalb für unannehmbar erklärt werden, weil das Wasser seine Temperatur von der des Gesteins erhält, deren Zunahme nach unten nicht gegeben ist, sondern erst ermittelt werden soll.

Um zu bestätigen, dass die Wärme des Wassers in den oberen Theilen eines Bohrlochs um so höher und unrichtiger gefunden werde, je tiefer das Bohrloch zur Zeit der Beobachtung schon geworden ist, wurden auch in den Bohrlöchern II und III zu Sperenberg, die keine grosse Tiefe erreichten, einige Wärmebeobachtungen angestellt.

Man hatte nach der oben gegebenen Zusammenstellung I beim Bohrloche I, als es schon 2043—2617 Fuss tief geworden war, die Temperatur des Wassers gefunden

in der Tiefe von 100 Fuss zu . . . . . . 11,0° R.
„   „   „   „   200   „   „   · · · · · · 11,6°   „
„   „   -   „   300   „   „   · · · · · · 12,8°   „
„   „   „   „   400   „   „   · · · · · · 13,6°   „

Bei dem nur 490 Fuss tief gewordenen Bohrloche II fand man sie dagegen

in der Tiefe von 100 Fuss zu . . . . . . 9° R.
„   „   „   „   200   „   „   · · · · · · 10,4°   „
„   „   „   „   300   „   „   · · · · · · 11,5°   „
„   „   „   „   400   „   „   · · · · · · 12,5°   „

und beim Bohrloche III

in der Tiefe von 100 Fuss zu . . . . . . 8,8° R.
» » » » 200 » » . . . . . . 9,9° »
» » » » 300 » » . . . . . . 10,9° »
» » » » 400 » » . . . . . . 12,0° »
auf der Sohle bei 452 » » . . . . . . 12,6° »

Beim Bohrloche II wurden die Beobachtungen jedesmal auf der
Sohle, beim Bohrloche III aber erst nach seiner Vollendung angestellt. Die Temperaturen bei jenem hätten daher bei gleicher
Tiefe etwas geringer sein müssen, als bei diesem, weil dem Wasser
keine Wärme aus grösserer Tiefe zugeführt wurde, während das Entgegengesetzte der Fall ist. Dies muss dem Umstande zugeschrieben
werden, dass beim Bohrloche III der Wasserspiegel erst 25 Fuss,
später aber, als man weissen Sand angefahren hatte, 70 Fuss tief
stand. Es wird daher aus einer Tiefe, die geringer als 70 Fuss ist,
oft kälteres Wasser zugeflossen sein, das sich im Bohrloche herab-
senkte und durch den Sand wieder abfloss. Dadurch musste die
Temperatur der ganzen Wassersäule im Bohrloche heruntergehen.
Hiermit steht in Übereinstimmung, dass man zuweilen in Folge des
Eintritts des Wassers aus den obersten Tiefen ein förmliches Rauschen
im Bohrloche hörte.

Nun ist aber klar, dass wenn ein nicht zu langes Stück der
im Bohrloche stehenden Wassersäule von dem übrigen Theile derselben abgeschlossen, und dadurch der inneren Strömung entzogen
wird, es nach einiger Zeit die Temperatur des benachbarten Gesteins
annehmen muss. Werden nämlich zwei Körper von verschiedener
Temperatur miteinander verbunden und ist die Verbindung nicht eine
solche, durch welche Wärme in hinreichendem Maasse gebunden
oder frei wird, so entsteht durch die Verbindung eine Temperatur,
die zwischen den beiden ursprünglichen Temperaturen liegt. Wenn
aber in einem solchen Falle der eine Körper, hier die Erde, als
unendlich gross und in seinem Wärmevorrathe als unerschöpflich
betrachtet werden kann gegen den anderen Körper, hier die abgeschlossene kurze Wassersäule, so ist, vorausgesetzt, dass die beiden
Körper hinreichend lange miteinander verbunden bleiben, die durch
die Verbindung entstehende Temperatur die des grossen Körpers,
mag der kleine von diesem Wärme empfangen oder an ihn abgegeben haben.

Man sieht, es ist dies dasselbe Princip, von dem REICH ausging, als er die Wärme der in einer Grube durch ein Verspünden

abgeschlossenen Wassermasse maass. Das Verfahren ist aber in einem Bohrloche, einen guten Abschluss des Wassers vorausgesetzt, sicherer, als bei dem Verspünden in einer Grube, weil es bei diesem oft an Sicherheit dafür fehlen wird, dass die Wassermasse hinter dem Verspünden mit dem abgesperrten Wasser in dem alten Baue nicht so verbunden ist, dass dadurch innere Strömung entsteht. Dazu kommt noch, dass man, wie schon erwähnt wurde, in einer Grube wohl niemals so viele über einander liegende Verspunden haben wird, als nothwendig ist, um durch sie eine Temperaturreihe zu erhalten.

Da es indes noch gar nicht feststand, dass es gelingen werde, den theoretisch nicht zu bezweifelnden Einfluss der Wassercirculation durch die Beobachtung nachzuweisen und da nach dem Vorhergehenden zu erwarten war, dass der Unterschied zwischen einer richtigen und einer auf die seitherige Weise ausgeführten Beobachtung um so deutlicher hervortreten werde, je tiefer die Beobachtungsstelle liege, so glaubte man erst eine ansehnliche Bohrlochtiefe abwarten zu müssen, ehe zu folgendem Versuche geschritten wurde.

In dem Bohrloche, welches noch 12 Zoll 2 Linien weit war, wurde mit der geringeren Weite von 6 Zoll 17½ Fuss tief vorgebohrt, wodurch der cylindrische Raum $a\,b\,c\,d$, Taf. I Fig. 8, entstand. Bei der körnigen Beschaffenheit des Steinsalzes war weder darauf zu rechnen, dass der ringförmige Rand $a\,e$, $b\,f$ eben, noch dass das obere Ende des Vorbohrens genau cylindrisch blieb. Der obere Theil des Vorbohrens wurde daher mit 4, an einem Holzstücke befindlichen Stahlschneiden conisch erweitert und zwar mit derselben Neigung der Seitenwände, wie sie ein in diese Erweiterung zu drückender kegelförmiger Stopfen hatte. Um hierbei recht zart zu verfahren und eine möglichst glatte Fläche herstellen zu können, musste das Gewicht des Gestänges am Bohrschwengel balancirt werden. Diese etwas umständliche Arbeit war nöthig, weil man noch keine Gewissheit darüber hatte, ob der Versuch zum Ziele führen werde und daher alles aufgeboten werden musste, was den guten Abschluss des Wassers sichern konnte.

In das hergestellte Vorbohren wurde mit dem Gestänge folgender Apparat, Taf. I Fig. 8, eingelassen.

A ist ein conischer Stopfen von hartem Holze und oben mit einem Eisenringe beschlagen. Die Seitenfläche desselben ist überzogen mit einer 5 Linien dicken Lage von Werg und darüber gezogener starker Leinwand, die oben und unten durch einen Lederstreifen hindurch an den Stopfen genagelt wird. Durch einen über Tage ausgeführten Versuch war nachgewiesen worden, dass ein so vorgerichteter Stopfen auch ein nicht ganz rundes Loch hinreichend wasserdicht abschliesse. Es ist ferner $g h i k$ die oben geschlossene, unten offene eiserne Röhre, Taf. I Fig. 7, in welche das Geothermometer gebracht wird. Fast genau in der halben Länge des Vorbohrens und in der Tiefe von 3390 Fuss befand sich die Mitte des Quecksilbergefässes des Geothermometers[1].

In das Gestänge war eine Rutschscheere eingeschaltet, aber in einer solchen Entfernung von dem Apparate, dass noch ein ansehnliches Gewicht zur Wirkung gelangen konnte, wenn man in der Scheere das über derselben befindliche Gestänge etwas, aber nicht ganz, herabgehen liess. Mit diesem Gewichte wurde der Stopfen A wasserdicht in die für ihn bestimmte conische Erweiterung des Vorbohrens gedrückt und die dadurch ausser Communication mit dem übrigen Theile des Bohrlochwassers gesetzte Wassersäule in dem Raume $l m c d$ konnte die Temperatur des benachbarten Gesteins annehmen.

Bei festerem Gestein würde die conische Erweiterung des oberen Theils des engeren Vorbohrens sehr zeitraubend, wenn nicht unmöglich gewesen sein. Man würde es dann aber auch haben entbehren können, weil darauf zu rechnen gewesen wäre, dass der Rand $a e, b f$, namentlich wenn man ihn nach Vollendung des Vorbohrens noch mit leichten Meisselschlägen bearbeitet hätte, nicht nur wagerecht, sondern auch hinreichend eben geworden wäre und das Vorbohren durch eine auf diesen Rand gedrückte elastische Scheibe wasserdicht hätte abgeschlossen werden können. Ist man schon darauf eingerichtet, so kann der Rand sogar mit einem Diamantbohrer glatt geschliffen werden.

Der Apparat, Taf. I Fig. 8, blieb am 7. November 1870 28 Stunden im Bohrloche, so dass dem abgeschlossenen Wasser übrig Zeit gegeben war, um die Temperatur des benachbarten Gesteins anzunehmen. Das Herausziehen erfolgte, um das Geothermometer keinem heftigen Stosse auszusetzen, zuerst mit der Schraube am Bohrschwengel und an der hierzu nöthigen Kraft, sowie an den Eindrücken, die der Stopfen erhalten hatte, konnte man ersehen, dass er fest abgeschlossen habe.

---

[1] Die Länge des Vorbohrens war bedingt durch die der Röhre, Taf. I Fig. 7. Bei der, die Röhre entbehrlich machenden, Anwendung eines geschlossenen Maximumthermometers kann die abzuschliessende Wassersäule kürzer sein.

Man fand auf diese Weise eine Temperatur von 36,6° R.
(No. 49 der Tab. I.)

Hierauf wurde am folgenden Tage die Temperatur ohne Abschluss des Vorbohrens ebenfalls in der Tiefe von 3390 Fuss gemessen und (No. 50 der Tab. I) zu 33,6° R. gefunden.

Weil bei dem Versuche unter Abschluss des Vorbohrens Wasser
in das Geothermometer gekommen war, wie sich herausstellte durch
einen Fehler an der Schraube x, Taf. I Fig. 7, wurde ein zweiter
Versuch mit Wasserabschluss angestellt. Hierbei blieb der Apparat
am 11. November 1870 24 Stunden im Bohrloche und ergab mit
einem anderen Geothermometer, als dem beim ersten Versuche gebrauchten, eine Temperatur von 36,5° R. und an demselben Tage
nach dem Aufheben des Verschlusses eine solche von 33,9° R. (No. 51
und 52 der Tab. I).

Bei der geringen Differenz zwischen den Resultaten der zwei
Versuche mit Abschluss einer Wassersäule sind beide als richtig
und gelungen anzusehen, da die Voraussetzung, die Temperatur des
Wassers auf der Bohrlochsohle müsse bei Aufhebung der Circulation
zwischen dem unteren und oberen Wasser durch den Abschluss
einer Wassersäule höher sein, als ohne einen solchen Abschluss,
bestätigt wurde.

Die Differenz zwischen den hierzu gehörenden beiden Beobachtungen ohne Wasserabschluss, die nicht ganz so gering ist,
wie zwischen den beiden Versuchen mit Wasserabschluss, kommt
nicht in Betracht, da bei Nichtabschluss einer Wassersäule leichter
Störungen eintreten können und weil der zweite dieser Versuche
schneller als der andere auf den mit Wasserabschluss ausgeführten
folgte, das Wasser noch etwas von der in der abgeschlossenen
Wassersäule vorhanden gewesenen höheren Temperatur erhalten konnte,
wie denn auch später am 28. November (No. 53 der Tab. I) bei der
Tiefe von 3390 Fuss schon wieder die geringere Temperatur von
33,8° R. erscheint und im Übrigen die Abnahme der Temperatur
nach dem Aufheben des Abschlusses unzweifelhaft aus den Versuchen hervorgeht.

Es ist daher bei dem Sperenberger Bohrloche I in der Tiefe
von 3390 Fuss nicht nur die Temperatur des Wassers, sondern
durch den Abschluss einer Wassersäule auch die des Erdkörpers
ermittelt worden und es sind die gefundenen beiden Temperaturen,
deren Durchschnitt 36,55° R. beträgt, nur noch wegen des Wasserdrucks und weil der Nullpunkt des angewandten Normalthermometers

seit der Anfertigung des Instruments etwas in die Höhe gegangen war, zu berichtigen. Die gewaltige Differenz von ca. 3^0 R. zwischen richtiger und fehlerhafter Bestimmung war mir um so mehr erwünscht, als ich auf so viel nicht gerechnet hatte. Dazu hat aber ausser der grossen Tiefe die ansehnliche Weite des Bohrlochs wesentlich mit beigetragen. Es muss nämlich bei der inneren Circulation das Wasser da aufsteigen, wo es seine Wärme empfängt, also an der Wand eines Bohrlochs. Das kältere Wasser senkt sich in der Mitte desto kräftiger herab, je weniger es daran durch die Reibung an der Bohrlochwand gehindert wird, das heisst, je weiter es von derselben entfernt ist und weil es das wärmere Wasser verdrängt, wird auch dessen Aufsteigen befördert. Der durch die Circulation des Wassers entstehende Fehler ist daher desto kleiner je geringer die Weite des Bohrlochs ist und kann also auch bei sehr geringer Weite sehr klein werden, was aber die Nothwendigkeit, seine Grösse zu bestimmen, nicht aufhebt. Hieraus ist zu schliessen, dass wenn Wasser in sehr engen Klüften steht, ohne dass es herunter fliessen kann, der Widerstand seiner Reibung am Gestein grösser ist, als die Kraft der Circulation und dass es deshalb keinen Fehler erzeugt, wenn auch immerhin zu wünschen ist, dass die Gesteinsmasse ganz dicht sei. Sind aber die Klüfte weit, so kann man auf richtige Beobachtungen selbst dann nicht rechnen, wenn die Bohrlochwand sonst sehr günstig beschaffen ist.

Der Schluss, dass bei einer Wassersäule, die von einer nach unten immer wärmer werdenden Seitenwand ihre Wärme empfängt, die Temperatur in der halben Länge dieser Säule der des anstossenden Gesteins gleich sei, kann selbstverständlich nur für eine kurze Säule gelten.

Durch die zwei Beobachtungen unter Abschluss einer Wassersäule auf der Bohrlochsohle ist nicht nur die Richtigkeit der Behauptung über den störenden Einfluss der Wassercirculation nachgewiesen worden, sondern sie haben auch noch einen Aufschluss gewährt, auf den nicht gerechnet war.

Nach No. 47 der tabellarischen Zusammenstellung fand man am 12. September 1870 in der Tiefe von 3300 Fuss ohne Abschluss einer Wassersäule schon eine Temperatur von $35,8^0$ R., mit Abschluss einer Wassersäule aber am 9. November in der Tiefe von 3390 Fuss die Temperatur von $36,6^0$ R., also für eine Tiefenzunahme von 90 Fuss eine Wärmezunahme von $0,8^0$ R., die völlig ausreichend sein würde, wenn beide Temperaturen abgeschlossenen Wassersäulen angehört hätten. Da dies aber nicht der Fall war und ein mangelhafter Wasserabschluss bei 3390 Fuss Tiefe nicht angenommen werden kann, weil nach dessen Aufhebung die geringere Temperatur von 33,6° R. erschien, so muss die Wärme des offenen Wassers in 3300 Fuss Tiefe zu hoch gefunden sein.

Es erklärt sich dieses Verhalten aus der durch die Bohrarbeit entstehenden Wärme, die man als aus zwei Theilen bestehend anzunehmen hat. Der eine dieser Theile fällt auf das bearbeitete Gestein. Die Stücke, die hiervon losgebohrt sind, theilen dem Wasser ihre Wärme mit, während die in das feste Gestein übergegangene wenig auf das Wasser einwirken wird, weil sie sich auf eine grosse Masse vertheilt, geradeso wie beim Abdrehen eines grossen Metallstücks der Drehstahl und die Drehspähne zwar sehr heiss werden können, an dem abgedrehten Stücke aber kaum eine Temperaturerhöhung wahrzunehmen ist. Der zweite Theil der entwickelten Wärme fällt auf die Bohrinstrumente und wird von denselben, da sie gute Wärmeleiter sind, sofort an das Bohrlochwasser abgegeben. Wenn nun in der Woche Tag und Nacht kräftig gebohrt worden ist, so reicht, wie man hier erfahren hat, da die Beobachtung No. 47 an einem Montagsmorgen gemacht worden ist, auch die Arbeitsruhe während des Sonntags nicht aus, um dem Wasser den Theil der Wärme ganz zu entziehen, den es durch die Bohrarbeit erhalten hat. Hierzu trägt auch bei, dass das Wasser durch die Gesteinswärme gegen rasche Abkühlung geschützt wird, namentlich dann, wenn, wie im vorliegenden Falle, das Bohrloch bei ansehnlicher Weite sehr tief, die Masse des Wassers im Bohrloche also gross ist. Die Vorarbeiten zu dem Versuche mit Abschluss einer Wassersäule erzeugten aber namentlich zuletzt so wenig Wärme und erforderten überhaupt so viel Zeit, dass aus dem Wasser die ihm nicht angehörende Wärme entweichen konnte. Hierzu wird auch beigetragen haben, dass schon vorher die Bohrarbeit nicht so energisch wie früher hatte betrieben werden können, weil ein grosser Theil der Bohrmannschaft zu den Fahnen einberufen worden war.

Eine Bestätigung des Vorerwähnten geben die in der Tab. I eingeklammerten 6 Temperaturbeobachtungen No. 38, 40, 42, 44, 46 und 48, die am 14. November 1870 zwischen ältere Beobachtungen in Tiefen, deren Zahlen sich auf 50 endigen, eingeschaltet wurden. Sie geben sämmtlich geringere Temperaturen an, als man sie früher für Tiefen erhalten hatte, die um je 50 Fuss geringer waren. Die Temperatur des Wassers im Bohrloche war also überhaupt herunter gegangen, was auch dadurch bestätigt wird, dass die Temperatur in der Tiefe von 100 Fuss, die im Juli 1869 11° R. betrug, am 28. Januar 1871 nur zu 9,6° R. gefunden wurde, obgleich das Bohrloch tiefer geworden war, also mehr Wärme als früher nach oben ziehen konnte. In der Tiefe von 3390 Fuss ist noch mehrfach nach einander beobachtet worden (No. 53, 54, 55), ohne dass sich eine wesentliche Erhöhung der Wärme zeigte, und erst bei 3640 Fuss (No. 65) tritt eine Wärme ein, die ein wenig höher ist, als die schon bei 3300 Fuss gefundene. Hieraus ist denn auch zu schliessen, dass in allen in der Tabelle aufgeführten Temperaturen, mit Ausnahme der eingeklammerten, der beiden durch Wasserabschluss erhaltenen und eines Theils der auf letztere folgenden, mehr oder weniger Wärme steckt, die nicht vom Gestein, sondern von der Bohrarbeit herrührt.

Es war daher ein günstiges Zusammentreffen, dass in Folge der längeren Dauer des Versuchs mit Abschliessung einer Wassersäule und der schon vorher eingetretenen Herabsetzung der Bohrzeit das Wasser eine geringere Temperatur als früher angenommen hatte, denn man würde sonst, wenn auch wohl nicht zu dem unrichtigen Schlusse, dass auf der Sohle eines Bohrlochs die Wasserwärme mit der des Gesteins übereinstimme, doch wohl zu der Annahme verleitet worden sein, dass sich die wirkliche Temperaturdifferenz durch den Abschluss einer Wassersäule nicht nachweisen lasse. Die Wiederholung eines solchen Versuchs hätte dann vielleicht gar nicht stattgefunden. Zufällig kann allerdings die dem Wasser durch die Bohrarbeit zugeführte Wärme gerade so viel betragen, dass die Gesteinswärme herauskommt. Da sich dies aber nie beurtheilen lässt, so kann auch kein Werth darauf gelegt werden.

Die Temperaturbeobachtungen in Bohrlöchern ohne Wassersäulenabschluss lassen daher zwar erkennen, dass die Erdwärme nach unten zunimmt, aber sie geben die wirklichen Temperaturen der Erde nicht an und können deshalb zur Ableitung des Gesetzes der Zunahme der Wärme mit der Tiefe nicht gebraucht werden. Sind sie nun auch noch wie hier bald mehr, bald weniger mit der durch die Bohrarbeit entstandenen Wärme belastet, so steigert das ihre Werthlosigkeit. Auf die bei ihnen möglichen veränderlichen Störungen ist es zurückzuführen, wenn mitunter in Abhandlungen über solche Beobachtungen eine Temperaturabnahme nach unten so angegeben wird, als ob das richtig sei, obgleich es bei normalen Verhältnissen nicht möglich ist und als Ausnahme z. B. dadurch eintreten kann, dass eine kalte Quelle rasch von oben nach unten in das Bohrloch tritt.

Von den in der Tab. I aufgeführten Beobachtungen können also zur Bestimmung der Erdwärme nur No. 49 und 51 gebraucht werden. Die übrigen sind zwar hierfür an sich werthlos, aber doch insofern wichtig, als durch die No. 50 und 52 die Grösse des Fehlers der inneren Circulation des Wassers festgestellt wurde und aus den anderen zu ersehen ist, wie gross bei der älteren Art des Beobachtens die Fehler werden können.

Man hat mehrfach angeführt, die höchste Wärme sei zu Sperenberg in der Tiefe von 4042 Fuss mit 38,5° R. (No. 84 Tab. I) beobachtet worden. Das ist zwar an sich richtig, aber ohne nähere Kenntniss könnte daraus geschlossen werden, es sei damit die Wärme der Erde gefunden, während es sich dabei doch nur um die Wärme des offenen Wassers handelt, die an dieser Stelle um mehr als 3° R. unter der des Gesteins liegt. Es ist daher nöthig, derartige Beobachtungen so anzuführen, dass sie mit den die Wärme des Gesteins angebenden, das heisst mit den unter Abschluss einer kurzen Wassersäule ausgeführten, nicht verwechselt werden können. Ebenso sollten die nach der Tab. I zu den Beobachtungen ohne Wasserabschluss gehörenden Zunahmen der Temperaturen mit der Tiefe nicht angeführt werden, ohne darauf hinzuweisen, dass sie hierzu wegen ihrer Fehlerhaftigkeit nicht gebraucht werden können.

Trifft man in einem Bohrloche aufsteigendes Wasser, so beseitigt es zwar die innere Strömung, aber hinsichtlich seiner Temperatur bleibt zu berücksichtigen, was über den Einfluss niedergehender Spalten und der Curven der Chthonisothermen bereits angeführt worden ist.

Der störende Einfluss der Strömung in einer nach unten immer wärmer werdenden stehenden Wassersäule ist schon längst erkannt worden, aber es fehlte noch das Mittel zu seiner Beseitigung, wenn es nicht von der Natur durch einen dicken Schlamm gegeben war. Poggendorff führt darüber an [1], im Allgemeinen „bieten Bohrlöcher den directesten Weg zur Erforschung der Temperatur im Innern der Erde dar: allein, wenn sie zu ganz sicheren Resultaten führen sollen, müssen sie nothwendig leer sein, oder, wenn sie eine Flüssigkeit enthalten, wenigstens kein blosses Wasser, sondern statt dessen einen Schlamm von solcher Consistenz, dass die Temperaturungleichheiten keine Strömungen mehr bewirken können". Das Leersein kann den

---

[1] Pogg. Ann. 1836. Bd. 38 S. 594.

ihm zugeschriebenen Vortheil nicht gewähren, weil die bewegliche
Luft nicht weniger Strömung hat, als das Wasser, also ebenso wie
dieses den Abschluss kurzer Säulen erfordert.

Als zu Mondorf im Grossherzogthum Luxemburg 730 m tief
gebohrt war, begab sich WALFERDIN zur Anstellung von Temperaturbeobachtungen im Jahre 1852 dahin. In 502 m Tiefe war eine
überfliessende Quelle erbohrt, also die innere Strömung durch das
Aufsteigen des Wassers beseitigt worden. Deshalb maass er hier
die Wärme und ausserdem in dem die Strömung beseitigenden, auf
der Bohrlochsohle befindlichen Schlamme [1]. Zwischen diesen beiden
Stellen hat er keine Beobachtungen angestellt, weil er ihnen wegen
ihrer Fehlerhaftigkeit keinen Werth zuerkannte. Er hat damals
von Allen die Bedeutung der Strömung am schärfsten aufgefasst.

ARAGO bemerkt bei Beschreibung seiner Beobachtungen im
Bohrloche zu Grenelle, man könne durch die innere Strömung die
Wärme nur zu klein finden [2]. Damit könnte man sich allerdings
begnügen, wenn nur zu beweisen wäre, dass die Erdwärme mit der
Tiefe zunimmt, nicht aber nach welchem Gesetze. Eine derartige
Auffassung hat aber auch deshalb keine Geltung mehr, weil in
Sperenberg durch die zwei Beobachtungen mit Wasserabschluss in
der Tiefe von 3390 Fuss bewiesen worden ist, welche bedeutende
Grösse bei hinreichender Tiefe und Weite eines Bohrlochs der
durch die innere Strömung des Wassers entstehende Fehler er-
reichen kann.

Fünftes Capitel.

Beobachtungen im Bohrloche I zu Sperenberg nach seiner Vollendung. — Abschluss kurzer Wassersäulen in demselben durch mit Wasser angefüllte Kautschukballons. — Zusammenstellung der Beobachtungen. — Nähere Beschreibung
derselben. — Correctur der 9 gelungenen Beobachtungen wegen des Wasserdrucks. — Die entstandenen Schwierigkeiten fallen fort, wenn während des
Bohrens beobachtet wird. — Bis zu welchem Maasse richtige Beobachtungen
nach Vollendung eines Bohrlochs noch möglich sind.

Durch die beiden Beobachtungen mit Abschluss einer Wassersäule in der Tiefe von 3390 Fuss ist für Bohrlöcher die Bahn ge-

[1] ARAGO's Werke. 1857. Bd. VI S. 316.
[2] Daselbst S. 303.

brochen zu Beobachtungen, aus denen man Besseres als mit grossem
Eifer bald befürwortete, bald bestrittene Hypothesen ableiten kann.
Wegen des Zeitaufwands, den diese Art des Wasserabschlusses erfordert, liess er sich nicht so oft anwenden, als es erforderlich ist,
um eine hinreichend lange Temperaturreihe zu erhalten.

, Weil aber doch die grosse, nicht leicht wieder zu Gebot
stehende Tiefe des Sperenberger Bohrlochs den Wunsch erregte,
auch nach seiner Vollendung durch Aufhebung der Circulation des
Wassers richtige Beobachtungen anstellen zu können, so wurde der
Gegenstand weiter verfolgt. Nach Erwählung und Wiederverwerfung
verschiedener Mittel nahm ich das folgende an.

Befindet sich in einem geschlossenen Ballon von elastischem
Kautschuk ein Gas oder eine Flüssigkeit, so wird er sich durch
Druck unter Ausdehnung des Kautschuks abplatten und nach Aufhören desselben seine ursprüngliche Gestalt wieder annehmen. Wegen
des im Tiefsten über 146 Atmosphären hinausgehenden Drucks der
Wassersäule im Bohrloche muss der im Ballon befindliche Stoff den
Druck zwar nach allen Seiten hin fortpflanzen, aber selbst wenig
oder gar nicht zusammenpressbar sein. Diese Eigenschaften hat das
Wasser, dessen Elasticität so gering ist, dass ihre Ermittelung erst
nach mehreren vergeblichen Versuchen gelang. Sie ist am grössten
bei der Temperatur von $1,2^0$ R. und nimmt ab mit der Erhöhung
der Temperatur. Bei der nur in den obersten Theilen des Bohrlochs möglichen geringen Temperatur von $8,08^0$ R. beträgt nach
GRASH.'s Versuchen [1] die Zusammendrückbarkeit des Wassers für
den Druck einer Atmosphäre 0,000048. Bei dem Drucke von
146 Atmosphären würde also das Wasser in dem Ballon um den
$146 \times 0,000048 = 0,007$sten Theil seines Volums zusammengedrückt
werden, was so wenig ist, dass es nicht in Betracht kommen kann.
Hat nun unter einem geringen Nachgeben der Kautschukwand das
in dem Ballon befindliche Wasser diese Zusammendrückung erlitten,
so steht es mit dem Bohrlochwasser im Gleichgewicht. Es kann
dann also auch eine weitere, vom Wasserdrucke unabhängige Kraft,
wie das Gewicht des Gestänges, zur Wirkung kommen und den
Ballon breit drücken, der nach dem Aufhören des Drucks seine
vorherige geringere Breite wieder annimmt.

Hierauf gestützt hatte ich folgenden Apparat projectirt. Es
ist Taf. I Fig. 9 *abcdefgh* ein Ballon von Kautschuk, der durch

---

[1] Lehrbuch der Experimentalphysik von WÜLLNER. 1862. Bd. I S. 187.

Schraubenringe und Schrauben mit den an allen Stellen, wo sie das Kautschuk berühren, abgedrehten Scheiben $i\,i'$ und $k\,k'$ von Gusseisen wasserdicht verbunden ist. Ferner ist $l\,m\,n\,o$ eine Röhre von Schmiedeeisen, in welche das cylindrische Eisenstück $p\,q\,r\,s$ gesteckt und auf die Länge $t\,r$ mit der Röhre zusammengeschweisst oder gelöthet ist. Diese Röhre hat, von u bis v einander gegenüber liegend, zwei Spalten, in welchen der in das cylindrische Eisenstück $w\,x$, welches gerade in die Röhre passt, gesteckte Keil y gleiten kann. Die untere Scheibe $k\,k'$ ist mit einer Röhre $A\,B\,C\,D$ zusammengeschroben, die mit dem Gestängestück E dadurch verbunden ist, dass man dieses Stück an die Stange $w\,E$ schraubt. Ebenso ist die obere Scheibe $i\,i'$ mit dem Gestänge verbunden und jene drei Schraubenverbindungen sind zum dichten Schliessen mit Kautschukscheiben versehen. An E kommt die Röhre, in welcher sich das Geothermometer befindet.

Durch einen kleinen, in der Scheibe $i\,i'$ befindlichen Hahn Z wird der Kautschukballon mit Wasser gefüllt, wobei die Luft aus der Öffnung Z' entweichen kann und dann der Hahn und die Öffnung Z', letztere durch eine Schraube, geschlossen. Der Kautschukballon muss etwas nach aussen gewölbt sein. Ohne diese Vorsicht kann nämlich das Kautschuk beim Eintreten des Gestängedrucks nach einwärts gerichtete Falten schlagen, die sich, wenn einmal gebildet, auch beim stärksten Drucke fast nie wieder nach aussen legen. Als Material für die Ballons ist, namentlich bei längerem Gebrauche, die beste schwarzgraue Sorte Kautschuk und nicht etwa die stark geschwefelte hellgraue, die meistens nach und nach brüchig wird, zu nehmen. Über den Apparat kommt so viel Gewicht als nöthig ist, den Ballon genügend breit zu drücken. Reicht hierzu bei geringen Tiefen das Gewicht des Gestänges nicht aus, so setzt man weiteres Gewicht zu, und ist das Gestänge wegen seiner Länge schon zu schwer, so schaltet man in ihm eine Scheere ein, die das Gewicht des über ihr befindlichen Theils des Gestänges unwirksam macht. Das erforderliche Gewicht ermittelt man über Tage und setzt ihm dann noch so viel zu, dass das Eisen etc. im gewöhnlichen Wasser oder Soole wieder so viel wiegt, wie vorher in der Luft.

Der Apparat wird im Bohrloche herabgelassen, wobei dem Kautschukballon der nöthige Spielraum gegeben ist. Sobald er unten aufstösst, kommt das Gestängegewicht zur Wirkung, die Scheibe $i\,i'$ geht herunter, wobei die Röhre $r\,s\,n\,o$ sich auf der Stange $w\,x$ verschiebt und der Keil y in seinen Spalten $u\,v$ gleitet. Der Kautschuk-

ballon wird also breit gedrückt, legt sich dadurch wasserdicht an
die Bohrlochwand $F\,G\,H\,I$ und schliesst auf der Bohrlochsohle
eine Wassersäule ab. Beim Wiederanziehen hört der Druck auf,
der Ballon nimmt seine vorherige Gestalt wieder an und kann, da
er die Bohrlochwand nicht mehr berührt, ohne Anstand ausgezogen werden.

Will man entfernt von der Sohle eine Wassersäule abschliessen,
so kommt an das untere Ende der Röhre für das Geothermometer
ein Apparat, der gerade so beschaffen ist, wie der beschriebene und
auch ebenso steht, sowie an dessen unteres Ende so viel Gestänge,
als nöthig ist, um den Apparat in die beabsichtigte Entfernung von
der Sohle zu bringen. Die beiden Kautschukballons schliessen dann
zwischen sich eine Wassersäule ab, in welcher sich das Geothermometer befindet.

Gegen die Anwendung dieses Apparats wurde das Bedenken
erhoben, dass man bei der bedeutenden Tiefe des Bohrlochs nicht
wagen könne, ein so langes Untergestänge, wie es wenigstens für
die Beobachtungen in den oberen Tiefen nöthig gewesen wäre, auch
wenn es durch Leitungen steif gemacht würde, auf die Bohrlochsohle zu stellen.

Es wurde daher statt des vorerwähnten ein vom Oberbohr-
inspector Zobel construirter, in Taf. I Fig. 10 dargestellter Apparat
angewandt.

Bei demselben sind a und b obere, a' und b' untere Pressscheiben, $c\,c'$ und $c, c_{,,}$ Kautschukballons, welche wie der in Taf. I
Fig. 9 mit Wasser gefüllt werden. Auf jede obere Scheibe ist ·eine
Gabel $d\,e$, $d'\,e'$ geschroben, an welcher Stahlfedern $f\,g$ und $f'\,g'$ befestigt sind, die mit Reibung an der Bohrlochwand gleiten. Durch
jede der Gabeln $d\,e$ und $d'\,e'$ geht bei h und h' eine abgedrehte
Stange i und i', die mit einer Schraube k und k', sowie mit Gegenmuttern $l\,m$ und $l'\,m'$ versehen ist. Die obere Stange i geht durch die
Stopfbüchsen n und o, die untere i' durch die Stopfbüchse p. Zwischen q
und r befindet sich die das Geothermometer aufnehmende Röhre.

Dreht man die Schraubenstangen $i\,i'$ und damit ihre nach
rechts gewundenen Schrauben links herum und verhindert, dass sich
die Federn $f\,g$ und $f'\,g'$ mit drehen, so nähern sich die Scheiben
a' und b' den Scheiben a und b und die Kautschukballons werden
breit gedrückt. Beim Rechtsumdrehen der Stange $i\,i'$ und Nicht-
mitdrehen der Federn $f\,g$ und $f'\,g'$ entfernen sich die Scheiben a'
und b' von den Scheiben a und b, wodurch die Kautschukballons

ihre vorherige Gestalt wieder annehmen. Über Tage untersucht man, wie vielmal die Stange $i\,i'$ herumgedreht werden muss, damit die Kautschukballons sich dicht an die Innenwand eines Kehrrohrs von der Weite des Bohrlochs legen und fixirt das Maass dieser Drehungen durch die Stellungen der Gegenmuttern $l\,m$ und $l'\,m'$.

Bei der Anwendung des Apparats im Bohrloche ist es, weil rechts und links herumgedreht werden muss, erforderlich, die Gestängeschrauben sowie die Schraube x, Taf. I Fig. 7, mit Klammerschrauben festzustellen, was freilich viel Zeit in Anspruch nimmt. Ist man bis zur betreffenden Tiefe gekommen, so wird links herumgedreht und wenn das Bohrloch nicht unerwartet weit ist, die Federn $f\,g\,f'$ und g' sich daher also stark an der Bohrlochwand reiben, dass sie sich durch Drehung der Schraubenstange nicht mit drehen, werden die zwei Ballons breit gedrückt und legen sich wasserdicht an die Bohrlochwand, schliessen also eine kurze Wassersäule ab.

Mit diesem Apparate, beziehungsweise mit Ersatz der Kautschukballons durch in doppelt conische Leinwandsäcke eingeschlossene Thoncylinder sind im vierten Quartal 1871 die in der folgenden Tabelle aufgeführten Temperaturbeobachtungen unter Abschluss einer Wassersäule und kurz vorher, der nöthigen Vergleichung wegen, auch noch einmal Beobachtungen in der gewöhnlichen Weise angestellt und mit aufgeführt worden, da die früher unter anderen Verhältnissen angestellten gewöhnlichen Beobachtungen zur Vergleichung schon der durch die Bohrarbeit erzeugten Wärme wegen, die sich im Wasser befunden hatte, nicht zu brauchen waren.

Bei diesen Beobachtungen und der unter No. 52 mit angeführten aus dem Jahre 1870 ist auch berücksichtigt worden, dass der Nullpunkt des gebrauchten Normalthermometers seit der Anfertigung des Instruments um $0,4^0$ R. in die Höhe gegangen war.

Die Versuche begannen mit einer Untersuchung darüber, welche geringste Zeit eine abgeschlossene Wassersäule bedürfe, um vollständig die Temperatur des benachbarten Gesteins anzunehmen. Man fand (Versuche 20—26), dass 10 Stunden erforderlich und genügend seien.

Bei dem Versuche No. 24 bekam ein Kautschukballon einen 5 Zoll langen Riss, der durch Bestreichung mit einer Auflösung von Guttapercha in Schwefelkohlenstoff wieder zugeklebt wurde. Da sich dies bei dem Versuche No. 25 als unhaltbar zeigte, so wurde die Reparatur nochmals in der Weise vorgenommen, dass man den Riss erst mit der erwähnten Auflösung zusammen heftete und dann

Tabelle II.

No.	Tiefe	Temperatur mit Abschluss einer Wassersäule	Temperatur ohne Abschluss einer Wassersäule	Bemerkungen.
	Fuss	Grade R.	Grade R.	
1	15	—	10,35	
2	15	9,4	—	
3	30	—	10,2	
4	30	9,56	—	
5	50	—	10,4	
6	50	9,86	—	
7	100	—	12,3	
8	100	10,16	—	
9	300	—	13,52	
10	300	14,6	—	
11	400	—	14,3	Bis 444 Fuss reicht die Verröhrung von Eisenblech.
12	400	14,8	—	
13	500	—	14,68	
14	500	15,16	—	Erfolgloser Versuch, weil das Bohrloch sich an dieser Stelle so ausgeweitet hatte, dass die Federn des Apparats gar nicht oder nicht genügend an der Bohrlochwand hafteten, die Schraubendrehung also nicht wirken konnte.
15	700	—	16,08	
16	700	17,06	—	
17	900	—	17,18	
18	900	18,5	—	
19	1100	—	19,08	
20	1100	20,8	—	Aufenthalt des Apparats im Bohrloche 19 Stunden.
21	1100	19,9	—	Desgleichen 1 Stunde.
22	1100	19,5	—	„ 2 Stunden.
23	1100	19,6	—	„ 2 Stunden.
24	1100	19,6	—	„ 1 Stunde. Einer der Kautschukballons bekam einen 5 Zoll langen Riss und wurde reparirt.
25	—	19,7	—	„ 6 Stunden. Der reparirte Kautschukballon hatte nicht gehalten.
26	—	20,8	—	„ 10 Stunden. Der nochmals reparirte Ballon hielt.
27	1300	—	20,38	
28	1300	21,1	—	
29	1500	—	22,08	

No.	Tiefe	Temperatur mit Abschluss einer Wassersäule	ohne	Bemerkungen.
	Fuss	Grade R.	Grade R.	
30	1500	22,8	—	
31	1700	—	22,9	
32	1700	24,1	—	Der obere Ballon bekam einen 7½ Zoll langen Riss.
33	1700	24,2	—	Wiederholung des vorigen Versuchs.
34	1900	—	24,8	
35	1900	25,8	—	Apparat 12 Stunden im Bohrloche. Ein bis dahin noch gar nicht verletzter Ballon zerriss so sehr, dass er nicht wieder reparirt werden konnte.
36	1900	25,9	—	Apparat 37 Stunden im Bohrloche.
37	1900	25,9	—	Ersatz der Kautschukballons durch Thoncylinder in Leinwandsäcken. Gelungener Versuch.
38	2100	—	26,8	
39	2100	27,1	—	Mit Thoncylindern. Temperatur nicht hoch genug, weil nur der untere Sack abschloss in Folge eines beim Apparate eingetretenen Mangels.
40	2100	27,1	—	Mit Thoncylindern. Gefundene Temperatur zu gering.
41	2100	28,0	—	Mit Thoncylindern. Gelungener Versuch.
42	2300	—	28,1	
43	2300	28,5	—	Mit Thoncylindern. Gefundene Temperatur zu gering.
44	2500	—	29,5	
45	2500	29,7	—	Mit Thoncylindern. Ungenügend.
46	2700	—	30,3	
47	2700	30,5	—	Mit Thoncylindern. Ungenügend.
48	2900	—	31,6	
49	3100	—	32,7	
50	3300	—	33,6	
51	3390	—	34,1	Etwas höher als in 1870, weil das tiefer gewordene Bohrloch Wasserwärme nach oben abgab.
52	3390	36,15	—	Das Mittel von zwei Versuchen aus dem Jahre 1870 mit engerem Vorbohren und Abschliessung der Wassersäule durch einen conischen Stopfen.
53	3500	—	34,7	
54	3700	—	35,8	
55	3900	—	36,6	
56	4042	—	38,1	
57	4042	38,25	—	Mit einem Kautschukballon, der gänzlich zerriss. Resultat ungenügend.
58	40	—	7,8	Brunnen in Sperenberg.

mit derselben darüber auf der Aussen- und Innenseite dünnes Kautschuk klebte, was sich bei dem Versuche No. 26 als haltbar erwies.

Es sollte nun zunächst mit Wasserabschluss in der Tiefe von 2100 Fuss beobachtet werden. Da sich aber schon bei 2000 Fuss eine Einklemmung zeigte, so wurde bis auf 1900 Fuss zurückgegangen (No. 35). Nach Beendigung dieses Versuchs stellte sich leider heraus, dass der bis jetzt unverletzt gebliebene Kautschukballon so unganz geworden war, dass er nicht wieder ausgebessert werden konnte. Inzwischen waren auch die bestellten zwei neuen Kautschukballons angelangt und konnten statt der beschädigten angewandt werden.

Die Einklemmung in die Tiefe von 2000 Fuss musste zu der Annahme führen, dass von da an das Bohrloch nicht mehr die für den Apparat erforderliche Weite besitze. Man untersuchte daher mit einer geeigneten Vorrichtung, auf welche Weite mit Sicherheit für den unteren Theil des Bohrlochs zu rechnen sei und bestellte zwei neue, etwas engere Ballons in der Absicht, wenn die Versuche bis 1900 Fuss beendigt seien, den Apparat durch Abdrehen seiner Pressscheiben für die engeren Ballons passend zu machen und mit diesen in den grösseren Tiefen zu beobachten. Es war in diesen nach der vorgenommenen Untersuchung mit Sicherheit auf 10$\frac{1}{4}$ Zoll Weite zu rechnen und die kleinen Ballons wurden mit Rücksicht hierauf an ihren Enden 9$\frac{1}{4}$ Zoll weit genommen.

Es wurden nun mit den grösseren Ballons die Versuche No. 2, 4, 6, 8, 10, 12, 14, 16, 18, 28, 30, 32 und 33 ausgeführt.

Weil bei dem Versuche No. 35 ein Ballon beschädigt worden war, wurde an derselben Stelle nochmals beobachtet (No. 36), wobei keine Verletzung des Ballons eintrat. Da man 25,9° R., also nur 0,1° R. mehr fand, so durfte No. 35 als nahezu richtig angenommen und daraus geschlossen werden, dass dabei die Verletzung des Ballons erst gegen das Ende des Versuchs eingetreten sei.

Jetzt waren alle Versuche beendigt, die mit den grösseren Ballons angestellt werden sollten und konnten. Es wurde daher der Apparat für die engeren Ballons passend gemacht.

Da die Lieferung dieser Ballons sich unerwartet verzögerte und es nach den bis dahin gemachten Erfahrungen zweifelhaft war, ob sie bei den noch anzustellenden Versuchen unverletzt bleiben würden, so suchte man sich ein weiteres Mittel durch Cylinder von plastisch gemachtem Thon zu verschaffen, welche sich in Leinwandsäcken befanden, die von ihren Enden nach der Mitte hin bis zu

einem Durchmesser erweitert sind, welcher den des Bohrlochs übertrifft, so dass solche Cylinder, wenn sie zusammengedrückt werden,
sich wasserdicht an die Bohrlochwand legen können, ohne auseinander
zu fallen. Man schaltete sie daher in den Apparat statt der Kautschukballons ein, wobei die Falten, welche die Leinwandhülle wegen ihrer
doppeltconischen Gestalt auf dem Thoncylinder schlägt, an diesen
zu drücken waren, und stellte damit Versuche über Tage an, die
gut ausfielen, denn beim Zusammendrücken durch Drehung der
Schrauben $i\,i'$, Taf. I Fig. 10, legten sie sich dicht an die Innenwand
eines Kehrrohrs, man konnte sie dann noch etwas mehr zusammen-
pressen, ohne dass die Leinwand zerriss und beim Zurückdrehen
der Schraubenstange schrumpfen sie auch etwas zusammen.

Nachdem man die engeren Kautschukballons erhalten hatte,
wurde, da es von besonderem Interesse war, das letzte Glied der
Temperaturreihe, das heisst die Temperatur im Tiefsten des Bohrlochs, festzustellen, man hierzu nur einen Ballon nöthig hatte und
wenn dieser etwa dabei beschädigt werden sollte, immer noch ein
zweiter zur Wiederholung des Versuchs zu Gebote stand, mit einem
dieser Ballons bis zur Bohrlochsohle herabgegangen. Dies ging an
sich gut von Statten, wenn auch das Einlassen des Apparats wegen
Anlegung der vielen Klammern zur Feststellung der Gestängeschrauben bedeutende Zeit in Anspruch nahm. Das Resultat war
ungenügend (No. 57) und der Ballon so sehr zerrissen, dass von
demselben an den Pressscheiben nur einige Stücke hingen und das
Übrige im Bohrloche zurückgeblieben war. Ausserdem waren Theile
des Apparats beschädigt oder, wie auch die Federn $f\,g$, verbogen
und eine von diesen war sogar zerbrochen, dadurch, dass die verbogenen Federn und die zerbrochene sich stark an dem Schuh der
dritten Verröhrung klemmten, wurde das untere Ende dieser Verröhrung verdrückt oder sonst beschädigt und musste durch Ein-
treibung einer sogenannten Birne wieder rund gemacht werden. Der
im Bohrloche zurückgebliebene Theil des Kautschukballons konnte
nicht ausgezogen werden und wurde deshalb bis zur Sohle her-
untergestossen.

Es sollte nun mit den Thoncylindern in der Tiefe von 2100 Fuss
beobachtet und, wenn dies gelänge, weiter versucht werden, bis zu
welcher Tiefe man in dieser Weise herunter gelangen könne. Würde
diese Art der Beobachtung zu schwierig, so sollte für die tieferen
Beobachtungen der Apparat auf die Wirkung durch Druck eines
Theils des Gewichts des Obergestänges abgeändert und unter Mit-

anwendung von Untergestänge bis zu einer noch zulässigen Länge desselben beobachtet werden. Diese Abänderung des Apparats ist dadurch möglich, dass man die Stangen i und i' an passenden Stellen, z. B. bei 1 und 2, sowie bei 3 und 4 durchsägt, an geeigneten Stellen, z. B. bei 5 und 6, in den Stangen i und i' einen Keil anbringt, oder in sonstiger Weise ihr Verschieben nach unten verhindert, die Schrauben k und k' etwas zurückdreht, die Schraubenmuttern l und m, sowie l' und m' bis an h, h', t und t' schraubt, bei b' zur Befestigung von Untergestänge ein Loch mit einem Schraubengange herstellt und die Federn f, g, f' und g' entfernt, oder wenn man sie der Leitung wegen beibehalten will, so viel enger macht, dass sie nicht mehr mit Reibung an der Bohrlochwand gleiten.

Der Versuch mit zwei Thoncylindern in der Tiefe von 2100 Fuss fiel in Folge eines beim Apparate eingetretenen Mangels ungenügend aus und eine Wiederholung des Versuchs (No. 40) gab kein besseres Resultat. Man ging daher mit einem weiteren Versuche auf 1900 Fuss, aus welcher Tiefe schon Versuche mit Kautschukballons vorlagen, zurück und erhielt dadurch (No. 37) eine eben so hohe Temperatur, wie sie früher der beste Versuch mit Kautschukballons (No. 36) ergeben hatte. Hierauf wurde nochmals bei 2100 Fuss beobachtet und (No. 41) ein gutes Resultat erhalten. Die Versuche No. 43 und 45 missglückten. Die Leinwandsäcke zerrissen bei jedem der mit ihnen angestellten Versuche durch das Herausziehen und der dadurch in das Bohrloch gefallene Thon musste, damit er fernere Versuche nicht störe, bis auf die Bohrlochsohle herunter getrieben werden.

Die Versuche, unter Anwendung des Princips, mit Wasser gefüllte Kautschukballons oder Thoncylinder in Leinwandsäcken durch Drehung einer Schraube an die Bohrlochwand zu drücken, waren immer schwieriger geworden. Man beschloss daher, um rasch in die grössten Tiefen zu kommen, einen Theil der zur Beobachtung ausersehenen Stellen zu überspringen, und als auch der Versuch No. 47 missglückte, wäre nur noch übrig geblieben, den Apparat auf Druck umzuändern und dann wenigstens zu versuchen, die Temperatur im Tiefsten zu ermitteln, wozu der noch vorhandene kleinere Kautschukballon benutzt werden sollte. Als man aber bei dem Versuche No. 47 das Gestänge herauszog, setzten sich die Leitungen und Klammerschrauben des Gestänges unter dem Röhrenschuh fest, was zwar beseitigt wurde, aber eine starke Beschädigung des Röhrenschuhs oder eine schiefe Stellung der Verröhrung andeutete, veranlasst durch die Beschädigung der Federn des Apparats beim Versuche im Tiefsten. Da nun ein so bedenklicher Fall sich wiederholen konnte, so musste man die Versuche einstellen und auf die im Falle des Gelingens werthvolle Beobachtung mit Wasserabschluss im Tiefsten des Bohrlochs verzichten.

Aus einem 40 Fuss tiefen Brunnen in Sperenberg, der von den daselbst befindlichen Brunnen der tiefste war, wurde längere Zeit Wasser gepumpt und dessen Wärme im Herbst zu 7,8° R. gefunden (No. 58 der Tab. II). Über die mittlere Jahrestemperatur von Sperenberg sind mir keine Beobachtungen bekannt, man wird sie aber ohne wesentlichen Fehler der von Berlin gleichsetzen können, welche zu 7,18° R. gefunden worden ist [1].

Es müssen nun von den mit Wasserabschluss erhaltenen Beobachtungen diejenigen ausgeschieden werden, von denen nicht anzunehmen ist, dass man durch sie die wirkliche Wärme des Erdkörpers gefunden hat. Von diesen gewähren die 6 obersten der Tab. II zwar Aufschluss über ihren Unterschied gegen die im offenen Wasser angestellten, aber sie liegen in der bis 444 Fuss reichenden Verröhrung von Eisenblech, deren Wärmeleitungsfähigkeit viel grösser als die des Gesteins ist und die deshalb auch beim Abschluss einer Wassersäule ungehörige Wärme nach oben bringen konnte, zumal weil drei Verröhrungen ineinander steckten, zwischen denen eine innere Wasserströmung möglich war. Sie müssen also ausgeschieden werden, die drei obersten auch deshalb, weil sie zu der Zone der oberen, mit der Jahreszeit sich ändernden Temperaturen gehören, die mit der Reihe der constanten Temperaturen nicht zu verbinden ist.

Dass in dem obersten Theile des Bohrlochs die Wärme des offenen Wassers bedeutend höher gefunden wurde, als sie die Erde hier im Durchschnitt haben konnte, war nothwendig, weil dieses Wasser durch die innere Strömung Wärme von unten erhalten hatte und wegen der grossen Tiefe des Bohrlochs mehr als gewöhnlich. Zugleich zeigen aber die Beobachtungen unter Abschluss einer Wassersäule in den Tiefen von 15, 30, 50 und 100 Fuss eine geringere Wärme als sie das nicht abgeschlossene Wasser hatte, obgleich das angewandte Maximumthermometer sich doch erst in diesem wärmeren Wasser befand. Es erklärt sich dies daraus, dass hierbei das im Verhältniss zu gewöhnlichen Thermometern sehr

---

[1] J. Müller, Lehrbuch der kosmischen Physik. 1856. S. 290.

grosse Quecksilbergefäss dieses Thermometers in einem kleinen Gefässe mit zur Herbstzeit recht kaltem Wasser stand. Ehe die geringe
Wärme dieses Wassers bei dem wegen der kleinen Tiefen nicht viel
Zeit erfordernden Einlassen des Apparats und beim Beginn des
Wasserabschlusses mit der höheren Wärme, in der es sich befand,
ausgeglichen war, muss trotz der eisernen Röhren und des zwischen
ihnen befindlichen Wassers, die geringere Wärme der Erde die des
abgeschlossenen Wassers erniedrigt haben. Es beweist auch
dieses nicht nur die Richtigkeit des oben ausgesprochenen Satzes,
dass bei der Berührung zwischen der kurzen abgeschlossenen Wassersäule und der Erde die Wärme der letzteren das Bestimmende sei,
sondern auch, dass, wenn ausnahmsweise die Erdwärme die geringere
ist, die Wirkung schnell genug eintritt, um sich noch bei einem
Maximumthermometer geltend zu machen, wenn dasselbe nicht lange
in der grösseren Wärme des offenen Wassers bleibt.

Wenn während des Bohrens Temperaturbeobachtungen mit
Wasserabschluss angestellt werden, ist es von Interesse, an denselben Stellen, die zur Beobachtung benutzt wurden, als sie noch
nicht verröhrt waren, später, nachdem sie hatten verröhrt werden
müssen, nochmals zu beobachten. Man könnte dadurch Aufschluss
darüber erhalten, wie gross der durch die Blechröhren entstehende
Fehler ist, wie weit er sich von unten nach oben erstreckt, und ob
sich daraus etwa ein Ausdruck entwickeln lässt, nach dem man die
Beobachtungen in den Röhren corrigiren könnte. Die Stellen der
Beobachtungen in den Röhren dürfen hierbei aber nicht so hoch
über der Bohrlochsohle liegen, dass sie eine übermässige Länge des
Untergestänges erfordern.

Von den Beobachtungen mit Wasserabschluss sind ferner auszuscheiden die in der Tab. II als ungenügend oder erfolglos bezeichneten und die nur zur Ermittelung der Zeit des Verbleibens
des Apparats im Bohrloche nöthig gewesenen No. 21—25. No. 20
ist gleich No. 26 und No. 36 gleich No. 37.

Es bleiben daher noch übrig die Beobachtungen:

No.	Tiefe Fuss	Temperatur Grade R.	No.	Tiefe Fuss	Temperatur Grade R.
16	700	17,06	33	1700	24,2
18	900	18,5	36	1900	25,9
20	1100	20,8	41	2100	28,0
28	1300	21,1	52	3390	36,15
30	1500	22,8			

welche sämmtlich in Steinsalz liegen, da bis zur Tiefe von 283 Fuss Gyps mit etwas Anhydrit und mit Sand ausgefüllten Klüften, von da an aber, also auf eine Länge von 3769 Fuss, nur Steinsalz durchbohrt worden ist.

Da die Beobachtungen mit dem Geothermometer von MAGNUS angestellt worden sind, müssen sie noch nach der früher angeführten Formel $0,0089 \frac{h \cdot \gamma}{32,8}$ wegen des Wasserdrucks corrigirt werden.

Nach angestellten Untersuchungen war das specifische Gewicht der Bohrlochsoole bei einer Temperatur von 15⁰ R. am Wasserspiegel bis zur Tiefe von 200 Fuss herunter = 1,005 und in den Tiefen von 300 Fuss = 1,201, 400 Fuss = 1,195, 500 Fuss = 1,203, 600 Fuss = 1,203, 700 Fuss = 1,204, 800 Fuss = 1,204, 1000 Fuss = 1,204, 4050 Fuss = 1,206.

Berücksichtigt man nun, dass jede der drückenden Wassersäulen um 7 Fuss kürzer ist, als die betreffende Tiefe, weil um so viel der Wasserspiegel unter der Hängebank des Bohrschachts, von welcher an die Tiefe gerechnet wird, lag; sucht für jede Wassersäule das durchschnittliche specifische Gewicht in der Weise, dass man aus den einzelnen specifischen Gewichten und den Längen, für welche sie vorkamen, Producte bildet und deren Summe durch die ganze Länge der Säule dividirt; verfährt dann ebenso mit den einzelnen, eine Säule bildenden Längen und den zu denselben gehörenden Temperaturen ohne Wasserabschluss und berichtigt das gefundene durchschnittliche specifische Gewicht, wenn die durchschnittliche Temperatur der Säule merklich von 15⁰ R. abweicht, nach einer dazu eingerichteten Soolgehaltstabelle, so erhält man als durchschnittliches specifisches Gewicht der einzelnen Soolsäulen für die Tiefen von:

700 Fuss	1,146	und	die Säulenlänge		693	Fuss
900 „	1,159	„	„	„	893	„
1100 „	1,169	„	„	„	1093	„
1300 „	1,169	„	„	„	1293	„
1500 „	1,178	„	„	„	1493	„
1700 „	1,178	„	„	„	1693	„
1900 „	1,177	„	„	„	1893	„
2100 „	1,177	„	„	„	2093	„
3390 „	1,183	„	„	„	3383	„

Man erhält also beispielsweise die corrigirte Temperatur für die Tiefe von 700 Fuss $= 17,06 + 0,0089 \frac{693 \cdot 1,146}{32,8} = 17,275^0$ R. und nach demselben Verfahren die übrigen hierunter angeführten Temperaturen.

No.	Tiefe Fuss	Temperatur Grade R.	No.	Tiefe Fuss	Temperatur Grade R.
16	700	17,275	33	1700	24,741
18	900	18,780	36	1900	26,504
20	1100	21,147	41	2100	28,668
28	1300	21,510	52	3390	37,238
30	1500	23,277			

Die angestellten Beobachtungen haben zunächst ergeben, dass um in einem Bohrloche die Temperatur des Wassers richtig, das heisst übereinstimmend mit der des anstossenden Gesteins zu finden, der Abschluss einer Wassersäule möglichst vollkommen sein muss. Ist er dies nicht, so erhält man die Temperatur zwar höher, als ohne Wasserabschluss, aber in das so erwärmte Wasser dringt dauernd etwas von dem über dem Apparate stehenden kälteren und deshalb schwereren Wasser, einen gleichen Theil des erwärmten Wassers verdrängend und lässt dieses die Temperatur des Gesteins nicht völlig erreichen.

Unter den Beobachtungen in abgeschlossenen Wassersäulen war die in 3390 Fuss Tiefe zwar umständlich, aber nicht schwierig. Mit wie viel Schwierigkeiten man aber bei den Beobachtungen mit den Kautschukballons zu kämpfen hatte, ist aus dem Vorerwähnten zu entnehmen. Dazu kam dann noch die unerwartete Beschädigung des Normalthermometers, für das Ersatz geschafft werden musste, und der Umstand, dass der Bohrapparat anderwärts gebraucht werden sollte, also eine baldige Beendigung der Versuche zu wünschen war. In der That war die letzte Periode der Beobachtungen so reich an Mühe und Sorgen, dass ich sie nicht wieder erleben möchte. Es hat mich aber später befriedigt, dass ich dabei den Muth nicht verlor, denn wären die Versuche mit den Kautschukballons ungeachtet der für dieselben an sich günstigen Beschaffenheit des Bohrlochs ohne ein befriedigendes Resultat geblieben, so hätte man glauben können, das werde immer der Fall sein.

Die grösste Schwierigkeit lag in der Beschädigung der Kautschukballons, und da sie durch die ansehnliche Dicke des Kautschuks von 9 mm nicht hat verhindert werden können, so muss dabei eine grosse Kraft zur Wirkung gekommen sein. Dass dies Zerreissen herbeigeführt worden sei durch Nachfall, den die Federn fg und $f'g'$, Taf. I Fig. 10, des angewandten Apparats durch ihr mit starker Reibung verbundenes Gleiten an der Bohrlochwand bewirkt hätten und durch den beim Aufziehen des Apparats Widerstand geleistet worden sei, ist, wenn auch nicht unmöglich, doch nicht wahrscheinlich, weil ein solcher Nachfall nur wenig und nur in kleinen Stücken bemerkt worden ist, die wohl ohne Nachtheil durch den Spielraum zwischen Bohrlochwand und den Ballons hätten gehen können. Noch weniger kann die Beschädigung entstanden sein durch ein zu starkes Zusammenschrauben der Ballons, weil Versuche gezeigt hatten, dass das angewandte Kautschuk, ohne zu zerreissen, viel mehr ausgedehnt werden kann, als es geschieht, wenn man die Schrauben $k\,k'$ des Apparats zur Breitdrückung der Ballons einigemal mehr ausgedreht hätte, als eigentlich nöthig gewesen wäre. Ich nehme daher Folgendes an.

Die richtige Wirkung des Apparats setzt voraus, dass, wenn man mit ihm in die betreffende Tiefe gelangt ist und, um die Ballons breit zu drücken, die Schrauben $k\,k'$ dreht, die durch den Reibungswiderstand der Federn $f\,g$ und $f'\,g'$ gegen die Drehung geschützten Pressscheiben a und b ihren Ort nicht mehr verändern und nur die Scheiben a' und b' sich beim Anspannen der Ballons aufwärts und beim Abspannen abwärts bewegen, was voraussetzt, dass das Gestänge genau dieselben Bewegungen auf- und abwärts macht, wie die Schrauben k und k'. Ist dies nun aber, weil schwierig, ungeachtet aller Sorgfalt nicht immer zu erreichen gewesen, hat in Folge davon das Gestänge am Apparate entweder gedrückt oder gezogen, und ist dies geschehen, während das Kautschuk fest an die Bohrlochwand gepresst war, so konnte, da der Reibungswiderstand der Federn $f\,g$ und $f'\,g'$, dem Drucke oder Zuge des Gestänges gegenüber, die Bewegung nicht aufzuhalten, das an die Bohrlochwand gepresste Kautschuk derselben aber nicht zu folgen vermochte, ein Abreissen desselben eintreten. Hiermit steht in Übereinstimmung, dass fast alle Risse quer durch die Ballons gingen, was mehr für ein Abreissen, als ein Zerspringen durch zu starkes Anspannen spricht.

Hat eine solche Wirkung des Gestänges nicht verhindert werden können, so musste die darin liegende Schwierigkeit mit der Länge des Gestänges wachsen. Das Missglücken der Versuche nahm daher auch zu mit der Tiefe.

Was in den oberen Tiefen ein, wenn auch nur kleines Rutschen des Apparats nach unten zur Folge hatte, musste, als der Apparat auf der Bohrlochsohle stand und also nicht ausweichen konnte, starken Druck erzeugen, durch welchen die oben erwähnte Beschädigung des Apparats und des Röhrenschuhs eintrat. Der Kautschukballon zerriss gänzlich wahrscheinlich erst dadurch, dass er durch den Röhrenschuh gezogen werden musste, nachdem dieser durch die über dem Ballon befindlichen zerbrochenen und verbogenen Federn beschädigt worden war.

Man könnte nun wohl denken, der Abschluss kurzer Wassersäulen durch die mit Wasser gefüllten Kautschukballons sei zwar werthvoll, weil es dadurch möglich werde, nicht nur die Wärme des Wassers, sondern durch dieselbe auch die der Erde zu finden, aber es sei doch ein Mangel, dass er für die grössten Tiefen nicht ausreiche, denn da man damit in Sperenberg, ungeachtet der günstigen Beschaffenheit des Bohrlochs über die, wenn auch schon bedeutende Tiefe von 2100 Fuss nicht habe hinauskommen können, so werde das auch bei anderen Bohrlöchern eintreten.

Allein, so nahe eine solche Auffassung zu liegen scheint, so ist sie doch nicht zutreffend, denn die erwähnten Schwierigkeiten lagen nicht in der Methode der Beobachtungen an sich, sondern darin, dass sie erst nach Beendigung des Bohrens angewandt, und wegen der grossen Tiefe des Bohrlochs davon abgestanden wurde, den Apparat Taf. I Fig. 9, bei dem der Wasserabschluss durch Druck auf den Apparat erfolgt, anzuwenden. Dies fällt fort, wenn schon während des Bohrens beobachtet wird, denn Druck, der nicht beschädigen kann, weil sich seine zulässige Grösse über Tage genau ermitteln lässt, steht in allen Tiefen mit gleicher Sicherheit zu Gebote und wenn dabei die Versuche in den geringeren Tiefen gelingen, so ist nicht abzusehen, warum sie, wenn sonst die Beschaffenheit des Bohrlochs hinreichend günstig bleibt, nicht in jeder Tiefe gelingen sollten. Es ist damit auch noch der wesentliche Vortheil verbunden, dass, wenn das Bohrloch an einer Stelle etwas erweitert ist, der Kautschukballon doch das Gestein erreichen kann, während der andere Apparat schon seinen Dienst versagt, wenn, wie es in der Tiefe von 500 Fuss der Fall war, das Bohrloch nur so viel erweitert ist, dass die Federn $f g$ und $f' g'$ nicht mehr am Gestein haften. Es kann also trotz der mit diesem Apparate in Sperenberg erlangten bedeutsamen Resultate seine weitere Anwendung nicht in Betracht kommen.

Auch in Sperenberg wäre die Anwendung des Apparats Taf. I Fig. 9 möglich gewesen, wenn es mir die Umstände gestattet hätten, das Bohrloch nach und nach mit Gypsbrocken oder einem sonstigen geeigneten Stoffe, z. B. Grand, auszufüllen, um dadurch Stützpunkte für den auf den Abschlussapparat auszuübenden Druck und damit eine bis unten hin reichende Temperaturreihe zu erhalten. Wenn aber berücksichtigt wird, dass es sich hier um die erste, durch ausnahmsweise Umstände erschwerte Anwendung eines neuen Verfahrens handelte, so wird man mit dem, was dabei erreicht wurde, zufrieden sein können.

In einem Bohrloche zu Sudenburg bei Magdeburg sind auf meine Veranlassung, aber nicht mehr unter meiner Leitung, Beobachtungen in abgeschlossenen Wassersäulen unter Anwendung von Druck auf den Abschlussapparat angestellt worden. Hierbei ist zwar zweimal die Beschädigung eines Ballons eingetreten, aber nicht durch den angewandten Druck, sondern wahrscheinlich durch ungünstige Beschaffenheit des zu Nachfall geneigten Bohrlochs oder dadurch, dass der Apparat, weil er durch eine Abänderung des in Sperenberg gebrauchten entstanden war, noch eine Einrichtung behalten hatte, die störend wirken konnte.

Gegen die Anstellung · von Beobachtungen in abgeschlossenen Wassersäulen nach Einstellung der Bohrarbeit kommt noch in Betracht, dass solche Beobachtungen um vieles zeitraubender und kostspieliger werden können, als die während des Bohrens ausgeführten. Bei diesen lässt man den Abschlussapparat am Sonnabend in der letzten Schicht in das Bohrloch herab, wo er während des Sonntags stehen bleiben und Montags beim Beginne der Schicht wieder ausgezogen werden kann, was namentlich, wenn mit Dampfkraft gebohrt wird und doch Dampf vorhanden sein muss, am wenigsten Zeit und Kosten erfordert. ˙ Werden die Versuche aber nach Beendigung der Bohrarbeit ausgeführt, so muss nicht selten die Zeit des Verweilens des Apparats im Bohrloche mit zur Arbeitszeit gerechnet werden, wenn man während derselben die Arbeiter nicht in sonstiger Weise verwenden kann und wenn Dampfkraft zur Anwendung kommt, verursacht die öftere Unterbrechung ihrer Entwickelung höhere Kosten. Tritt nun noch eine Beschädigung des Apparats ein und muss man lange auf seine Wiederherstellung warten, so werden die Verlegenheiten noch grösser. Abgesehen von dem so entstandenen Zeitaufwande ist auch an sich die zu den Beobachtungen erforderliche Zeit nach Beendigung der Bohrarbeit leicht ebenso werthvoll, wie die während des Bohrens, wenn man den Bohrapparat alsbald an einer anderen Stelle zu benutzen beabsichtigt.

Sollen aber doch ausnahmsweise die Beobachtungen nach Vollendung der Bohrarbeit angestellt werden, so ist auch dabei ein

Apparat anzuwenden, bei welchem der Wasserabschluss durch Druck
erfolgt. Hierbei beginnt man mit den Beobachtungen auf der Bohrlochsohle und geht dann mit zwei Apparaten übereinander, zwischen
welchen sich das Maximumthermometer befindet und dem durch
Leitungen versteiften Untergestänge so lange in die Höhe, als dieses
noch keine bedenkliche Verkürzung beim Stehen auf der Bohrlochsohle zeigt, was nicht bald eintreten wird, wenn eine hinreichende
Anzahl von Leitungen angebracht worden ist. Freilich kann es
dabei leicht vorkommen, dass man nach oben in eiserne Futterröhren gelangt, welche die Richtigkeit der Beobachtungen beeinträchtigen oder zweifelhaft machen können. Hat man aber unter
den Röhren eine hinreichende Zahl von Beobachtungen, so können
auch die für sich ein gutes Resultat geben.

Sechstes Capitel.

Leitung der Wärme in einem festen und dichten Stabe von gleichem Querschnitte,
wenn keine Seitenausstrahlung der Wärme stattfindet. — Der Schutz gegen
die Seitenausstrahlung ist vorhanden bei Kugeln. — Einfluss der Neigung
schieferiger Gesteine auf die Wärmeleitung. — Unrichtige Deutung der Wärmeleitung im Erdkörper. — G. Bischof's Beobachtungen in einer aus geschmolzenem
Basalt gegossenen Kugel. — Verzögerung der Wärmezunahme nach dem Mittelpunkte der Kugel hin. — Versuch über die Wärmeleitung im Sande von
F. Pfaff. — Etwaige weitere derartige Versuche in Steinkugeln. — Das Gesetz der Wärmezunahme in einer sich abkühlenden Kugel nach Fourier. —
Ist nicht zu verwechseln mit dem, was die Beobachtungen im Erdkörper in
den erreichbaren Tiefen ergeben haben.

Wird ein zur gesetzmässigen Fortleitung der Wärme geeigneter,
also fester und dichter Körper, z. B. ein Metallstab, der an jeder
Stelle denselben Querschnitt hat und an dessen Seiten keine Ausstrahlung von Wärme stattfindet, an einem Ende erwärmt,
so nimmt von diesem Ende aus die Wärme für gleiche Längen um
gleichviel ab, also in der entgegengesetzten Richtung um gleichviel
zu [1] und das bleibt so bei einer Verlängerung des Stabes, wenn nur
die Erwärmung an dem einen Ende gross genug ist, um auch der

---

[1] Müller, Physik. 1879. Bd. II Abth. 2 S. 528.

Verlängerung folgen zu können. Graphisch dargestellt würde eine
so erhaltene Wärmereihe als eine gerade Linie erscheinen, die von
dem kälteren nach dem wärmeren Ende unter einem desto grösseren
Winkel ansteigt, je grösser das Maass der Zunahme der Wärme
ist. Durch einen Versuch lässt sich dies nicht genau nachweisen,
weil die Seitenausstrahlung der Wärme nicht vollständig verhindert
werden kann. Mit dem kälteren Ende hört bei der angeführten
oder einer anderen Art der Wärmeabnahme die Leitung der Wärme
auf und wenn aus demselben noch Wärme in einen Körper gelangt,
dessen Theile wie beim Wasser und der Luft durch Veränderung
der Temperatur in Bewegung gerathen, so verbreitet sie sich in
demselben durch innere Strömung.

Je grösser das Wärmeleitungsvermögen eines Körpers ist, desto
weniger nimmt die Wärme bei ihrer Fortleitung ab, desto weniger
also nach der Wärmequelle hin zu. Geringeres Wärmeleitungsvermögen ist also mit grösserer Wärmeabnahme bei der Fortleitung und mit grösserer Zunahme in entgegengesetzter Richtung
verbunden.

Bei einer Kugel ist wie bei dem betrachteten Stabe die Seitenausstrahlung der Wärme beseitigt, weil jeder aus dem Mittelpunkte
kommende Wärmestrahl von gleich warmen Strahlen umgeben ist.
Es müssen also, wenn zunächst nur dieses berücksichtigt wird, für
sie dieselben Gesetze gelten, wie für jenen Stab und aus gleichem
Grunde für die Gesteine der Erde. Ändert sich also bei diesen
die Wärmeleitungsfähigkeit nicht, so nimmt die Wärme zu wie die
Tiefe, wird sie nach unten kleiner, so nimmt die Wärme schneller
zu wie die Tiefe (beschleunigte Reihe) und wenn sie nach unten
grösser wird, so nimmt die Wärme nicht so schnell zu wie die Tiefe
(verzögerte Reihe).

JANNETAZ fand, dass schieferige Gesteine in der Richtung
der Schieferung die Wärme besser leiten, als rechtwinkelig dagegen.
Um dies nachzuweisen schneidet man an einem solchen Gesteine
eine Fläche rechtwinkelig gegen die Schieferung, überzieht sie mit
einer dünnen Schicht von Talg und legt sie horizontal. Über derselben wird ein Platindraht angebracht, der nach ihr hingebogen
ist und an dessen tiefstem, also dem Gesteine am nächsten liegenden
Theile, eine kleine Platinkugel gelöthet ist. Wird nun dieser Draht
mit den Polen einer aus 3—4 BUNSEN'schen Elementen bestehenden
Batterie in Verbindung gebracht und dadurch die Platinkugel erhitzt, so schmilzt, von der Kugel ausgehend, der Talg. Der Umriss

des jedesmal geschmolzenen Theils bildet dann keinen Kreis, sondern eine Ellipse, deren längere Axe in der Richtung der Schieferung, das heisst in der Richtung liegt, in welcher die Wärmeleitungsfähigkeit am grössten ist[1]. Es wird also auch bei einem solchen Gesteine die Wärmezunahme mit der Tiefe am grössten sein bei horizontaler Lage der Schieferung, mit deren Neigung abnehmen und bei senkrechter Lage am kleinsten werden. Ändert sich also die Neigung der Schichten, so wird sich dadurch auch die Wärmeleitung ändern.

Andererseits ist geltend zu machen gesucht, dass wenn das Innere der Erde noch eine hohe Wärme besitze, müsse mit zunehmender Tiefe, je mehr man sich dem Wärmeherde nähere, eine immer kleinere Strecke hinreichen, um eine gleiche Zunahme der Wärme zu zeigen. Es trete nämlich die Wärme durch Leitung nach aussen aus einer kleineren in eine immer grösser werdende Kugel und unter Voraussetzung einer gleichen Leitungsfähigkeit müsse die Temperatur der nach oben grösser werdenden Kugelschalen in dem Verhältniss abnehmen, als der körperliche Inhalt zunehme, also in entgegengesetzter Richtung schneller als die Tiefe zunehmen, was den Beobachtungen nicht entspreche.

Diese Ansicht ist unhaltbar, weil sie, wie aus dem Folgenden ersichtlich ist, dem Gesetze der Abkühlung einer Kugel widerstreitet. Sie aus dem Ergebniss der Wärmebeobachtungen in Bohrlöchern abzuleiten, ist schon deshalb unzulässig, weil, wenn man ein Bohrloch so tief, als wir es jemals werden herstellen können, annimmt und sich dann vom Mittelpunkte der Erde in radialer Richtung einen Kegel von Wärmestrahlen denkt, welcher, das untere Ende des Bohrlochs in hinreichender Breite umfassend, bis an die Oberfläche reicht, der das Bohrloch umfassende Theil dieses Kegels gegen den Erdhalbmesser immer noch eine so geringe Länge hat, dass er einem Cylinder gleich zu setzen ist, für die Wärmevertheilung in ihm also die Kugelgestalt der Erde noch gar nicht zur Wirkung kommen kann.

Um ein Anhalten über die Zeit zu gewinnen, welche die Erde gebraucht haben werde, um sich von einem ursprünglich glühend flüssigen Zustande bis zu ihrer jetzigen Wärme abzukühlen und Beobachtungen über die innere Wärme einer in der Abkühlung befindlichen Kugel anzustellen, liess G. Bischof aus geschmolzenem

---

[1] Grundzüge der Abyssodynamik von Dr. G. Pilar. 1881. S. 103.

Basalt Kugeln giessen, in denen zur Beobachtung der inneren Wärme bei dem Gusse radiale Löcher von verschiedener Tiefe ausgespart waren. In einer solchen Kugel von 27¼ rheinl. Zoll Durchmesser fand er 48 Stunden nach dem Gusse folgende, um die Temperatur der umgebenden Luft bereits verminderte Wärmegrade [1].

$$
\begin{array}{llll}
\text{9 Zoll vom Mittelpunkte} & \ldots\ldots\ldots & 109,8^0 \text{ R.} \\
6\frac{1}{4}\ , & , & , & \ldots\ldots\ldots & 124,9^0 \ , \\
4\frac{1}{2}\ , & , & , & \ldots\ldots\ldots & 136,0^0 \ , \\
\text{im Mittelpunkte} & \ldots\ldots\ldots\ldots & 153,5^0 \ ,
\end{array}
$$

Betrachtet man die 9 Zoll vom Mittelpunkte entfernte Stelle als Oberfläche der Kugel, so hat man

in den Tiefen	0	2,25	4,5	9 rheinl. Zoll
die Temperaturen	109,8	124,9	136,0	153,5 Gr. R.
also für die Tiefenzunahmen . .	—	2,25	2,25	4,5 rheinl. Zoll
die Temperaturzunahmen . . .	—	15,1	11,1	17,5 Gr. R.

Die Summe der zwei ersten Tiefenzunahmen ist gleich der dritten Tiefenzunahme und zu jenen beiden gehört eine Wärmezunahme von überhaupt 26,2⁰ R., zu dieser aber nur eine solche von 17,5⁰ R., also 8,7⁰ R. weniger. Die Tiefenstufen für 1⁰ Wärmezunahme nach dem Mittelpunkte hin betragen 0,149—0,203 und 0,257 Zoll, woraus ersichtlich ist, dass in einer durch Wärmeleitung und Wärmeausstrahlung sich abkühlenden Kugel die thermischen Tiefenstufen nach dem Innern hin immer grösser werden.

Hätte die Wärme wie die Tiefe und so wie sie anfing zugenommen, so würde man gehabt haben

in den Tiefen	0	2,25	4,5	9 rheinl. Zoll
die Temperaturen	109,8	124,9	140,0	170,2 Gr. R.

Durch die Verzögerung der Wärmezunahme ist also die Wärme im Mittelpunkte um 16,7⁰ oder 9,8 % kleiner geworden. Wenn dies procentuale Verhältniss genau maassgebend für die Erde wäre, so würde die Wärme im Mittelpunkte immer noch ausserordentlich hoch bleiben.

F. PFAFF stellte folgenden Versuch an [2]. Eine 5 Zoll weite, gegen 23 Zoll lange cylindrische Röhre von Eisenblech war an ihrem unteren Ende durch eine Kapsel von Kupfer wasserdicht geschlossen. Auf das obere Ende dieser Kapsel war eine durchlochte Scheibe von Eisenblech geschoben, in deren umgebogenem Rande eine 11 Zoll weite Röhre von Pappe stand, die so weit in die Höhe

---

[1] a. a. O. S. 505.
[2] Allgemeine Geologie als exacte Wissenschaft. 1873. S. 304.

reichte, wie die eiserne. Beide wurden an ihren oberen Enden durch eine ringförmige Scheibe von Holz in ihrer Stellung gegen einander festgehalten. An ihren Seiten waren sie mit Löchern versehen, durch welche 7 Thermometer mit ihren Gefässen so bis in die innere Röhre und durch die Löcher eines darin stehenden dünnen Brettchens geschoben wurden, dass sie jedesmal 2½ Zoll von einander abstanden. Die innere Röhre wurde mit feinem Sande ausgefüllt und der 3 Zoll weite Raum zwischen ihr und der Pappröhre sorgfältig mit trockenen Sägespähnen ausgestopft. Das Ganze wurde so aufgehängt, dass die kupferne Kapsel in Wasser oder Öl tauchte, welches sich in einem grossen Porcellangefässe befand. Jede dieser Flüssigkeiten wurde durch eine Gaslampe so lange erhitzt, bis die Temperaturen im Sande constant geworden waren, was beim Wasser in 26 und beim Öle in 36 Stunden eintrat. Nach beiden Versuchen nahm die Wärme im Sande viel stärker zu als die Tiefe. Das Resultat war also das Gegentheil von dem, welches BISCHOF in einer Kugel erhalten hatte.

Dem Sande war die cylindrische Gestalt gegeben worden, weil nur diese für die Tiefen, bis zu welchen in der Erde Beobachtungen angestellt werden können, in Betracht kommen kann. Da nun, wie wir sahen, bei einem gegen die Seitenausstrahlung geschützten Stabe von gleichem Querschnitte die Wärme nach ihrem Ursprunge hin wie die Entfernung zunimmt und dieses Gesetz auch für die Verlängerung des Stabes giltig bleibt, so hätte man erwarten können, dass der möglichst gegen die Seitenausstrahlung der Wärme geschützte Sand sich ebenso oder doch sehr ähnlich verhalten werde, während er eine Beschleunigung der Wärmezunahme nach unten von einer Grösse ergeben hat, wie sie in der Erde noch niemals beobachtet worden ist. Eine solche Beschleunigung tritt aber nach der Theorie, wie nach den Versuchen von DESPRETSZ [1] ein, wenn ein nicht gegen die Seitenausstrahlung geschützter Stab von gleichem Querschnitte an einem Ende erwärmt wird.

Man wird daher wohl annehmen müssen, entweder dass trotz der angewandten sorgfältigen Umhüllung des Sandes mit einem schlechten Wärmeleiter die Seitenausstrahlung nicht genügend hat verhindert werden können, oder dass Sand zu solchen Versuchen nicht geeignet ist.

Die Seitenausstrahlung wird, wie wir sahen, beseitigt, wenn

---

[1] MÜLLER, Physik. 1879. Bd. II Abth. 2 S. 531.

man die Beobachtungen in einer Kugel anstellt. Sie werden einfacher und vielleicht auch genauer als die von Bischof, bei welchen
in dem Basalt bei seiner Abkühlung Sprünge entstanden, wenn dadurch nicht auch ein Anhaltspunkt über die Abkühlungszeit der
Erde erhalten werden soll; man braucht da nur eine möglichst
grosse Kugel von einem dichten, nicht zu schwer zu bearbeitenden
Stoffe, wie Sandstein, in welche für die einzusenkenden Thermometer
radiale Löcher von verschiedener Tiefe gebohrt sind, angemessen
über die Wärme des siedenden Quecksilbers von 350° C. zu erwärmen,
so dass sie beim Abkühlen bald Temperaturen annimmt, die sich
mit Quecksilberthermometern messen lassen. Nach dem Erhitzen
stellt man sie in einem gegen Luftzug geschützten Raume auf drei
Spitzen, deren Verbindungslinien ein horizontales gleichseitiges Dreieck
bilden. Sie ist dann der Erde so ähnlich wie möglich.

Sobald die Wärme so weit heruntergegangen ist, dass Queck-
silberthermometer angewandt werden können, sind diese in die
Löcher zu senken, worauf der neben ihnen noch vorhandene Raum
mit feinem Sande, der am besten aus dem benutzten Sandsteine
herzustellen ist, ausgefüllt wird. Hat auch dieser die Wärme des
Sandsteins angenommen, so können in den verschiedenen Tiefen
die Temperaturen, von denen die Wärme der Umgebung abzuziehen
ist, gemessen werden. Nach weiter fortgeschrittener Abkühlung
kann man dann wieder eine Temperaturreihe ermitteln und, wenn
nöthig, weiter so beobachten. Dies Verfahren gewährt auch den
Vortheil, dass es, wenn die Kugel aufbewahrt wird, zu jeder Zeit
wiederholt werden kann. Von besonderem Interesse würde es sein,
wenn man auch hierbei die von Bischof beobachtete Verzögerung
der Wärmezunahme erhielte.

Über die für die Erde als Ganzes geltende Fortleitung der
Wärme führt Dr. J. Hann Folgendes an[1]:

„Der mathematische Ausdruck für die Temperaturveränderung
(d v) gegen das Innere eines heissen, festen, sich abkühlenden Körpers,
der zum Beginn der Zeit t in seiner ganzen Masse noch eine constante Temperatur hatte, ist nach Fourier gegeben durch (Thomson
und Tait, Theoret. Physik II. 440):

$$\frac{dv}{dx} = b\,e^{\frac{-x^2}{a^2}} = \text{Temperaturveränderung mit der Tiefe,}$$

[1] Zeitschrift der österreichischen Gesellschaft für Meteorologie. XIII. Bd. 1878. S. 23 u. w.

x Tiefe (z. B. engl. Fuss); $a = 2\sqrt{kt}$; t Zeit in Jahren, verflossen seit Beginn der Abkühlung, k Wärmeleitungsvermögen des Körpers, nach Forbes' Beobachtungen in Edinburg $= 400$ in obigen Einheiten, b Wärmezunahme für die Einheit der Tiefenzunahme an der Oberfläche.

Wir können diese Formel auch so schreiben:

$$\frac{dx}{dv}, \text{ d. i. Tiefenstufe für } 1^{\circ} \text{ Wärmezunahme} = pe^{\frac{x^2}{a^2}}$$

$p = 1 : b$ ist der Werth dieser Tiefenstufe an der Oberfläche, der aus den Beobachtungen auch als bekannt angenommen werden kann; e ist die Basis der natürlichen Logarithmen $= 2{,}71828$.

Wie man sieht, wächst die Tiefenstufe mit der Tiefe x nach dem Gesetze $2{,}71828^{\frac{x^2}{a^2}}$. Die mathematische Theorie lehrt also gleichfalls, dass in einem heissen Körper, der durch Strahlung und Wärmeleitung sich abkühlt, die Tiefenstufen für gleichen Wärmezuwachs mit der Tiefe wachsen müssen.

Wir haben jedoch wenig Aussicht, diese Verlangsamung der Wärmezunahme gegen das Erdinnere auch durch Beobachtungen constatiren zu können. Die obige Formel zeigt, dass wir innerhalb der uns erreichbaren Tiefen eine fast völlig gleichmässige Wärmezunahme zu erwarten haben, wenn der Wärmeherd das Erdinnere ist und die Abkühlung selbst erst vor 1 Million Jahren begonnen hätte.

Denn nehmen wir $e^{\frac{-x^2}{a^2}} = 0{,}9$, so erhalten wir für die Tiefe x, in welcher die Wärmezunahme nur mehr 0,9 von der an der Oberfläche (die Tiefenstufe, der reciproke Werth derselben, demnach 1,1, also nur 0,1 grösser ist, als an der Oberfläche), den Werth 130000 engl. Fuss, wenn wir t mit Thomson $= 100$ Millionen Jahre setzen — hingegen 13000 Fuss, wenn wir t gleich 1 Million setzen. Also selbst wenn seit Beginn der äusseren Abkühlung unserer Erde bloss 1 Million Jahre verflossen wären, dürften wir erst in 13000 Fuss oder fast 4000 m Tiefe eine Zunahme der Tiefenstufe (zu Sperenberg von nicht ganz 34 m auf etwas über 37 m) erwarten. Das Bohrloch zu Sperenberg ist aber bloss 4042 preuss. Fuss $= 1269$ m tief, und es könnte die Zunahme daher in keinem Falle hier schon bemerkbar sein [1].

---

[1] „Die Formel für die wachsenden Tiefenstufen wäre etwa: $px = 33{,}7$ $\times 2{,}71828^{\frac{x^2}{a^2}}$; $\log a^2 = 8{,}17213$ für t $= 1$ Million Jahre, hingegen für t $= 100$ Millionen Jahre $10{,}17213$; x in Metern wie px."

Hierzu kommt noch, dass selbst dann, wenn wir 4000 m tief bohren könnten, bis dahin durch die kleinen Fehler, die selbst den besten Beobachtungen anhaften, das Resultat leicht viel mehr als um die winzigen 3 m über oder unter den 37 m liegen könnte.

Wenn man nun aber, wie es wirklich der Fall ist, eine Verlangsamung der Zunahme der Erdwärme mit der Tiefe beobachtet hat, so kann die Ursache ihrer Entstehung nicht dieselbe sein, wie bei der Verlangsamung, die wir nicht beobachten können. Beide sind daher getrennt von einander zu betrachten und die eine kann von der anderen weder abgeleitet werden, noch zu ihrer Bestätigung dienen. Hierzu kommt noch, dass man durch Beobachtung auch Reihen erhalten hat, in denen die Wärme stärker als die Tiefe zunimmt.

Siebentes Capitel.

Berechnung der Temperaturreihen. — Die Temperatur ist auszudrücken als Function der Tiefe. — Entwickelung der Formeln für vollkommen regelmässige Reihen. — Reihen erster Ordnung — Desgleichen zweiter Ordnung mit beschleunigter Wärmezunahme. — Ausdrücke zur Berechnung von drei Constanten. — Reihen zweiter Ordnung mit verzögerter Wärmezunahme. — Diese haben ein Maximum der Temperatur. — Reihen dritter Ordnung. — Diese haben, wenn die Verzögerung der Wärmezunahme nicht sehr gross ist, kein Maximum der Temperatur.

Durch Beobachtungen, die nicht gar zu fehlerhaft waren, hat man noch niemals eine Tiefe erreicht, bis zu welcher die Wärme des Erdkörpers nicht zu-, sondern sogar abgenommen hätte. Die Erdwärme nimmt daher, wie auch wohl von keiner Seite bezweifelt wird, mit der Tiefe zu. Wollte man nur das erfahren, so würde dazu eine verhältnissmässig geringe Zahl von Beobachtungen genügt haben. So wie man sich aber nicht damit begnügte, das Fallen eines Körpers auf die Erde als eine Folge der Schwerkraft erkannt zu haben, sondern auch feststellte, in welchem Maasse das Fallen eintritt, ebenso ist es nicht ausreichend zu wissen, dass die Wärme mit der Tiefe zunimmt, sondern es ist auch das Gesetz und Maass dieser Zunahme so genau zu ermitteln, als es in den uns zugänglichen Tiefen möglich ist. Das ist aber nur zu erreichen durch möglichst fehlerfreie Beobachtungen. Es ist allerdings nicht schwierig, das arithmetische Mittel der Wärmezunahme zu berechnen, aber man erhält dadurch, wie noch gezeigt werden soll, nur in einem besonderen Falle auch das Gesetz der Fortschreitung der Wärme mit der Tiefe.

Wenn man daher durch eine hinreichende Anzahl von Beobachtungen eine Temperaturreihe erhalten hat, so ist das in ihr liegende Gesetz der Zunahme der Wärme mit der Tiefe aufzusuchen und durch eine dem entsprechende Formel auszudrücken, es sei denn, dass man wegen zu grosser Unregelmässigkeit davon abstehen muss. Da es sich hierbei um Grössen handelt, die durch Messung erhalten wurden und deshalb nicht als absolut richtig betrachtet werden können, so müssen die dadurch entstandenen Unregelmässigkeiten ausgeglichen werden, was durch die Methode der kleinsten Quadrate möglich ist.

Öfters werden nur die hiernach durch Berechnung gefundenen Ausdrücke mitgetheilt. Das ist aber nicht zweckmässig, wenn sich unter den Lesern auch solche befinden, die sich zwar für den Gegenstand interessiren oder, was noch wichtiger ist, Gelegenheit haben, selbst zu beobachten, aber bisher noch keine Veranlassung hatten, sich mit der hierbei anzuwendenden Art der Berechnung bekannt zu machen und deren Interesse leiden würde, wenn sie die entwickelten Ausdrücke hinnehmen müssten, ohne sich von ihrer Entstehung Rechenschaft geben zu können.

Es soll daher im Folgenden die Bildung der Formeln und die danach auszuführende Rechnung so eingehend erörtert und durch Beispiele erläutert werden, dass auch der Ungeübte im Stande sein wird, eigene oder fremde Beobachtungen nach dem hier angewandten Verfahren sofort richtig zu berechnen. Das ist bei einem verhältnissmässig geringen Umfange möglich, weil die Theorie des Verfahrens, soweit sie der Methode der kleinsten Quadrate angehört, hier nicht zu entwickeln ist. Dem entspricht es selbst, dass W. v. Freeden[1] es nicht ohne Vortheil findet, erst die mühsamen praktischen Arbeiten durchzumachen, ehe man sich zum ernsten Studium der ganzen Theorie entschliesst.

Über die Beziehung zwischen Temperatur und Tiefe hat derselbe bemerkt[2], man erhalte zwar dadurch, dass man die Temperatur

---

[1] Die Praxis der Methode der kleinsten Quadrate. 1863. Vorrede S. VI.
[2] Daselbst S. 34.

als Function der Tiefe darstelle, eine Formel, welche sich den wirklich beobachteten Temperaturen sehr genau anschliesse, nur werde man die Temperaturzunahme nicht im einfachen Verhältnisse der Tiefe proportional setzen dürfen, der Function also nicht die Form

Temperatur der Tiefe = Temperatur der Oberfläche $+ \alpha S$,

sondern lieber gleich die Form

Temperatur der Tiefe = Temperatur der Oberfläche $+ \alpha S + \beta S^2$

geben müssen, indem man sich unter α den der Tiefe S und unter β den dem Quadrate der Tiefe proportionalen Antheil der Wärmezunahme zu denken habe.

Wird aber aus später anzuführenden Gründen von der Temperatur der Oberfläche nicht ausgegangen, so ist noch eine weitere, von der Tiefe unabhängige Constante erforderlich, die Temperatur der Tiefe $= T$ also auszudrücken durch

$$T = \alpha + \beta S + \gamma S^2.$$

Wenn man aber genügenden Grund zu der Annahme hat, dass die Temperatur wie die Tiefe zunehme, ist, wie es schon von Poisson geschah[1], der Ausdruck

$$T = \alpha + \beta S$$

anzuwenden. Die Ermittelung der Constanten α, β und γ erfolgt durch die Methode der kleinsten Quadrate.

Diese beiden Formeln entsprechen zugleich arithmetischen Reihen der Temperaturen, die erste einer Reihe zweiter und die zweite einer Reihe erster Ordnung. Das Fortschreiten der Temperatur mit der Tiefe wird durch sie besonders gut dargestellt. Sie werden, weil sie die allgemeine Bedeutung haben, dass in ihnen T eine algebraische ganze Function der veränderlichen S ist, auch dann angewandt, wenn man nicht gerade an arithmetische Reihen denkt. Hier sollen sie nur als Ausdrücke für arithmetische Reihen betrachtet werden, weil dies dem wirklichen Vorkommen am besten entspricht und man dadurch am einfachsten auf manche Eigenschaften der Temperaturreihen geführt wird.

Dass diese Formeln, die, weil die Temperatur als Function der Tiefe darzustellen ist, nicht die Gestalt der gewöhnlichen Formeln für arithmetische Reihen haben können, arithmetische Reihen ergeben, ist leicht zu ersehen, wenn man für die Temperatur Reihen bildet, die schon vollkommen regelmässig sind und dann für dieselben auf dem gewöhnlichen algebraischen Wege jene Formeln entwickelt.

[1] Pogg. Ann. Bd. 38 S. 595.

Da nun solche Reihen mit den beobachteten insofern übereinstimmen, als die letzteren durch die Methode der kleinsten Quadrate
auch vollkommen regelmässig werden und manches, was in Betracht
kommt, sich am einfachsten an regelmässigen Reihen zeigen lässt,
so sollen die betreffenden Gleichungen zunächst für völlig regelmässige Reihen entwickelt werden.

Reihen dieser Art sind im Folgenden zunächst immer so gebildet, wie sie ähnlich auch in der Natur vorkommen könnten, oder
es ist darauf hingewiesen, dass dies nicht der Fall sei. Um in
Übereinstimmung mit den Sperenberger Beobachtungen zu bleiben,
sind die Tiefen nach rheinländischen Fussen und die Temperaturen
nach Réaumur'schen Graden angenommen worden.

A. Reihen erster Ordnung.

Gesetzt man hätte

in den Tiefen	0	200	400	600	800 . . .
die Temperaturen	8	10	12	14	16 . . .
also die Temperaturzunahmen . .		2	2	2	2

da die Reihe erster Ordnung sein soll, so müssen zu gleichen Tiefenzunahmen gleiche Wärmezunahmen gehören.

Um nun hier die Temperatur als Function der Tiefe darzustellen,
hat man nur zu schliessen: die zu einem beliebigen, z. B. dem zweiten
Gliede der Reihe gehörende Temperatur $= 10$, allgemein $= T$, entsteht dadurch, dass zu dem Anfangsgliede t, hier $= 8$, etwas hinzukommt, welches nach einer constanten Grösse α abhängig ist von
der Tiefe S, hier $= 200$, das heisst es ist

$$10 = 8 + \alpha . 200 \text{ oder}$$
$$\alpha . 200 = 2, \text{ also}$$
$$\alpha = 0{,}01$$

Dies gilt für alle Glieder der Reihe, also auch für die zwischen
den angeführten liegenden. Die Gleichung für diese Reihe ist also

$$T = 8 + 0{,}01 \, S,$$

wonach jedes ihrer Glieder berechnet werden kann. Allgemein sind
also Reihen dieser Art ausgedrückt durch

$$T = t + \alpha S,$$

woraus ersichtlich ist, dass da zum Anfangsgliede der Reihe $= t$
immer etwas hinzukommt, die Wärme mit der Tiefe ohne Ende
zunimmt.

Wenn schon die oberste Temperatur unter der Oberfläche liegt, so kann man ihre Tiefe als Oberfläche betrachten, das heisst sie für die Rechnung von allen Tiefen abziehen, wodurch man auf den vorigen Fall zurückkommt. Durch eine solche Verschiebung der Oberfläche wird an dem in der Reihe liegenden Gesetze nichts geändert, weil dasselbe nicht in der Verbindung der Temperatur mit einer bestimmten Tiefe, sondern in der Veränderung der Temperatur mit der Tiefe besteht. Diesem Verfahren entspricht, wenn man die Tiefe, in welcher die oberste Temperatur liegt, mit n bezeichnet, die Gleichung

$$T = t + \alpha (S - n).$$

Soll ein solches Verfahren nicht eingeschlagen werden, so muss man noch eine zweite, von der Tiefe unabhängige Constante annehmen, wodurch die Gleichung die Gestalt

$$T = \alpha + \beta S$$

erhält und aus zwei beliebigen, unmittelbar neben, oder auch entfernt von einander liegenden Gliedern der Reihe zwei Gleichungen bilden, in welchen die Constanten α und β zu bestimmen sind. Gesetzt, die obige Reihe finge mit der Tiefe 100 an, man hätte also:

$$S = 100 \quad 300 \quad 500 \quad 700 \quad 900$$
$$T = 8 \quad\quad 10 \quad\quad 12 \quad\quad 14 \quad\quad 16$$

Aus dem ersten und zweiten Gliede derselben hat man

$$\alpha + \beta . 100 = 8$$
$$\alpha + \beta . 300 = 10$$

oder allgemein, wenn man die kleinere Tiefe mit a_1 und die grössere mit a_2, die kleinere Temperatur mit b_1 und die grössere mit b_2 bezeichnet

$$\alpha + \beta . a_1 = b_1$$
$$\alpha + \beta . a_2 = b_2$$

und daraus

$$\alpha = \frac{a_2 b_1 - a_1 b_2}{a_2 - a_1} = \frac{300 . 8 - 100 . 10}{300 - 100} = +7$$
$$\beta = \frac{b_2 - b_1}{a_2 - a_1} = \frac{10 - 8}{300 - 100} = +0{,}01$$

Die Gleichung für diese Reihe ist also

$$T = 7 + 0{,}01 \, S.$$

Der Generalnenner der Quotienten für α und β kann nur positiv werden, weil stets $a_2 > a_1$ ist. Dasselbe gilt für den Zähler von β, weil stets $b_2 > b_1$ ist. Es muss also β stets positiv werden, wie es auch nicht anders sein kann, weil bei einer Reihe erster Ordnung die Temperaturen mit der Tiefe ohne Ende zunehmen. Die Constante α wird positiv, wenn wie im vorstehenden Beispiele $a_2 b_1 > a_1 b_2$; negativ, wenn $a_2 b_1 < a_1 b_2$, und gleich Null, wenn $a_2 b_1 = a_1 b_2$.

Bleiben die einzelnen Tiefenzunahmen und die Temperaturen dieselben, wie in der angeführten Reihe, so erhält man z. B., wenn die oberste Beobachtung liegt in

$$500 \text{ Tiefe } T = 3 + 0{,}01 \, S$$
$$1000 \quad , \quad T = -2 + 0{,}01 \, S,$$

woraus ersichtlich ist, dass die erste Constante einen desto kleineren Werth erhält, je grösser die erste Tiefe gegen die erste Temperatur geworden ist, so dass sie zuletzt negativ werden muss.

Die Anwendung von zwei Constanten vermindert etwas die Anschaulichkeit der entwickelten Formeln, denn während bei einer Constante das erste Glied der Gleichung zugleich das Anfangsglied der Temperaturreihe bildet und das zweite die Zunahme der Temperatur mit der Tiefe ausdrückt, ist bei zwei Constanten dieser Zusammenhang weniger ersichtlich, und am wenigsten, wenn die erste Constante negativ geworden ist. Dass man für die erste Constante einen negativen Werth erhält, kann bei beobachteten Reihen nicht vorkommen, weil niemals, wie in dem zuletzt angeführten Beispiele, zu der Tiefe = 1000 eine so geringe Temperatur wie 8 gehören wird, es sei denn, dass man für die Tiefen eine ausserordentlich kleine Maasseinheit wählen wollte, was zu unzweckmässig wäre, als dass es sich voraussetzen lässt. Gesetzt man hätte

$$S = 1000 \quad 1200 \quad 1400 \quad 1600 \quad 1800$$
$$T = 20 \quad\quad 22 \quad\quad 24 \quad\quad 26 \quad\quad 28$$

Hier sind die Zunahmen der Tiefen und Temperaturen dieselben, wie für die Entstehung von $\alpha = -2$, die Anfangstemperatur ist aber so gewählt, wie sie für 1000 Fuss Tiefe wirklich vorkommen kann. Man erhält dadurch

$$T = 10 + 0{,}01 \, S,$$

also die erste Constante positiv.

In der Reihe

$$S = 100 \quad 125 \quad 150 \quad 175 \quad 200$$
$$T = 8 \quad\quad 10 \quad\quad 12 \quad\quad 14 \quad\quad 16$$

wird $\alpha = $ Null, $\beta = 0{,}08$ und $T = 0{,}08 \, S$.

Auch dies kann in Wirklichkeit nicht vorkommen, weil, wenn man die Maasseinheit für die Tiefen nicht übermässig gross annimmt, zu der geringen Tiefenzunahme = 25, niemals die bedeutende Temperaturerhöhung = 2 gehören wird.

B. Reihen zweiter Ordnung.

Man habe

$S = 0$	200	400	600	800	1000
$T = 8$	9,5	11,05	12,65	14,3	16
Differenzen 1,5	1,55	1,6	1,65	1,7	
„	0,05	0,05	0,05	0,05	

Es sind, entsprechend dem Charakter einer Reihe zweiter Ordnung, zwei Constanten anzunehmen, von denen die erste zur Tiefe, die zweite zum Quadrate der Tiefe gehört und aus zwei Gliedern der Reihe zwei Gleichungen zu bilden, z. B.

$$9,5 = 8 + \alpha . 200 + \beta . 200^2$$
$$11,05 = 8 + \alpha . 400 + \beta . 400^2 \text{ oder}$$

$$\overset{a_1}{\alpha . 200} + \overset{b_1}{\beta . 40000} = \overset{k_1}{1,5}$$

$$\overset{a_2}{\alpha . 400} + \overset{b_2}{\beta . 160000} = \overset{k_2}{3,05}$$

und allgemein, wenn man die in Gleichungen dieser Art gegebenen Zahlen durch die darüber gesetzten Buchstaben ausdrückt

$$\alpha . a_1 + \beta . b_1 = k_1$$
$$\alpha . a_2 + \beta . b_2 = k_2,$$

woraus man erhält

$$\alpha = \frac{k_1 b_2 - k_2 b_1}{a_1 b_2 - a_2 b_1} = \frac{1,5 . 160000 - 3,05 . 40000}{200 . 160000 - 400 . 40000} = + 0,007375$$

$$\beta = \frac{a_1 k_2 - a_2 k_1}{a_1 b_2 - a_2 b_1} = \frac{200 . 3,05 - 400 . 1,5}{200 . 160000 - 400 . 40000} = + 0,000000625$$

Die Gleichung für diese Reihe ist also

$$T = 8 + 0,007375 \, S + 0,000000625 \, S^2$$

und allgemein

$$T = t + \alpha S + \beta S^2.$$

In einer Reihe zweiter Ordnung muss wegen des letzten Gliedes ihrer Gleichung die Temperatur entweder schneller oder nicht so schnell wie die Tiefe zunehmen. Bei der vorliegenden Reihe ist, wie man aus ihrer ersten Differenzreihe ersieht, ersteres der Fall (beschleunigte Reihe). Die Temperaturen nehmen daher mit der

Tiefe ohne Ende zu und bei normalen Verhältnissen werden alle Glieder der Gleichung positiv.

Liegt schon die oberste Beobachtung in einer Tiefe $= n$, so kann man wieder, wie bei einer Reihe erster Ordnung, die Oberfläche für die Rechnung um jene Tiefe herunterschieben, also nach der Gleichung -

$$T = t + \alpha(S - n) + \beta(S - n)^2$$

rechnen, wodurch man auf den vorstehenden Fall zurückkommt. Geschieht dies nicht, so muss man eine dritte, von der Tiefe unabhängige Constante annehmen, also von der Gleichung $T = \alpha + \beta S + \gamma S^2$ ausgehen und zur Bestimmung der drei Constanten aus drei Gliedern der Reihe drei Gleichungen bilden.

Gesetzt, die obige Reihe finge mit der Tiefe $= 100$ an, man hätte also

$$S = 100 \quad 300 \quad 500 \quad 700 \quad 900 \quad 1100$$
$$T = 8 \quad 9{,}5 \quad 11{,}05 \quad 12{,}65 \quad 14{,}3 \quad 16$$

so erhält man die drei Gleichungen

$$\overset{a_1}{\alpha} + \overset{b_1}{\beta} . 100 + \overset{c_1}{\gamma} . 10000 = \overset{k_1}{8}$$

$$\overset{a_2}{\alpha} + \overset{b_2}{\beta} . 300 + \overset{c_2}{\gamma} . 90000 = \overset{k_2}{9{,}5}$$

$$\overset{a_3}{\alpha} + \overset{b_3}{\beta} . 500 + \overset{c_3}{\gamma} . 250000 = \overset{k_3}{11{,}05}$$

und allgemein, wenn man die hierin gegebenen Zahlen durch die darüber gesetzten Buchstaben ausdrückt:

$$\alpha . a_1 + \beta . b_1 + \gamma . c_1 = k_1$$
$$\alpha . a_2 + \beta . b_2 + \gamma . c_2 = k_2$$
$$\alpha . a_3 + \beta . b_3 + \gamma . c_3 = k_3$$

Hieraus sind die Ausdrücke für die Quotienten zu entwickeln, durch welche die Unbekannten α, β und γ bestimmt werden, wobei jedesmal im Zähler und Nenner je zwei Producte und ein gemeinschaftlicher Factor sich aufheben. Man erhält hierdurch den Zähler

$$\text{von } \alpha = k_1 (b_2 c_3 - b_3 c_2) + k_2 (b_3 c_1 - b_1 c_3) + k_3 (b_1 c_2 - b_2 c_1)$$
$$\text{,, } \beta = a_1 (k_2 c_3 - k_3 c_2) + a_2 (k_3 c_1 - k_1 c_3) + a_3 (k_1 c_2 - k_2 c_1)$$
$$\text{,, } \gamma = a_1 (b_2 k_3 - b_3 k_2) + a_2 (b_3 k_1 - b_1 k_3) + a_3 (b_1 k_2 - b_2 k_1)$$

und den Generalnenner für die drei Unbekannten

$$= a_1 (b_2 c_3 - b_3 c_2) + a_2 (b_3 c_1 - b_1 c_3) + a_3 (b_1 c_2 - b_2 c_1).$$

Dieselben Ausdrücke erhält man auf kürzerem Wege durch die Entwickelung mittelst Determinanten. Die Zahlen in den Gleichungen sind hier, wie auch schon vorher, durch Buchstaben in der Weise bezeichnet, wie es beim Gebrauche der Determinanten zu geschehen pflegt. Hierdurch wird bei der Rechnung die Vermeidung von Verwechselungen erleichtert, weil die Indices jener Buchstaben gewisse Permutationen bilden müssen.

Bei Entwickelung der Eliminationsausdrücke entstehen Zwischengleichungen. Unter Benutzung derselben erhält man, wenn α gefunden worden ist, β und γ auch durch Substitution, z. B.

$$\beta = \frac{(k_1 c_3 - k_3 c_1) - (a_1 c_3 - a_3 c_1)\,\alpha}{b_1 c_3 - b_3 c_1}$$

$$\gamma = \frac{k_1 - \alpha \cdot a_1 - \beta \cdot b_1}{c_1}$$

Weiteres über ein solches Verfahren wird bei der Berechnung beobachteter Reihen angeführt werden.

In Fällen, wie der vorliegende, auf eine schon regelmässige Reihe sich beziehende, ist $a_1 = a_2 = a_3 = 1$, nicht aber in anderen Fällen, für welche die Ausdrücke ebenfalls bestimmt sind.

Als Gleichung für die vorstehende Reihe erhält man

$$T = 7{,}26875 + 0{,}00725 \cdot S + 0{,}000000625 \cdot S^2$$

Für dieselbe Reihe erhielte man weiter, wenn sie z. B. anfinge mit

200 Tiefe, $T = 6{,}55 + 0{,}007125\,S + 0{,}000000625\,S^2$
1000 „ $T = 1{,}25 + 0{,}006125\,S + 0{,}000000625\,S^2$
2000 „ $T = -4{,}25 + 0{,}004875\,S + 0{,}000000625\,S^2$

Auch hier ist ersichtlich, dass die erste Constante desto kleiner wird, je grösser die erste Tiefe gegen die erste Temperatur geworden ist, so dass sie zuletzt negativ werden muss, dass letzteres aber bei beobachteten Reihen nicht vorkommen kann, weil niemals zu 2000 Fuss Tiefe eine so geringe Temperatur wie 8 gehören wird. Nimmt man zu dieser Tiefe, unter Beibehaltung der sonstigen Verhältnisse, eine Temperatur, wie sie wirklich vorkommen kann, setzt man also z. B.

$S =$	2000	2200	2400	2600	2800	3000
$T =$	27	28,5	30,05	31,65	33,3	35

so wird

$$T = 14{,}75 + 0{,}004875 \cdot S + 0{,}000000625\,S^2$$

also die erste Constante positiv.

Es sei weiter

$S =$	0	200	400	600	800	1000
$T =$	8	9,7	11,35	12,95	14,5	16
Differenzen	1,7	1,65	1,6	1,55	1,5	
„		0,05	0,05	0,05	0,05	

Aus der ersten Differenzreihe ist ersichtlich, dass die Temperatur nicht so schnell wie die Tiefe zunimmt. (Verzögerte Reihe.) Es ergiebt sich

$$T = 8 + 0{,}008625\,S - 0{,}000000625\,S^2$$

und allgemein

$$T = t + \alpha S - \beta S^2.$$

Bei verzögerten Reihen zweiter Ordnung wird also die zum Quadrat der Tiefe gehörende Constante negativ. Da die Wärme bei ihnen für gleiche Tiefenzunahmen immer weniger zunimmt, so muss diese Zunahme in einer bestimmten Tiefe aufhören. Rechnet man nach der entwickelten Formel über diese Tiefe hinaus, so wird das letzte Glied der Gleichung grösser als das vorletzte, was eine Abnahme der Temperaturen zur Folge hat. Solche Reihen haben daher ein Maximum der Temperatur und erhalten dadurch bei graphischer Darstellung einen parabolischen Charakter. Die Tiefe, in welcher das Maximum der Temperatur eintritt, erhält man nach einem bekannten Satze der Differentialrechnung, wenn die zur Tiefe gehörende Constante durch das Zweifache der zum Quadrat der Tiefe gehörenden Constante dividirt wird, also durch den Quotienten $\frac{\alpha}{2 \cdot \beta}$. Unter Einführung dieser Tiefe findet man dann durch die Gleichung für die Reihe die dazu gehörende Temperatur.

Im vorstehenden Beispiele hat man $\frac{\alpha}{2 \cdot \beta} = \frac{0{,}008625}{2 \cdot 0{,}000000625} = 6900$ und die zu dieser Tiefe gehörende Temperatur $T = 37{,}75625$. Für $S = 6910$ erhält man $T = 37{,}75619$, also schon etwas kleiner.

Setzt man in der Formel für diese Reihe $T = \text{Null}$ und löst die dadurch entstandene quadratische Gleichung auf, so erhält man die Tiefe, in welcher die Temperatur $= \text{Null}$ wird, $S = 14664$.

Für dieselbe Reihe erhielte man, wenn sie anfinge mit

100 Tiefe,	$T = 7{,}13125 + 0{,}00875\,S - 0{,}000000625\,S^2$
200 „	$T = 6{,}25 + 0{,}008875\,S - 0{,}000000625\,S^2$
1000 „	$T = -1{,}25 + 0{,}009875\,S - 0{,}000000625\,S^2$

und wenn man für dieselben Temperatur- und Tiefenzunahmen zu dem Tiefenanfange $= 1000$ eine Temperatur nimmt, wie sie wirklich vorkommen kann, also z. B.

S =	1000	1200	1400	1600	1800	2000
T =	20	21,7	23,35	24,95	26,5	28

so erhält man

$$T = 10{,}75 + 0{,}009875\,S - 0{,}000000625\,S^2,$$

also α wieder positiv.

Wenn man bei den regelmässigen Reihen zur Bildung einer Formel für eine Reihe erster Ordnung dasselbe Verfahren anwendet, wie für eine Reihe zweiter Ordnung, so wird die zum Quadrate der Tiefe gehörende, das heisst die unnöthig hinzugezogene Constante, zu Null, also die Formel für eine Reihe erster Ordnung erhalten. Hieraus folgt, dass eine Reihe zweiter Ordnung, sie sei beschleunigt oder verzögert, sich desto weniger von einer Reihe erster Ordnung unterscheidet, je kleiner die zum Quadrat der Tiefe gehörende Constante gegen die zur Tiefe gehörende ist.

C. Reihen dritter Ordnung.

Einer Reihe dritter Ordnung entspricht, wenn die oberste Temperatur der Oberfläche angehört, die Gleichung

$$T = t + \alpha S + \beta S^2 + \gamma S^3$$

und, wenn zwar schon die oberste Temperatur in einer Tiefe $= n$ liegt, die Oberfläche aber für die Rechnung um diese Tiefe heruntergeschoben wird, die Gleichung

$$T = t + \alpha (S - n) + \beta (S - n)^2 + \gamma (S - n)^3.$$

Man muss also aus drei Gliedern der Reihe drei Gleichungen bilden und daraus die drei Constanten bestimmen.

Nimmt die Wärme schneller zu als die Tiefe, so werden alle Glieder der Gleichung positiv, wenn sie aber nicht so schnell wie die Tiefe zunimmt, wird die zum Quadrate der Tiefe gehörende Constante negativ, während die übrigen Glieder der Gleichung positiv bleiben.

Wurde die Reihe so gebildet, dass die Verzögerung der Temperaturzunahme sehr gross ist, so liegt in der Tiefe S, beziehungsweise $S - n = \dfrac{\beta}{3\gamma} - \sqrt{\left(\dfrac{\beta}{3\gamma}\right)^2 - \dfrac{\alpha}{3\gamma}}$ ein Maximum in der Tiefe

$\dfrac{\beta}{3\gamma} + \sqrt{\left(\dfrac{\beta}{3\gamma}\right)^2 - \dfrac{\alpha}{3\gamma}}$ ein Minimum der Temperatur und weil das letztere zur grösseren Tiefe gehört, so nimmt von ihm an die Wärme mit der Tiefe ohne Ende zu. Reihen von der für das Maximum und Minimum erforderlichen grossen Verzögerung sind aber bis jetzt durch Beobachtung selbst dann nicht gefunden, wenn die Verzögerung durch störende Einflüsse ungewöhnlich gesteigert wurde und man wird sie auch wohl niemals finden können. Ist die Verzögerung nicht so gross, so wird $\dfrac{\alpha}{3\gamma} > \left(\dfrac{\beta}{3\gamma}\right)^2$, demnach die Wurzelgrösse imaginär. Es findet dann also weder ein Maximum noch ein Minimum der Temperatur statt und die Wärme nimmt zwar wegen des negativen Werthes des dritten Gliedes der Gleichung zunächst nicht so stark wie die Tiefe, später aber, weil das letzte Glied der Gleichung positiv bleibt und grösser als das vorletzte wird, mit der Tiefe ohne Ende zu.

Wenn die oberste Temperatur nicht in der Oberfläche liegt und die Oberfläche nicht bis zur Tiefe jener Temperatur herunter geschoben werden soll, so ist, entsprechend dem, was für einen solchen Fall bei den Reihen zweiter Ordnung angeführt wurde, nach der Formel

$$T = \alpha + \beta S + \gamma S^2 + \delta S^3$$

zu rechnen. Es sind also zur Bestimmung der 4 Constanten aus 4 Gliedern der Reihe 4 Gleichungen zu bilden. Für eine beschleunigte Reihe werden wieder alle Glieder der Gleichung positiv, für eine verzögerte Reihe wird nur γS^2 negativ und die Möglichkeit eines Maximums und Minimums der Temperatur hört auf, wenn $\frac{\beta}{3\delta} > \left(\frac{\gamma}{3\delta}\right)^2$.

Es wird später erörtert werden, warum bei der Berechnung beobachteter Reihen von der Annahme einer Reihe dritter Ordnung abgesehen werden soll.

Achtes Capitel.

Berechnung beobachteter Temperaturreihen nach der Methode der kleinsten Quadrate. — Reihen zweiter Ordnung mit als unabänderlich betrachtetem Anfangsgliede. — Mittel zur Abkürzung der grossen Zahlen. — Beobachtungen in der Grube Maria bei Aachen, berechnet als Reihe zweiter Ordnung, die Tiefen von der Oberfläche an gerechnet. — Ausdrücke für die wahrscheinlichen Fehler und ihre Grenzen. — Algebraische Summe der Abweichungen der Berechnung von der Beobachtung. — Die 9 Beobachtungen von Sperenberg, berechnet als Reihe zweiter Ordnung mit Herunterschiebung der Oberfläche für die Rechnung um die Tiefe der obersten Beobachtung.

Bei den vollkommen regelmässigen Reihen liegt das Gesetz der Fortschreitung der Temperaturen schon in so viel aus Gliedern der jedesmaligen Reihe gebildeten Gleichungen als Unbekannte zu bestimmen sind. Solche Gleichungen konnten daher durch die gewöhnliche Algebra gelöst werden. Vollkommen regelmässige Reihen erhält man aber selbst dann, wenn sie im Erdkörper vorhanden sind, durch die angestellten Beobachtungen nicht, weil von diesen auch die besten noch mit kleinen Fehlern behaftet sind und wenn zufällig die eine oder die andere ganz richtig sein sollte, so ist das nicht ohne weiteres zu erkennen, weil das in der Reihe liegende Gesetz nicht vorher genau feststeht, sondern erst gesucht werden soll. Ausserdem können sich dabei Veränderungen in der Wärmeleitungsfähigkeit des Gesteins geltend machen, selbst wenn sie nicht gross genug sind, das Gesetz der Wärmefortschreitung zu verdunkeln. Wären nur so viel Gleichungen als zur numerischen Bestimmung der Unbekannten erforderlich sind gegeben, so liesse sich zwar aus ihnen ein Ausdruck für die Wärmefortschreitung bilden, aber er würde, weil an den Beobachtungen keine verbessernde Abänderung vorgenommen werden kann, wie bei den ursprünglich regelmässigen Reihen, nur auf die gegebenen Temperaturen zurückführen. Diese wenigen Beobachtungen, deren hinreichende Richtigkeit nicht erwiesen ist, könnten das Gesetz der Fortschreitung der Wärme nur mangelhaft, und wenn weitere Beobachtungen das in den wenigen benutzten liegende Gesetz geändert haben würden, sogar ganz unrichtig angeben. Da man ausserdem eine Grösse durch die Beobachtung sowohl etwas zu gross, als zu klein finden kann, so gewährt die Vermehrung der Beobachtungen die Möglichkeit, dass auf entgegengesetzten Seiten liegende Fehler sich ganz oder zum Theil aufheben. Dieser günstige Umstand tritt allerdings hier nicht besonders hervor, weil er sich hauptsächlich nur beim Ablesen der Grade an den Thermometern zeigen kann, während man durch die, für die Entwickelung des Gesetzes der Wärmezunahme allein in Betracht kommenden, vom störenden Einflusse der Circulation des Wassers oder der Luft befreiten Beobachtungen die Wärme, die Vermeidung grober Fehler vorausgesetzt, wohl etwas zu klein, aber nicht zu gross finden kann, die hierdurch entstehenden Fehler, also nur auf eine Seite fallen, wenn auch noch hierbei durch Vermehrung der Fälle eine Verbesserung erfolgen wird. Dies wird aber etwas ausgeglichen dadurch, dass jede hinzukommende Beobachtung, wenn sie in einer grösseren Tiefe als die anderen liegt, die Reihe verlängert, sie sicherer macht und dadurch die Berechtigung vergrössert, sie, nach der entwickelten Formel rechnend, über die Grenze der Beobachtungen hinaus fortzusetzen. Hieraus folgt der hohe Werth möglichst tiefer Bohrlöcher oder Bergwerke für die Beobachtungen, wenn auch die grösste erreichbare Tiefe immer noch sehr klein gegen den Erdhalbmesser bleiben muss.

Es müssen also, um das Gesetz der Fortschreitung der Wärme mit der Tiefe hinreichend genau zu finden, wesentlich mehr Beobachtungen und aus ihnen gebildete Gleichungen, als zu bestimmende Unbekannte, vorhanden sein. Man hat dann also aus m Gleichungen nur m — n Unbekannte zu bestimmen. Zur Lösung dieser Aufgabe dient die Methode der kleinsten Quadrate, deren Richtigkeit in den betreffenden Werken nachgewiesen wird und nach welcher in folgender Weise zu verfahren ist.

Wie bei den ursprünglich regelmässigen Reihen aus den zur Formelbildung benutzten Gliedern der Reihe Gleichungen gebildet wurden, so drückt man jetzt das Resultat jeder Beobachtung durch eine Bedingungsgleichung aus, deren Charakter sich nach dem für die Reihe angenommenen richtet und derselbe ist, wie ihn die Gleichung erhalten soll, deren Entwickelung durch die Rechnung bezweckt wird. Durch die Multiplication einer jeden so gebildeten ursprünglichen Gleichung mit dem Factor der ersten in ihr vorkommenden unbekannten Grösse und Addition aller dadurch entstandenen Gleichungen erhält man eine Gleichung, die im Gegensatze zu den ursprünglichen Gleichungen Normalgleichung genannt zu werden pflegt; durch Multiplication jeder ursprünglichen Gleichung mit dem Factor der zweiten in ihr vorkommenden Unbekannten und Addition aller dadurch entstandenen Gleichungen die zweite Normalgleichung und in ganz ähnlicher Weise fortfahrend die übrigen Normalgleichungen. Es entstehen also ebensoviel Normalgleichungen, als Unbekannte vorhanden sind. Aus den Normalgleichungen findet man durch die gewöhnliche Elimination die Constanten, das heisst für die unbekannten Werthe, welche den wahren Werthen so nahe kommen, dass die Summe der Quadrate der übrig bleibenden Fehler kleiner als für jeden anderen Werth der Constanten wird. Bezeichnet man also das Resultat jeder benutzten Beobachtung mit M und den dafür durch die Berechnung nach der entwickelten Formel gefundenen Werth mit F, so ist der jedesmalige übrig bleibende, positive oder negative Fehler $F - M$, also $\Sigma (F - M)^2$ die Summe der Quadrate dieser Fehler.

Aus im Folgenden anzuführenden Gründen ist meistens von der Annahme auszugehen, dass die Temperaturen eine arithmetische Reihe zweiter Ordnung bilden.

Der einfachste Fall ist hierbei der, dass die oberste Temperatur

7*

der Oberfläche angehört, oder die Oberfläche für die Rechnung um die Tiefe der obersten Beobachtung herunter geschoben und angenommen wird, diese Beobachtung sei wie bei den vollkommen regelmässigen Reihen keiner Verbesserung bedürftig, oder dass man den Fehler, welcher durch Ausschliessung derselben von der Correctur entsteht, glaubt unbeachtet lassen zu können. Es kommen also dabei die Ausdrücke $T = t + \alpha S + \beta S^2$ oder $T = t + \alpha (S - n) + \beta (S - n)^2$ zur Anwendung.

Zur Erläuterung dieses Falls mag, seiner verhältnissmässigen Einfachheit wegen, nur ein kleines erdachtes Beispiel dienen. Es seien

die Tiefen . . . . $S = 0 \quad 100 \quad 200 \quad 300 \quad 400 \quad 500$
die Temperaturen . $T = 7 \quad 7,9 \quad 8,6 \quad 9,4 \quad 10,9 \quad 11,8$

Die Bedingungsgleichungen sind

$$7,9 = 7 + \alpha . 100 + \beta . 100^2$$
$$8,6 = 7 + \alpha . 200 + \beta . 200^2$$
$$9,4 = 7 + \alpha . 300 + \beta . 300^2$$
$$10,9 = 7 + \alpha . 400 + \beta . 400^2$$
$$11,8 = 7 + \alpha . 500 + \beta . 500^2$$

oder, unter Beseitigung der Zahl 7, die Gleichungen

$$\alpha . S + \beta . S^2 = \mu$$
$$\alpha . 100 + \beta . 10000 = 0,9$$
$$\alpha . 200 + \beta . 40000 = 1,6$$
$$\alpha . 300 + \beta . 90000 = 2,4$$
$$\alpha . 400 + \beta . 160000 = 3,9$$
$$\alpha . 500 + \beta . 250000 = 4,8$$

Durch Multiplication einer jeden dieser Gleichungen mit dem Coëfficienten der ersten Unbekannten α, also mit der jedesmaligen Tiefe und Addition der so gebildeten Gleichungen erhält man

$$\alpha . S^2 + \beta . S^3 = \mu . S$$
$$\alpha . 10000 + \beta . 1000000 = 90$$
$$\alpha . 40000 + \beta . 8000000 = 320$$
$$\alpha . 90000 + \beta . 27000000 = 720$$
$$\alpha . 160000 + \beta . 64000000 = 1560$$
$$\alpha . 250000 + \beta . 125000000 = 2400$$
$$\overline{\alpha . 550000 + \beta . 225000000 = 5090}$$
$$a_1 \qquad b_1 \qquad k_1$$

als erste Normalgleichung.

Durch Multiplication jeder Bedingungsgleichung mit dem Coëfficienten der zweiten Unbekannten β, also mit dem jedesmaligen Quadrate der Tiefe und Addition der dadurch entstandenen Gleichungen erhält man

$$\alpha . \quad S^3 \quad + \beta . \quad S^4 \quad = \mu . S^2$$

α .	$1000000 + \beta$. $100000000 =$	9000
α .	$8000000 + \beta$. $160000000 =$	64000
α .	$27000000 + \beta$. $810000000 =$	216000
α .	$64000000 + \beta$. $2560000000 =$	624000
α .	$125000000 + \beta$. $6250000000 =$	1200000
α .	$225000000 + \beta$. $97900000000 =$	2113000

$$a_2 \qquad b_2 \qquad k_2$$

als zweite Normalgleichung.

Aus diesen beiden Normalgleichungen findet man, da hier die Grössen auf den rechten Seiten der Normalgleichungen die früher mit k_1 und k_2 bezeichneten vertreten

$$\alpha = \frac{k_1 b_2 - k_2 b_1}{a_1 b_2 - a_2 b_1} = + 0,007107455$$

$$\beta = \frac{a_1 k_2 - a_2 k_1}{a_1 b_2 - a_2 b_1} = + 0,000005248447$$

Die Formel für die Reihe ist also

$$T = 7 + 0,007107455\, S + 0,000005248447\, S^2,$$

wonach, weil das letzte Glied der Gleichung positiv geworden ist, die Wärme schneller als die Tiefe zunimmt.

Eine Vergleichung der angenommenen mit den nach der Formel berechneten Temperaturen ergiebt

Tiefen	Temperaturen nach der		$F - M$	$(F - M)^2$
	Annahme M	Berechnung F		
0	7	7	0	0
100	7,9	7,763	$- 0,137$	0,0188
200	8,6	8,631	$+ 0,031$	0,00096
300	9,4	9,605	$+ 0,205$	0,0420
400	10,9	10,683	$- 0,217$	0,0471
500	11,8	11,866	$+ 0,066$	0,0044
			$\Sigma (F - M)^2 =$	0,11326

Aus der Bildung der hier in Betracht kommenden Art von Normalgleichungen ist ersichtlich, dass Zahlensummen, die bei übereinander gesetzten Normalgleichungen in diagonaler Richtung so zu einander stehen wie b_1 zu a_2, einander gleich sein müssen, also nur einmal berechnet zu werden brauchen. Gleichwohl kann, namentlich bei Nichtanwendung der Logarithmen, das Rechnen viel Zeit in Anspruch nehmen, weil schon bei verhältnissmässig so einfachen Fällen, wie dem vorstehenden, die Zahlen sehr gross, bei mehr Temperaturen und bedeutenderen Tiefen aber noch viel grösser werden. Führt man statt der gesuchten Unbekannten α, β etc. vorläufig grössere x, y etc. ein, so müssen um so viel als diese zu gross sind, die zu ihnen gehörenden Zahlen kleiner werden, weil sonst die Gleichungen zu Ungleichungen würden. Diese neuen Unbekannten nimmt man, damit die Verkleinerung der Zahlen um so mehr eintritt, je wünschenswerther sie ist, desto grösser, je grösser die zu ihnen gehörenden Zahlen sind. Die Grössen auf den rechten Seiten der Gleichungen bleiben also hierbei ungeändert, was erforderlich ist, weil in ihnen die Temperaturen mit enthalten sind, ·bei denen jede wesentliche Änderung das Endresultat unrichtig machen würde. Dadurch, dass man zuletzt die so gefundenen Unbekannten wieder um so viel kleiner macht, als sie zu gross genommen waren, erhält man die gesuchten Werthe. Hat man also z. B. gesetzt $100\,\alpha = x$, $1000\,\beta = y$, so erhält man schliesslich $\frac{x}{100} = \alpha$ und $\frac{y}{1000} = \beta$.

Im vorstehenden Beispiele lässt sich zweckmässig setzen $1000000\,\alpha = x$; $100000000\,\beta = y$. Die Normalgleichungen werden dadurch

$$x \cdot 0,55 + y \cdot 2,25 = 5090$$
$$x \cdot 2,25 + y \cdot 979 = 2113000$$

Aus diesen auf den linken Seiten der Gleichungen sehr klein gewordenen Zahlen findet man

$$x = + 7107,455$$
$$y = + 524,8447,$$

also wie vorher

$$\alpha = + 0,007107455$$
$$\beta = + 0,000005248447$$

Indes so energisch und nur unter Beseitigung der vielen Nullen wie hier kann das Mittel in der Regel nicht wirken, weil sich die Tiefen für die Beobachtungen nicht immer in so abgerundeten Zahlen wählen lassen, wie es bei dem vorstehenden erdachten Beispiele geschehen konnte. Zu den verkleinerten Zahlen gehören daher gewöhnlich Decimalbrüche. Werden diese mit in Rechnung gezogen, so ist die Übersicht wohl etwas erleichtert, an Mühe aber nichts erspart. Hinreichend geeignet wird ihre Nichtberücksichtigung meistens nur für die grössten Zahlen sein, weil sie bei diesen nicht nur am wünschenswerthesten ist, sondern auch den geringsten Einfluss auf die Richtigkeit des Resultats hat.

Die Verkleinerung der Zahlen lässt sich auch dadurch bewirken, dass man, anstatt erst grössere Unbekannte anzunehmen, jede Normalgleichung durch Zahlen wie 100, 1000 etc. dividirt. Es ist dies aber weniger angemessen, weil dabei die Verkleinerung der Zahlen für alle Unbekannten dieselbe ist und die mit verkleinerten und dadurch in Bruchform erscheinenden Grössen k_1, k_2 etc. doch aus dem schon erwähnten Grunde mit allen ihren Zahlen in Rechnung gezogen werden müssen.

Wie bei den Beobachtungen überhaupt, so ist auch bei der obersten Temperaturbeobachtung von der Annahme auszugehen, dass sie nicht fehlerfrei sei. Sie muss daher bei der strengen Rechnung ebenfalls mit in die Correctur gezogen werden. Hierzu ist nöthig, dass noch eine dritte, von der Tiefe unabhängige Constante angenommen wird. Bei den regelmässigen Reihen war dies, weil an den Temperaturen nichts geändert zu werden brauchte, nur nöthig, wenn die oberste Temperatur unter der Oberfläche lag und diese nicht verschoben werden sollte, hier ist es aber wegen jener Correctur erforderlich, mag man die Tiefen von der Oberfläche, oder von der Tiefe der obersten Temperaturbeobachtung an rechnen. Geschieht ersteres, so entspricht dem der Ausdruck

$$T = \alpha + \beta . S + \gamma . S^2.$$

Beispiel. „In Grube Maria bei Aachen sind folgende Beobachtungen über die Zunahme der Wärme bei fortschreitender Tiefe der Baue gemacht worden. Der Nullpunkt der Teufen liegt 178,6 m über dem Amsterdamer Pegel.

Sohle	Erdwärme	Temperatur der Grubenluft	Temperatur über Tage
II. 250 m	15,2° C.	17° C.	
III. 310 „	17,1° „	18° „	
IV. 370 „	19,15° „	17° „	} 13,2° C.
V. 490 „	21,6° „	21° „	
VI. 562 „	24,2° „	26° „	

Bei der jetzigen Schachtteufe von etwas über 600 m konnten noch keine Beobachtungen angestellt werden.

Für diese mittelst Differentialthermometer ausgeführten Untersuchungen wurde auf jede der fünf Bausohlen ein ca. 1 m tiefes, mit Wasser gefülltes Loch gestossen, welches nach jeder Beobachtung wieder luftdicht verschlossen wurde[1]."

---

[1] Zeitschrift für das Berg-, Hütten- und Salinenwesen in dem preussischen Staate. 1877. S. 241.

Die Beobachtungen ergeben

$$\alpha + \beta . \quad S \ + \gamma . \quad S^2 \ = T$$

1)	$\alpha + \beta .$	$250 + \gamma .$	$62500 = 15,2$	
2)	$\alpha + \beta .$	$310 + \gamma .$	$96100 = 17,1$	
3)	$\alpha + \beta .$	$370 + \gamma .$	$136900 = 19,15$	
4)	$\alpha + \beta .$	$490 + \gamma .$	$240100 = 21,60$	
5)	$\alpha + \beta .$	$562 + \gamma .$	$315844 = 24,20$	

$$\alpha . 5 + \beta . 1982 + \gamma . 851444 = 97,25$$
$$a_1 \qquad b_1 \qquad c_1 \qquad k_1$$

Da der Coëfficient von $\alpha = 1$ ist, so bildet die Summe der ursprünglichen Gleichungen schon die erste Normalgleichung. Weiter hat man

$$\alpha . \quad S \ + \beta . \quad S^2 \ + \gamma . \quad S^3 \ = T . S$$

1)	$\alpha . \ 250 + \beta . \ 62500 + \gamma . \ 15625000 = 3800,4$			
2)	$\alpha . \ 310 + \beta . \ 96100 + \gamma . \ 29791000 = 5301,0$			
3)	$\alpha . \ 370 + \beta . 136900 + \gamma . \ 50653000 = 7085,5$			
4)	$\alpha . \ 490 + \beta . 240100 + \gamma . 117649000 = 10584,0$			
5)	$\alpha . \ 562 + \beta . 315844 + \gamma . 177504328 = 13600,4$			

$$\alpha . 1982 + \beta . 851444 + \gamma . 391222328 = 40370,9$$
$$a_2 \qquad b_2 \qquad c_2 \qquad k_2$$

als zweite Normalgleichung und

$$\alpha . \quad S^2 \ + \beta . \quad S^3 \ + \gamma . \quad S^4 \ = T . S^2$$

1)	$\alpha . \ 62500 + \beta . \ 15625000 + \gamma . \ 3906250000 = \ 950000,0$			
2)	$\alpha . \ 96100 + \beta . \ 29791000 + \gamma . \ 9235210000 = \ 1643310,0$			
3)	$\alpha . 136900 + \beta . \ 50653000 + \gamma . \ 18741610000 = 2621635,0$			
4)	$\alpha . 240100 + \beta . 117649000 + \gamma . \ 57648010000 = 5186160,0$			
5)	$\alpha . 315844 + \beta . 177504328 + \gamma . \ 99757432336 = 7643424,8$			

$$\alpha . 851444 + \beta . 391222328 + \gamma . 189288512336 = 18044529,8$$
$$a_3 \qquad b_3 \qquad c_3 \qquad k_3$$

als dritte Normalgleichung.

Die Elimination erfolgt nach den Ausdrücken, welche für drei Constanten schon bei den regelmässigen Reihen angeführt wurden. Man erhält dadurch

$$\alpha = + 7,45016$$
$$\beta = + 0,03312483$$
$$\gamma = - 0,000006646136$$

Die gesuchte Gleichung ist also

$$T = 7,45016 + 0,03312483 \, S - 0,000006646136 \, S^2,$$
$$\log 0,5201537 - 2 \quad \log 0,8225693 - 6$$

nach welcher, weil ihr letztes Glied negativ geworden ist, die Wärme nicht ganz so schnell wie die Tiefe zunimmt.

Die Tiefe, in welcher die Temperatur nach der Formel ihr Maximum erreicht, ist

$$\frac{\beta}{2 \cdot \gamma} = \frac{0,03312483}{2 \cdot 0,000006646136} = \frac{0,03312483}{0,000013292272} = 2492 \text{ Meter}$$

$= 7940$ rheinl. Fuss, und die zu dieser Tiefe gehörende Temperatur $48,72^0$ C.

Eine Vergleichung der beobachteten mit den berechneten Temperaturen ergiebt

Tiefen	Beobachtete	Berechnete	Unterschiede zwischen den berechneten und beobachteten Temperaturen Gr. C.	Fehlerquadrate
	Temperaturen Grade Celsius			
m	M	F	F — M	$(F — M)^2$
250	15,2	15,316	+ 0,116	0,0135
310	17,1	17,080	— 0,020	0,0004
370	19,15	18,796	— 0,354	0,1253
490	21,6	22,085	+ 0,485	0,2352
562	24,2	23,967	— 0,233	0,0543
			$\Sigma \pm = — 0,006$	0,4287

Lässt man bedeuten m die Zahl der Beobachtungen, n die Zahl der Constanten, ϱ die Zahl 0,4769360, so ist der wahrscheinlichste Werth des mittleren Fehlers der gegebenen Beobachtungen

$$\varepsilon = \sqrt{\frac{\Sigma (F — M)^2}{m — n}} \, ;$$

der wahrscheinlichste Werth des wahrscheinlichen Fehlers der gegebenen Beobachtungen, oder des Fehlers, welcher, absolut genommen, in der Beobachtung der Werthe der Function T eben so leicht überschritten wie nicht erreicht wird,

$$r = 0,6744897 \cdot \varepsilon$$

und die Werthe für die wahrscheinlichen Grenzen des wahrscheinlichen Fehlers der Beobachtungen sind

$$r \left(1 - \frac{\varrho}{\sqrt{m}} \right) \text{ und } r \left(1 + \frac{\varrho}{\sqrt{m}} \right).$$

In dem vorstehenden Beispiele ist

$$\varepsilon = \sqrt{\frac{0,4287}{5 — 3}} = \sqrt{0,21435} = 0,4630$$

$$r = 0,6744897 \cdot 0,4630 = 0,3122748$$

$$\frac{\varrho}{\sqrt{m}} = \frac{0,4769360}{\sqrt{5}} = 0,2132923$$

$$r\left(1 + \frac{\varrho}{\sqrt{m}}\right) = 0{,}3122748 \cdot 1{,}2132923 = 0{,}37888$$

$$r\left(1 - \frac{\varrho}{\sqrt{m}}\right) = 0{,}3122748 \cdot 0{,}7867077 = 0{,}2456696\,[1].$$

Wenn, wie es bei den hier in Betracht kommenden Reihen der Fall ist, die Function für dieselben, hier T — ein von der veränderlichen Grösse — hier S — unabänderliches Glied hat, so muss die algebraische Summe der übrigbleibenden Fehler zu Null werden oder doch nicht sehr davon abweichen, was als eine Rechnungsprobe dient. Im vorstehenden Falle ist jene Summe so gut wie Null.

Wird für die Rechnung die Tiefe der obersten Beobachtung als Oberfläche betrachtet, also von dem Ausdrucke

$$T = \alpha + \beta\,(S - n) + \gamma\,(S - n)^2$$

ausgegangen, so wirkt das, namentlich wenn schon die oberste Beobachtung in einer nicht geringen Tiefe liegt, auf die Verkleinerung der Zahlen, mit denen zu rechnen ist, in viel grösserem Maasse als bei den regelmässigen Reihen, weil jetzt die Tiefenzahlen auf höhere Potenzen erhoben, und auch noch mit den Temperaturen multiplicirt werden müssen. Durch die Verschiebung der Oberfläche wird die erste von der Tiefe unabhängige Constante zur corrigirten obersten Temperaturbeobachtung. Die in dieser Weise entwickelte Formel enthält also nur solche Glieder, die unmittelbar aus dem Wesen der Reihe folgen, was wie bei den ursprünglich regelmässigen Reihen anschaulicher ist, als wenn man mit den wirklichen Tiefen rechnet. Dagegen gewährt die Rechnung der Tiefen von der Oberfläche an den Vortheil, dass, wenn die oberste Beobachtung schon tief liegt, man die Temperaturen von ihr an aufwärts nach der erhaltenen Formel mitberechnen kann.

Von den neun im Bohrloche I zu Sperenberg in kurzen abgeschlossenen Wassersäulen ausgeführten Beobachtungen lag schon die oberste in der Tiefe von 700 Fuss rheinl. Wird diese Tiefe als Oberfläche betrachtet, das heisst für die Rechnung von allen Tiefen abgezogen, so hat man

---

[1] Die für die verbleibenden Fehler benutzten Formeln findet man mit ihrer Begründung in „NAVIER, Lehrbuch der Differential- und Intregalrechnung, deutsch mit einer Abhandlung der Methode der kleinsten Quadrate von Dr. THEODOR WITTSTEIN.“ 4. Aufl. 1875. Bd. II: Für ϱ S. 368, für ε S. 377, für r S. 373, für $r\left(1 - \frac{\varrho}{\sqrt{m}}\right)$ und $r\left(1 + \frac{\varrho}{\sqrt{m}}\right)$ S. 391.

$$\begin{aligned}
S - 700 &= 0 \qquad 200 \qquad 400 \qquad 600 \qquad 800 \qquad 1000 \\
T &= 17{,}275 \quad 18{,}78 \quad 21{,}147 \quad 21{,}51 \quad 23{,}277 \quad 24{,}741 \\
S - 700 &= 1200 \qquad 1400 \qquad 2690 \\
T &= 26{,}504 \quad 28{,}668 \quad 37{,}238
\end{aligned}$$

Die zur Bildung der Normalgleichungen erforderliche Rechnung ist folgende:

α	$S-700$	$(S-700)^2$	$(S-700)^3$	$(S-700)^4$
1) α	0	0	0	0
2) α	200	40000	8000000	1600000000
3) α	400	160000	64000000	25600000000
4) α	600	360000	216000000	129600000000
5) a	800	640000	512000000	409600000000
6) α	1000	1000000	1000000000	1000000000000
7) α	1200	1440000	1728000000	2073600000000
8) α	1400	1960000	2744000000	3841600000000
9) a	2690	7236100	19465109000	52361143210000
$\alpha.9$	8290	12836100	25737109000	59842743210000
$a.m$	$\Sigma(S-700)$	$\Sigma\langle(S-700)^2\rangle$	$\Sigma\langle(S-700)^3\rangle$	$\Sigma\langle(S-700)^4\rangle$

	T	$T(S-700)$	$T(S-700)^2$
1)	17,275	0	0
2)	18,780	3756,0	751200
3)	21,147	8458,8	3383520
4)	21,510	12906,0	7743600
5)	23,277	18621,6	14897280
6)	24,741	24741,0	24741000
7)	26,504	31804,8	38165760
8)	28,668	40135,2	56189280
9)	37,238	100170,22	269457891,8
	219,140	240593,62	415329531,8
	$\Sigma(T)$	$\Sigma\langle T(S-700)\rangle$	$\Sigma\langle T(S-700)^2\rangle$

Die Normalgleichungen sind

$$\begin{aligned}
\alpha.m \quad &+ \beta\Sigma\,(S-700) \;+\gamma\,\Sigma\langle(S-700)^2\rangle = \Sigma(T) \\
\alpha\Sigma\,(S-700) \;&+ \beta\,\Sigma\langle(S-700)^2\rangle + \gamma\,\Sigma\langle(S-700)^3\rangle = \Sigma\langle T(S-700)\rangle \\
\alpha\Sigma\langle(S-700)^2\rangle \;&+ \beta\,\Sigma\langle(S-700)^3\rangle + \gamma\,\Sigma\langle(S-700)^4\rangle = \Sigma\langle T(S-700)^2\rangle
\end{aligned}$$

und nach Einführung der aus den Beobachtungen berechneten Werthe

$$\begin{aligned}
\alpha. \quad &9 + \beta. \qquad 8290 + \gamma. \qquad 12836100 = \qquad 219{,}140 \\
\alpha. \quad &8290 + \beta. \quad 12836100 + \gamma. \quad 25737109000 = \quad 240593{,}62 \\
\alpha. \;&12836100 + \beta.\,25737109000 + \gamma.\,59842743210000 = 415329531{,}8
\end{aligned}$$

Hieraus erhält man

$$\begin{aligned}
\alpha &= + 17{,}275902 \\
\beta &= + 0{,}00799279 \\
\gamma &= - 0{,}0000002028154
\end{aligned}$$

Die Gleichung ist also

$$T = 17{,}275902 + 0{,}00799279\,(S - 700) - 0{,}0000002028154\,(S - 700)^2.$$

Das calculative Wärmemaximum liegt hiernach in der Tiefe

$$\frac{\beta}{2\,\gamma} = \frac{0{,}00799279}{2 \cdot 0{,}0000002028154} = 19705 \text{ rheinl. Fuss unter 700 Fuss, also}$$

20405 rheinl. Fuss unter der Oberfläche und die zu dieser Tiefe gehörende Temperatur, zu deren Berechnung die Tiefe $\frac{\beta}{2\,\gamma}$ benutzt wird, ist $= 96^0$ R.

Weiter hat man

| Tiefen | | Beobachtete | Berechnete | Unterschiede zwischen den berechneten und beobachteten Temperaturen | Fehlerquadrate |
| Wirkliche S Fuss rheinl. | · Für die Rechnung S — 700 Fuss rheinl. | Temperaturen | | | |
		M Gr. R.	F Gr. R.	F — M	(F — M)²
700	0	17,275	17,276	+ 0,001	0,0000
900	200	18,780	18,866	+ 0,086	0,0074
1100	400	21,147	20,441	— 0,706	0,4984
1300	600	21,510	21,999	+ 0,489	0,2391
1500	800	23,277	23,540	+ 0,263	0,0692
1700	1000	24,741	25,066	+ 0,325	0,1056
1900	1200	26,504	26,575	+ 0,071	0,0050
2100	1400	28,668	28,068	— 0,600	0,3600
3390	2690	37,238	37,309	+ 0,071	0,0050
					1,2897

Hiernach ist:

$$\varepsilon = \sqrt{\frac{1{,}2897}{9 - 3}} = \sqrt{0{,}21495} = 0{,}463627$$

$$r = 0{,}6744897 \cdot 0{,}463627 = 0{,}3127116$$

$$\frac{\varrho}{\sqrt{m}} = \frac{0{,}4769360}{\sqrt{9}} = 0{,}1589787$$

$$r\left(1 + \frac{\varrho}{\sqrt{m}}\right) = 0{,}3127116 \cdot 1{,}1589787 = 0{,}3624256$$

$$r\left(1 - \frac{\varrho}{\sqrt{m}}\right) = 0{,}3127116 \cdot 0{,}8410213 = 0{,}262997$$

und die algebraische Summe der übrigbleibenden Fehler gleich Null.

Je kleiner die Summe der Fehlerquadrate ausfällt, desto grösser ist an sich die Annäherung an den wahren Werth der Constanten. Man muss daher wünschen, dass sie möglichst klein wird. Wie gross sie werden darf, ohne zu beweisen, dass die Beobachtungen nicht richtig genug seien, hängt von besonderen Umständen, der Art der Aufgabe und selbstverständlich auch von den Grössen ab, auf welche sie sich beziehen, ob z. B. auf Winkelsecunden oder Wärmegrade.

Neuntes Capitel.

Die zulässige Grösse der Summe der Fehlerquadrate. — Auch unrichtige beobachtete Reihen werden durch die Berechnung völlig regelmässig. — Die geringe Summe der Fehlerquadrate beweist nicht immer die genügende Richtigkeit der Beobachtungen. — Beurtheilung verzögerter Reihen mit Rücksicht
auf physikalische Möglichkeit. — Reihen zweiter Ordnung, deren Verzögerung
oder Beschleunigung der Wärmezunahme sehr gering ist, sind als Reihen erster
Ordnung zu betrachten und als solche zu berechnen. — Die 9 Beobachtungen
zu Sperenberg, berechnet als Reihen erster Ordnung mit Herunterschiebung
der Oberfläche um 700 Fuss. — Desgleichen ohne diese Verschiebung. — Um-
änderung einer Reihenformel für eine andere Thermometerscala und ein anderes
Längenmaass.

Durch die Anwendung der Methode der kleinsten Quadrate
auf die für eine beobachtete Temperaturreihe zu entwickelnde Formel
wird nicht nur die Summe der Fehlerquadrate kleiner als für jeden
anderen Werth der Constanten, sondern die Reihe auch zu einer
völlig regelmässigen, deren Charakter mit dem der Formel, von
welcher ausgegangen wurde, übereinstimmt. Berechnet man daher
nach einer so entwickelten Formel die Temperaturen für Tiefen,
die jedesmal um gleich viel zunehmen, so besteht, wie bei den
ursprünglich regelmässigen Reihen, wenn die angewandte Formel
einer Reihe n ter Ordnung angehörte, die n te Differenzreihe aus
gleichen Zahlen. Die Summe der Fehlerquadrate wird aber allerdings desto grösser, je mehr der Charakter der Formel von dem
der betreffenden Reihe abweicht. Für die Richtigkeit einer Reihe
beweist ihre, durch die Berechnung erreichte Regelmässigkeit nichts,
weil diese auch bei sehr fehlerhaften Beobachtungen eintritt. Es
kann sogar vorkommen, dass die Beobachtungen zwar sehr fehlerhaft sind, die Fehler aber so durch die Reihe ziehen, dass diese
noch einen nicht geringen Grad von Regelmässigkeit behält, zur
Herstellung der völligen Regelmässigkeit also auch keine bedeutenden
Correcturen erforderlich sind. Dann wird trotz der vorhandenen
Unrichtigkeit nicht nur wie sonst die völlige Regelmässigkeit eintreten, sondern auch die Summe der Fehlerquadrate nicht gross
werden. Man muss daher stets erwägen, ob die Beobachtungen so
angestellt worden sind, dass man annehmen kann, sie seien hinreichend richtig.

Durch die hergestellte Regelmässigkeit erhalten die beobachteten Reihen zwar die Eigenschaften der ursprünglich regelmässigen, die den mathematischen Gesetzen eigene Unabhängigkeit von der Physik der Dinge ist aber für die aus den Beobachtungen entwickelten Formeln nicht mehr vorhanden. So werthvoll daher auch diese Formeln sind, um einen übersichtlichen und genauen Ausdruck für die Eigenschaften einer Reihe zu erhalten und unbegründete Schlüsse zu verhüten, so muss doch für die Beurtheilung des erhaltenen Resultats seine physikalische Wahrscheinlichkeit oder Möglichkeit entscheidend bleiben. Es ist daher in dieser Beziehung Folgendes zu berücksichtigen.

Bei einer Reihe erster Ordnung und einer beschleunigten Reihe zweiter Ordnung nimmt die Wärme mit der Tiefe ohne Ende zu. Auf die Erde angewandt sind aber solche Reihen da abzubrechen, wo die Wärme nach der Formel schon so hoch geworden ist, dass man aus sonstigen Gründen eine weitere Steigerung nicht anzunehmen hat.

Grösser ist die Rücksicht, die auf die physikalische Möglichkeit genommen werden muss, wenn die Rechnung eine verzögerte Reihe zweiter Ordnung ergeben hat. Durch den Quotienten $\frac{\beta}{2\gamma}$ erhält man zwar genau die Tiefe, in welcher das Maximum der Wärme eintritt, dadurch ist es aber noch nicht nothwendig geworden, dass von da an, wie die Formel angiebt, eine Abnahme der Wärme eintrete, denn wenn man, was bis jetzt noch nicht vorgekommen ist, durch hinreichend fehlerfreie Beobachtungen eine nicht geringe Verzögerung der Wärmezunahme erhielte, so würde das einer Veränderung der Wärmeleitungsfähigkeit des Gesteins zuzuschreiben sein, von der aus sonstigen Gründen nicht anzunehmen ist, dass sie bleibend sein werde. Erforderlich wäre ausserdem, dass die Beobachtungen einen Grad von Richtigkeit und Ausdehnung erlangt hätten, der es möglich machte, anzunehmen, die für den Eintritt des Maximums noch niemals durch eine zuverlässige Beobachtung, sondern nur durch Rechnung über die tiefste Beobachtung hinaus gefundene Tiefe, sei wirklich die Grenze der Wärmezunahme. Wollte man dies nicht berücksichtigen, so würde man durch Benutzung der Formel über die Tiefe des Maximums hinaus selbst bei einer mässigen Verzögerung der Wärmezunahme für den Mittelpunkt der Erde eine unerhörte Kälte ausrechnen können, was dem Gesetze der Abkühlung einer Kugel widerspricht und deshalb keinen Sinn hat. Ich besorge nicht, dass dies zu einer unrichtigen Deutung der Formel Veranlassung geben werde. Man kann sich damit begnügen, dass die Formel für eine verzögerte Reihe bis zum Temperaturmaximum das in den Beobachtungen liegende Gesetz zwar angiebt, darüber hinaus aber andere Rücksichten zur Geltung kommen müssen.

Bei den regelmässigen Reihen wurde angeführt, dass wenn man für eine Reihe erster Ordnung die Formel so bildet, wie für eine Reihe zweiter Ordnung, die zum Quadrate der Tiefe gehörende Constante verschwindet, am Resultate dadurch also nichts geändert wird. Das ist möglich bei den ursprünglich regelmässigen, aber nicht bei den aus Beobachtungen hervorgegangenen Reihen, deren kleine Unregelmässigkeiten erst beseitigt werden sollen und wenn es doch einmal zufällig eintreten sollte, so würde darin keine Verbesserung des Resultats liegen. Aber wie bei den regelmässigen Reihen unterscheidet sich auch bei den beobachteten eine Reihe zweiter Ordnung desto weniger von einer Reihe erster Ordnung je kleiner die zum Quadrate der Tiefe gehörende Constante gegen die zur Tiefe gehörende wurde, zu welcher Vergleichung man den zur Bestimmung der Tiefe des Eintritts des Wärmemaximums einer verzögerten Reihe dienenden Quotienten $\frac{\beta}{2\gamma}$ anwenden kann. Hierdurch entsteht die mit der Grösse dieses Quotienten sich steigernde, übrigens mit Vorsicht anzuwendende Berechtigung, eine Reihe erster Ordnung anzunehmen und danach die Formel für das Gesetz der Wärmezunahme mit der Tiefe zu gestalten, selbstverständlich nicht dadurch, dass man die entbehrlich gewordene Constante einfach unterdrückt, was unstatthaft ist, weil sie mit den übrigen Gliedern der Gleichung zusammenhängt, sondern dadurch, dass man die Reihe, von der Formel für eine Reihe erster Ordnung ausgehend, nochmals berechnet. Dies gilt, da die Bevorzugung eines Falls unzulässig ist, sowohl für den positiven wie für den negativen Werth jener Constante. Der gleichmässigen Behandlung wegen ist es also nothwendig, den Quotienten $\frac{\beta}{2\gamma}$ auch für die beschleunigte Reihe als Maass ihrer Annäherung an eine Reihe erster Ordnung zu benutzen. Denn auch durch die absolut richtige Beobachtung der Wärme des Wassers in einer kurzen abgeschlossenen Wassersäule kann die Wärme des anstossenden Gesteins doch nur erreicht werden (S. 117). Wenn daher hierbei durch eine obere Beobachtung die Wärme des Gesteins nicht ganz so gut wie bei einer darauf folgenden unteren er-

reicht wird, was auch bei grosser Sorgfalt eintreten kann, so entsteht dadurch eine geringe Beschleunigung und im entgegengesetzten
Falle eine geringe Verzögerung der Wärmezunahme, während doch
ohne Zweifel die Wärme wie die Tiefe zunimmt.

Da der Charakter einer Reihe nur an ihr selbst haftet, also
gar nicht davon abhängt, in welcher Tiefe sie anfängt, so giebt,
wenn für die Berechnung die Oberfläche um die Tiefe der obersten
Beobachtung heruntergeschoben wurde, die Grösse des Quotienten $\frac{\beta}{2\gamma}$
das wirkliche Maass der Verzögerung oder Beschleunigung der Reihe
an. Ist also bei der Berechnung von der Oberfläche ausgegangen,
so muss, um jenes Maass zu erhalten, von dem erhaltenen Quotienten
die Tiefe der obersten Beobachtung abgezogen werden. Dies kann
aber auch unter Umständen unterbleiben, wenn die oberste Beobachtung in geringer Tiefe unter der Oberfläche liegt.

Aus der Richtigkeit des Satzes, dass eine Reihe zweiter Ordnung desto näher an einer Reihe erster Ordnung steht, je grösser
der Quotient $\frac{\beta}{2\gamma}$ geworden ist, folgt noch nicht, dass man hiernach
beliebige Reihen hinsichtlich des Maasses ihrer Beschleunigung oder
Verzögerung ohne Weiteres mit einander vergleichen kann. Dazu
ist nämlich erforderlich, dass Thermometerscala und Maasseinheit
dieselben sind oder dazu umgerechnet werden und dass zwischen
den Längen der betreffenden Reihen kein grosser Unterschied stattfindet. Ist aber ein solcher Unterschied gross, so berechne man,
wie viel die Verzögerung oder Beschleunigung für dieselbe Länge,
z. B. für 1000 m, betragen würde.

Die Berechtigung, eine wenig beschleunigte oder verzögerte
Reihe zweiter Ordnung als eine Reihe erster Ordnung zu betrachten,
ist, weil man zu ihrer Erlangung von dem auszugehen hat, was
schon möglichst richtig ist, nur für solche Reihen anzunehmen, bei
denen die Wassercirculation und andere Störungen von ähnlicher
Bedeutsamkeit völlig oder doch hinreichend beseitigt sind. Eine
solche Beschränkung ist namentlich deshalb erforderlich, weil, wie
noch gezeigt werden soll, Reihen, die wegen des bei ihrer Beobachtung angewandten Verfahrens unrichtig sein müssen, unter Umständen
das Ansehen hinreichend richtiger Reihen erhalten und, indem dadurch die Nothwendigkeit der Beseitigung der Fehler verdunkelt
wird, dazu führen können, von den unrichtigen Reihen einen Theil zur
Ableitung des Gesetzes der Wärmezunahme für brauchbar zu halten.

In einem solchen Verfahren liegt weder ein Nothbehelf noch etwas Neues und es wird deshalb auch sonst angewandt, wenn Grössen durch Messung oder Wägung bestimmt worden sind. Der Chemiker leitet aus seinen quantitativen Analysen richtige Gesetze ab, wenn auch die Summe der Procente der einzelnen Bestandtheile eines Stoffes nicht genau 100 beträgt. Der Mineralog misst mit möglichster Genauigkeit die Kantenwinkel der Krystalle und rundet dann die dadurch erhaltenen Ableitungscoëfficienten ab, weil man weiss, dass sie rationale, meist einfache Grössen bilden. Bei Temperaturreihen ist ein solches Verfahren noch nothwendiger, weil es sich nicht nur um Abrundung von Grössen handelt. Denn gesetzt, man hätte durch gute Beobachtungen eine wenig beschleunigte Reihe erhalten und es käme noch eine tiefer liegende Beobachtung hinzu, so kann durch sie, auch wenn ihre Abweichung von dem bis dahin gefundenen Gesetze nicht bedeutend ist, aus einem positiven ein negatives γ werden, die Reihe also in ihr Gegentheil umschlagen, nicht in Folge eines wirklichen Gesetzes, sondern nur, weil die unerbittliche, von der Beschaffenheit der Dinge nicht abhängige Genauigkeit der Rechnung auch jene nicht bedeutende Abweichung zum Ausdrucke bringt.

Da durch die Beobachtungen die Fortleitung der Erdwärme mit der Tiefe ermittelt werden soll, die grössten erreichbaren Tiefen aber immer noch sehr klein gegen den Erdhalbmesser sind, so lässt es sich, um zu wahrscheinlichen Schlüssen über das Verhalten der Erde in grösseren Tiefen zu gelangen, nicht umgehen, eine gefundene Temperaturreihe über ihr unteres Ende hinaus mit Vorsicht zu verlängern. Um so mehr müssen aber die dazu benutzten Beobachtungen möglichst richtig sein. Wollte man nun ein sehr kleines positives oder negatives γ so hinnehmen, wie es durch die Rechnung erhalten wird, so bliebe, um auf ein Gesetz zu kommen, nur übrig, nach Erlangung einer grossen Anzahl möglichst richtiger Reihen von der Mehrzahl der Fälle auf alle zu schliessen und auch das könnte wegen der Kleinheit der Grössen, um die es sich dabei handelt, unbestimmt bleiben.

Die oben berechneten 9 Beobachtungen von Sperenberg sind möglichst richtig und die bedeutende Grösse des Quotienten $\frac{\beta}{2\gamma}$ zeigt, wie gering bei ihnen die Verzögerung der Wärmezunahme ist. Man ist also völlig berechtigt, sie als in Wirklichkeit einer Reihe erster Ordnung angehörend zu betrachten. Berechnet man sie deshalb als solche nach der Formel

$$T = \alpha + \beta (S - 700),$$

so hat man

	$\alpha + \beta . (S - 700) =$			T
1)	$\alpha + \beta .$	0	$=$	17,275
2)	$\alpha + \beta .$	200	$=$	18,780
3)	$\alpha + \beta .$	400	$=$	21,147
4)	$\alpha + \beta .$	600	$=$	21,510
5)	$\alpha + \beta .$	800	$=$	23,277
6)	$\alpha + \beta .$	1000	$=$	24,741
7)	$\alpha + \beta .$	1200	$=$	26,504
8)	$\alpha + \beta .$	1400	$=$	28,668
9)	$\alpha + \beta .$	2690	$=$	37,238
	$\alpha . 9 + \beta . 8290$		$=$	219,140
	a_1	b_1		k_1

als erste Normalgleichung.

	$\alpha .(S-700) + \beta . (S - 700)^2 = T (S - 700)$				
1)	$\alpha .$	0	$+ \beta .$	0	$=$ 0
2)	$\alpha .$	200	$+ \beta .$	40000	$=$ 3756,0
3)	$\alpha .$	400	$+ \beta .$	160000	$=$ 8458,8
4)	$\alpha .$	600	$+ \beta .$	360000	$=$ 12906,0
5)	$\alpha .$	800	$+ \beta .$	640000	$=$ 18621,6
6)	$\alpha .$	1000	$+ \beta .$	1000000	$=$ 24741,0
7)	$\alpha .$	1200	$+ \beta .$	1440000	$=$ 31804,8
8)	$\alpha .$	1400	$+ \beta .$	1960000	$=$ 40135,2
9)	$\alpha .$	2690	$+ \beta .$	7236100	$=$ 100170,22
	$\alpha .$	8290	$+ \beta .$	12836100	$=$ 240593,62
	a_2		b_2		k_2

als zweite Normalgleichung und aus diesen beiden Gleichungen

$$\alpha = \frac{k_1 b_2 - k_2 b_1}{a_1 b_2 - a_2 b_1} = 17,486492$$

$$\beta = \frac{a_1 k_2 - a_2 k_1}{a_1 b_2 - a_2 b_1} = 0,007450129$$

Die Gleichung ist also

$$T = 17,486492 + 0,007450129 (S - 700),$$

nach welcher die Wärme in runder Zahl für jede 100 Fuss Tiefe um 0,745° R. zunimmt.

Unter Berechnung der Temperaturen nach dieser Formel erhält man

Tiefen		Beobachtete	Berechnete	Unterschiede zwischen den berechneten und beobachteten Temperaturen	Fehlerquadrate
wirkliche S Fuss rheinl.	für die Rechnung S — 700 Fuss rheinl.	Temperaturen M Gr. R.	F Gr. R.	F — M	(F — M)²
700	0	17,275	17,486	+ 0,211	0,0445
900	200	18,780	18,976	+ 0,196	0,0384
1100	400	21,147	20,466	— 0,681	0,4637
1300	600	21,510	21,956	+ 0,446	0,1989
1500	800	23,277	23,446	+ 0,169	0,0285
1700	1000	24,741	24,937	+ 0,196	0,0384
1900	1200	26,504	26,427	— 0,077	0,0059
2100	1400	28,668	27,917	— 0,751	0,5640
3390	2690	37,238	37,527	+ 0,289	0,0835
				$\Sigma (F - M)^2 =$	1,4658

$$\varepsilon = \sqrt{\frac{1,4658}{9-2}} = \sqrt{0,2094} = 0,4576024$$

$$r = 0,6744897 \cdot 0,4576024 = 0,308648$$

$$\frac{\varrho}{\sqrt{m}} = \frac{0,4769360}{\sqrt{9}} = 0,1589787$$

$$r\left(1 + \frac{\varrho}{\sqrt{m}}\right) = 0,308648 \cdot 1,1589787 = 0,3577164$$

$$r\left(1 - \frac{\varrho}{\sqrt{m}}\right) = 0,308648 \cdot 0,8410213 = 0,2595796$$

und die algebraische Summe der übrigbleibenden Fehler $= -0,002$.

Die Summe der Fehlerquadrate ist, wenn auch nur sehr wenig, grösser als bei der Annahme einer Reihe zweiter Ordnung, was nach dem Vorhergehenden nicht gegen die Annahme einer Reihe erster Ordnung spricht.

Werden, der Formel $T = \alpha + \beta S$ entsprechend, die Tiefen von der Oberfläche an gerechnet, so hat man

$$\alpha + \beta \cdot 700 = 17,275$$
$$\alpha + \beta \cdot 900 = 18,780 \text{ u. s. w.}$$

Die Normalgleichungen werden

$$\alpha \cdot 9 + \beta \cdot 14590 = 219,14$$
$$\alpha \cdot 14590 + \beta \cdot 28852100 = 393991,62.$$

Daraus erhält man

$$\alpha = 12,27140$$
$$\beta = 0,007450129$$

und die Gleichung

$$T = 12,27140 + 0,007450129 \cdot S,$$

8*

welche dieselben Resultate ergiebt, wie die vorher unter Verschiebung der Oberfläche entwickelte.

Es ist aber nicht erforderlich, zur Entwickelung der zweiten Formel eine vollständige Rechnung auszuführen. Bezeichnet nämlich **a** die hierzu gehörende erste Constante und n die Tiefe der obersten Beobachtung, so hat man, weil die zweite Constante nicht zu ändern ist,

$$\alpha + \beta(8 - n) = a + \beta 8$$

und daraus

$$a = \alpha - \beta n = 17{,}486492 - 0{,}007450129 \times 700 = 12{,}27140.$$

Wurde eine Reihe schon als eine solche zweiter Ordnung berechnet, so erhält man die für die Berechnung als Reihe erster Ordnung erforderlichen Normalgleichungen alsbald dadurch, dass in der ersten der schon entwickelten Normalgleichungen das Glied γS^2 und in der zweiten das Glied γS^3 unbenutzt bleibt.

Bei der durch Einführung eines anderen Längenmaasses oder einer anderen Thermometerscala bewirkten Umgestaltung einer für eine Temperaturreihe entwickelten Formel ist der Forderung, dass bei dieser Änderung der Form das Ergebniss der Berechnung dasselbe bleiben muss, nicht immer genügend entsprochen worden.

Soll eine für Grade R. berechnete Formel zu einer für Grade C. umgeändert werden, so ist nur erforderlich, jede Constante mit $\frac{4}{5}$ und im entgegengesetzten Falle mit 0,8 zu multipliciren. Zur Umgestaltung einer für Grade F. berechneten Formel zu einer für die anderen Scalen dienen die Ausdrücke

$$T = \alpha \tfrac{4}{9} - 14{,}222 + \beta \tfrac{4}{9} \,.\, 8 \pm \gamma \tfrac{4}{9} S^2 \text{ für Grade R. und}$$
$$T = \alpha \tfrac{5}{9} - 17{,}333 + \beta \tfrac{5}{9} \,.\, 8 \pm \gamma \tfrac{5}{9} S^3 \,, \qquad \text{, C.}$$

unter Wegfall des vierten Gliedes dieser Gleichungen bei Reihen erster Ordnung. War die Oberfläche für die Rechnung heruntergeschoben, so ist statt S zu setzen S — n. Der Unterschied zwischen dem ersten und zweiten Gliede ist die erste Constante der umgestalteten Formel.

Kam, wie bei der Berechnung der 9 Beobachtungen zu Sperenberg als Reihe zweiter Ordnung, der rheinländische Fuss als Längenmaass zur Anwendung und soll statt dessen das Meter eintreten, so hat man, weil ein rheinländischer Fuss = 0,3138535 m ist, diesen Metertheil in die zweite, sein Quadrat in die dritte Constante der Gleichung zu dividiren, die erste Constante ungeändert zu lassen, die Tiefen in Metern auszudrücken und nach demselben Princip in

anderen derartigen Fällen zu verfahren. Bei der erwähnten Reihenformel ergab sich zwischen beiden Arten der Berechnung, z. B. für
die Rechnungs-Tiefe von 800 Fuss = 251,08 m, nur der nicht
in Betracht kommende Unterschied von 0,002° R.

Zehntes Capitel.

Das arithmetische Mittel der Wärmezunahme. — Die Tiefenstufen.

Man hat früher in den meisten Fällen das Gesetz der Fortschreitung der Wärme mit der Tiefe nicht entwickelt und nur die
mittlere Zunahme der Tiefe berechnet. Das arithmetische Mittel ist
bekanntlich schon angewandt worden, ehe man den durch die Methode der kleinsten Quadrate gegebenen Beweis für seine Richtigkeit kannte. Es soll durch dasselbe der mittlere Werth nur einer
Grösse, für die man durch wiederholte Beobachtung nicht genau
gleiche Resultate erhalten hat, ermittelt werden. Für Temperaturreihen ist das nicht ohne Weiteres anwendbar, denn deren wesentliche Eigenschaft besteht nicht in jenem Mittelwerthe, sondern in
der Fortschreitung der Wärme mit der Tiefe, die dadurch nicht gefunden wird. Es können deshalb auch zwei Reihen von entgegen-
gesetztem Charakter dasselbe arithmetische Mittel haben.

Eine Ausnahme hiervon tritt ein, wenn man genügenden Grund
zu der Annahme hat, die Wärme nehme zu wie die Tiefe und es
seien deshalb nur die durch unvermeidliche Beobachtungsfehler oder
durch sonstige unwesentliche Störungen in der Fortschreitung der
Wärme mit der Tiefe entstandenen Unregelmässigkeiten zu beseitigen,
denn dann sucht man, wie bei dem arithmetischen Mittel, nur den
einen, für alle Tiefen gleichen Werth der Wärmezunahme, sei es für
die Maasseinheit der Tiefe oder für eine sonstige Tiefenstufe. Berechnet man nun eine Reihe erster Ordnung nach der Methode der
kleinsten Quadrate, so erhält man in der zur Tiefe gehörenden Constante den mittleren Werth der Wärmezunahme für die Maasseinheit,
und zwar in der vollkommensten Weise, weil hierbei jede Beobachtung, also auch die oberste, so viel als es erforderlich ist, corrigirt wird.

Für Reihen zweiter Ordnung trifft das nicht zu, denn sie haben schon deshalb kein eigentliches arithmetisches Mittel, weil es sich mit ihrer Verlängerung ändert, bei der beschleunigten Reihe grösser und bei der verzögerten kleiner wird. Weil aber auch dann das arithmetische Mittel nicht ohne Interesse ist, so kann es ebenfalls durch die Berechnung der Reihe als eine solche erster Ordnung bestimmt werden. Man erhält auch dann den Werth, der numerisch der richtigste ist, nur hat man nicht anzunehmen, dass damit auch das Gesetz der Fortschreitung der Wärme mit der Tiefe gefunden sei.

Jedes andere Verfahren zur Berechnung des arithmetischen Mittels ist desto weniger richtig, je mehr es von dem abweicht, welches man durch die Methode der kleinsten Quadrate erhält. Es mag das für die 9 Beobachtungen zu Sperenberg durch einige Beispiele erläutert werden.

Man erhält als arithmetisches Mittel für die Maasseinheit, den rheinländischen Fuss, in Graden R.

1. durch die Methode der kleinsten Quadrate nach den im Vorhergehenden angeführten Formeln 0,007450129

2. die Summe aller Tiefenzunahmen ist 2690, die der dazu gehörenden einzelnen Wärmezunahmen 19,963 und $\frac{19,963}{2690} =$

$$0,00742119$$

um 0,000028939 kleiner als No. 1.

3. Nimmt man nicht nur an, dass die Reihe erster Ordnung, sondern auch, dass die oberste Beobachtung das nicht abzuändernde Anfangsglied der Reihe sei, so entspricht dem auch nach der Methode der kleinsten Quadrate die Gleichung $T = t + a (S - n)$, nach welcher man hat:

$$18,78 = 17,275 + a . 200$$
$$21,147 = 17,275 + a . 400 \text{ u. s. w.}$$

und unter Wegschaffung der Zahl 17,275

$$
\begin{array}{rcl}
a . 200 &=& 1,505 \\
a . 400 &=& 3,872 \\
a . 600 &=& 4,235 \\
a . 800 &=& 6,002 \\
a . 1000 &=& 7,466 \\
a . 1200 &=& 9,229 \\
a . 1400 &=& 11,393 \\
a . 2690 &=& 19,963 \\
\hline
a . 8290 &=& 63,665
\end{array}
$$

$$a = \frac{63,665}{8290} = \quad . \ . \ . \ . \ . \ 0,00767973$$

um 0,000229611 zu gross gegen No. 1.

4. Reich hat[1] folgendes Verfahren angewandt. Sind, von der obersten Beobachtung an gerechnet, die Tiefen 1, 2, 3, 4, so werden mit einander verglichen 1.2 — 1.3 — 1.4; dann 2.3 — 2.4 und zuletzt 3.4. Die zu jedem der so gebildeten Tiefenabstände gehörende Wärmezunahme wird für die Maasseinheit, oder für eine bestimmte Menge von Maasseinheiten, z. B. 100, berechnet. Die Summe der so erhaltenen Wärmezunahmen giebt, dividirt durch die Zahl der Vergleichungen, das arithmetische Mittel der Wärmezunahme. Hiernach ist die Wärmezunahme für 100 Fuss

$$1 \text{ bis } 2 = \frac{1{,}505}{2} = 0{,}752$$

$$1 \text{ , } 3 = \frac{3{,}872}{4} = 0{,}968$$

$$1 \text{ , } 4 = \frac{4{,}235}{6} = 0{,}706 \text{ u. s. w.}$$

Wenn die mittlere Wärmezunahme für eine Reihe, die so viel Beobachtungen enthält, wie die von Sperenberg ermittelt werden soll, so ist es bequem, das, was zu einer Gruppe von Vergleichungen gehört, erst für sich zu summiren. Danach wird der mittlere Werth der Wärmezunahme erhalten durch:

Art der Vergleichungen	Anzahl	Summen der Wärmezunahmen für 100 Fuss
1 bis 9	8	6,247
2 , 9	7	5,696
3 , 9	6	3,435
4 , 9	5	4,169
5 , 9	4	3,175
6 , 9	3	2,602
7 , 9	2	1,802
8 , 9	1	0,664
Summen	36	27,790

$\frac{27{,}790}{36} = 0{,}7719444$ Wärmezunahme für 100 Fuss, also für die Maasseinheit . . . . 0,007719444 um 0,000269315 zu gross gegen No. 1.

5. Summirt man die oberen 7 Wärmezunahmen so wie sie sind, das heisst jede für 200 Fuss, fügt die unterste, für 200 Fuss berechnet, hinzu und dividirt die so entstandene Summe durch die

---

[1] a. a. O. S. 111 u. 129.

Zahl der Wärmezunahmen, so erhält man $\frac{12,721}{8} = 1,5901$ für 200 Fuss,

also für die Maasseinheit 0,007950

gegen No. 1 um 0,000499871 zu gross.

Hiernach unterscheidet sich No. 2 am wenigsten von No. 1. Da aber hierbei die Zahl 19,963 nichts anderes ist als die Differenz zwischen der untersten und obersten Temperatur, also bei der Berechnung alle dazwischen liegenden Temperaturzunahmen unberücksichtigt bleiben und mit Recht gefragt werden kann, warum man sie ermittelt hätte, wenn sie nicht berücksichtigt werden sollten, so muss die grosse Annäherung an No. 1 als zufällig betrachtet werden, was auch daraus zu entnehmen ist, dass bei Anwendung desselben Verfahrens nur auf die 8 oberen Beobachtungen die Wärmezunahme, welche bei Anwendung der Methode der kleinsten Quadrate 0,0077928 beträgt zu $\frac{11,393}{1400} = 0,0081378$, also gegen jene um 0,000345, bei dem Verfahren nach No. 3 aber zu $\frac{43,702}{5600} = 0,0078039$, also nur um 0,0000111 zu gross gefunden wird.

Auf das deshalb nicht zu empfehlende Verfahren nach No. 2 folgt hinsichtlich seiner Richtigkeit das unter No. 3 und dann das unter No. 4. No. 3 hat aber vor No. 4 den Vorzug, dass es nicht nur etwas richtiger, sondern auch, namentlich bei einer nicht geringen Zahl von Beobachtungen, viel einfacher ist. Das bei diesem Verfahren erreichte günstigste Ergebniss kann auch nicht zufällig sein, weil bei ihm nur die oberste Beobachtung ungeändert bleibt, es sich also nur sehr wenig von der Methode der kleinsten Quadrate unterscheidet.

Bedeutend ist, wie man sieht, die Abweichung von der grössten Richtigkeit bei keiner der angeführten Methoden und es ist dies auch sonst schon vorgekommen. So fand z. B. G. Bischof ohne Anwendung der Methode der kleinsten Quadrate ein arithmetisches Mittel, das nicht sehr verschieden von dem war, welches Poisson durch Rechnung nach dem Ausdrucke $T = \alpha + \beta S$, also unter Anwendung jener Methode, für dieselben Beobachtungen berechnet hatte [1].

Da die Zunahme der Erdwärme für kleine Tiefenunterschiede nur sehr gering oder noch gar nicht messbar ist, so muss der reciproke Werth derselben, die Tiefenstufe, das heisst die Tiefenzunahme, welche erforderlich ist, um die Wärme um einen Grad der betreffen-

---

[1] Pogg. Ann. Bd. 38 S. 595.

den Thermometerscala zu erhöhen, gross sein. Sehr geringe Unterschiede in den Temperaturzunahmen führen daher schon zu numerisch bedeutenden Unterschieden in den Tiefenstufen, ohne deshalb einen wesentlichen Einfluss auf den Charakter der Reihe auszuüben. Sie können daher bedeutsamer scheinen, als es wirklich der Fall ist. Gleich gross könnten die Tiefenstufen nur werden, wenn es sich um eine absolut richtige Reihe erster Ordnung handelte, die man, auch wenn sie vorhanden ist, selbst durch die besten Beobachtungen nicht erhält. So haben beispielsweise die später zu betrachtenden Beobachtungen in einem Bohrloche zu Pregny unzweifelhaft eine Reihe erster Ordnung von sehr grosser Regelmässigkeit ergeben. Gleichwohl giebt die erste der daselbst beobachteten zwei Reihen von 200 Fuss Tiefe an für die Erhöhung der Wärme um 1^0 R. die Tiefenzunahme von 100—100—125—106—139—106—116—119— 111—100 Pariser Fuss, also nur eine Annäherung an die Gleichheit. Ebenso ergeben auch gute Reihen zweiter Ordnung in den Tiefenstufen numerisch nicht geringe Abweichungen von dem anzunehmenden Gesetze. Wenn daher auch durch die Tiefenstufen die Unterschiede in der Wärmezunahme am stärksten in die Augen fallen, so konnte es doch als zweckmässig bezeichnet werden, bei Ableitung eines mittleren Werths der Wärmezunahme aus Beobachtungen an verschiedenen Orten, nicht mit den Tiefenstufen, sondern den Wärmezunahmen auf die Maasseinheit zu rechnen [1].

Elftes Capitel.

Ausführung der Berechnung der Beobachtungen. — Berechnung der Formeln mit und ohne Benutzung der Logarithmen. — Berechnung der einzelnen Temperaturen ohne Benutzung der Logarithmen. — Benutzung regelmässiger Reihen zur Beurtheilung der beobachteten. — Mittel, um schon vor der Berechnung den Charakter einer Reihe zu erkennen. — Die mittlere Jahrestemperatur und die Zone der mit der Jahreszeit sich ändernden Temperaturen sind in die Berechnung nicht mit aufzunehmen. — Graphische Darstellung der Temperaturreihen.

Die zur Entwickelung der Formel für eine Temperaturreihe zweiter Ordnung erforderliche Rechnung ist, besonders bei Nicht-

---

[1] Die Natur von K. Müller. 1883. S. 34.

anwendung der Logarithmen, sowie bei zahlreichen Beobachtungen und grossen Tiefenzahlen schon wegen der dabei entstehenden vielstelligen Ziffern, umfangreich. Wenn in den grösseren der mit den zu bestimmenden Unbekannten verbundenen Zahlen ein Rechenfehler vorkommt, der an sich bedeutend ist, so hat das oft einen kaum bemerkbaren Einfluss auf das Endresultat. Wäre dies nicht der Fall, so könnte das oben erwähnte Verfahren zur Vermeidung der grossen Zahlen nicht angewandt werden, weil dabei an diesen Zahlen nach rechts nicht nur Nullen, sondern auch wirkliche Werthe unterdrückt werden müssen. An anderen Stellen kann dagegen schon ein kleiner Fehler die ganze Rechnung unbrauchbar machen. Man muss daher mit grosser Sorgfalt und Ruhe rechnen. Zur Übersichtlichkeit der Rechnung trägt es bei, wenn die Zahlen genau in geraden Linien stehen. Da aber die darauf verwandte Sorgfalt die Richtigkeit des Rechnens beeinträchtigen könnte, so ist es nach meiner Erfahrung nützlich, sich die richtige Stellung der Zahlen dadurch zu erleichtern, dass man auf Papier rechnet, welches mit blassen, horizontalen Parallellinien für die Zahlen versehen ist und noch bequemer, wenn diese Linien von senkrechten Parallellinien gekreuzt werden, nach denen die Zahlen ohne Mühe auch genau senkrecht unter einander zu stehen kommen.

Die Bedeutung der partiellen Rechnungsresultate wird dadurch ersichtlich gemacht, dass man neben sie die Buchstaben des Eliminationsausdrucks, zu welchem sie gehören, schreibt und auch bemerkt, ob sie positiv oder negativ sind.

Die Rechnung wird mehr als eine Folioseite einnehmen und es kann vorkommen, dass man beim Blattumwenden Zahlen, die schon richtig gefunden worden sind und wieder gebraucht werden, unrichtig abschreibt, wenn sie wegen ihrer Grösse die Übersicht erschweren. Die Vermeidung solcher und ähnlicher Verwechselungen wird durch folgendes Verfahren erleichtert.

Man nimmt halbe Bogen und benutzt zur Berechnung nur eine Seite. Wird nun eine schon gefundene Zahl gebraucht, so legt man das Blatt, auf welchem sie steht, neben die Rechnung, so dass man sie bequem und sicher abschreiben kann. Wenn die Rechnung zur Bildung der drei Normalgleichungen ausgeführt ist, schreibt man diese Gleichungen noch einmal unter einander und über jede Zahl derselben den zu ihr gehörenden Buchstaben in den drei Gleichungen S. 93, aus welchen die Ausdrücke für die Zähler der Constanten und ihren Generalnenner entwickelt sind. Hierzu kann auch, wenn man es bequemer findet, ein neben die Rechnung zu legender Zettel benutzt werden. Auf einen bleibenden Zettel werden ausserdem die vorerwähnten vier Eliminationsausdrücke geschrieben. Es kann dann nach diesen jedesmal die Zahl zur Rechnung herangezogen werden, über welcher in den Normalgleichungen der zugehörige Buchstabe steht. Nach Vollendung der Rechnung wird um die paginirten Blätter ein Streifband oder ein Umschlag mit Angabe des Gegenstands der Rechnung gelegt. Die Rückseiten der Blätter können später zu einer anderen, auf dem Streifbande oder dem Umschlage ebenfalls zu bezeichnenden Rechnung, deren Seitenzahlen zur Unterscheidung von den früheren mit rother Tinte zu schreiben sind, benutzt werden. Bei einer Reihe erster Ordnung sind die Eliminationsausdrücke für α und β so einfach, dass es genügt, sie mit in die Rechnung zu schreiben und dann daraus die zu ihren Buchstaben gehörenden Zahlen der Normalgleichungen zu entnehmen.

Am bequemsten ist für eine Reihe zweiter Ordnung die Berechnung unter Benutzung der Logarithmen. Es sind dabei unter die drei Normalgleichungen die Logarithmen aller in ihnen vorkommenden Zahlen zu schreiben. Zunächst sind zu berechnen die positiven und negativen Producte der in den Eliminationsausdrücken eingeklammerten Grössen. Man bildet sechs Spalten, schreibt über jede die betreffenden Buchstaben z. B. $+ b_2 c_3 — b_3 c_2 + b_3 c_2$ u. s. w. und setzt darunter die dazu gehörenden, zu addirenden Logarithmen u. s. w. Noch bequemer würde es sein, wenn man die Klammern auflösen wollte, wodurch man z. B. $k_1 b_2 c_3$ u. s. w. erhält, aber die zu den Logarithmen gehörenden Zahlen würden dadurch möglichst gross, so dass die Logarithmen für dieselben noch weniger ausreichen könnten, als es ohne das schon der Fall ist. Man kann daher auch bei Verzichtleistung auf jene grössere Bequemlichkeit nicht erwarten, dass die logarithmisch gefundenen Constanten auch in ihren Decimalstellen genau mit den ohne Logarithmen erhaltenen übereinstimmen, was jedoch nicht ausschliesst, dass auch jene für nicht wenige Fälle ausreichen. Weil aber hier die genauesten Werthe angegeben werden sollten, sind die mitgetheilten Formeln ohne Logarithmen berechnet und wenn ausnahmsweise die Logarithmen benutzt sind, ist das ausdrücklich bemerkt. Bei Berechnung einer Reihe erster Ordnung wird man wegen ihrer verhältnissmässigen Einfachheit wenig Veranlassung zur Anwendung der Logarithmen haben.

Zur Berechnung der einzelnen Temperaturen sind die Logarithmen mehr als ausreichend, aber gegenüber dem folgenden Ver-

fahren nicht nur entbehrlich, sondern ausnahmsweise auch zu weit-
läufig, und zwar um so mehr, je grösser die Zahl der eine Reihe
bildenden Beobachtungen ist.

Jede der in der entwickelten Formel vorkommenden, mit der
Tiefe verbundenen Constanten wird achtmal zu sich selbst addirt
und als Multiplicandus benutzt. Dadurch erhält man alle Partial-
producte, die zwischen einer Ziffer des Multiplicators und der Constante möglich sind. Sie brauchen also nur richtig hingeschrieben
und addirt zu werden. Nur das Hinschreiben des Multiplicators S,
beziehungsweise auch noch S^2 ist vor der Rechnung erforderlich,
um seine einzelnen Ziffern vor Augen zu haben und zu ersehen,
auf welche Tiefe sich die Rechnung bezieht. Zu dem, was so berechnet wurde, kommt dann noch die erste Constante.

Wenn unter die zweite und dritte Constante einer Formel ihre
Logarithmen gesetzt werden, so ist das eigentlich nur dadurch veranlasst, dass Temperaturen für Tiefen, in denen nicht beobachtet
worden ist, berechnet werden sollen und wegen ihrer nicht grossen
Anzahl davon abgesehen wird, vorher die Multipla der Constanten
zu bilden.

Früher wurde angeführt, dass wenn bei Berechnung einer Reihe
zweiter Ordnung die Constante α gefunden worden ist, die beiden
anderen Constanten auch durch Substitution erhalten werden könnten. Es sind mir aber Fälle vorgekommen, aus denen geschlossen
werden konnte, dass unter Umständen diese beiden Constanten genauer gefunden werden, wenn man, wie es seitdem von mir geschehen ist, die Substitution nicht benutzt. Es kommt dies namentlich in Betracht bei Berechnung des γ, weil es bei seiner Kleinheit
ohne die grösste Genauigkeit leicht einen negativen Werth erhalten
kann, wenn er positiv sein müsste und umgekehrt.

Wird es wegen mangelnder Übung gewünscht, vorläufig das
Rechnen mit grossen Zahlen zu vermeiden, so kann man kleine er-
dachte Reihen benutzen, die selbstverständlich nicht ganz regelmässig
sein dürfen. Man muss dabei aber das Zunehmen der Wärme mit
der Tiefe dem in der Natur vorkommenden ähnlich machen, weil
man ohne das die Constante α leicht negativ erhält und dann wegen
dieser ungewöhnlichen Form glauben kann, das ganze Verfahren sei
nicht richtig. Aus diesem Grunde ist bei den ursprünglich regelmässigen Reihen auch die Entstehung des negativen Werths jener
Constante erörtert worden.

Ist man im Zweifel darüber, wie ein Umstand auf eine Reihe

wirke, so kann man dies, da ja die beobachteten Reihen durch die Berechnung die Eigenschaften der völlig regelmässigen erhalten, am leichtesten dadurch erkennen, dass man sich eine passende kleine regelmässige Reihe bildet und jenen Umstand auf sie anwendet.

Muss nun auch bei den für beobachtete Reihen entwickelten Formeln auf die physikalische Möglichkeit der aus ihnen zu ziehenden Schlüsse gebührende Rücksicht genommen werden, so bleibt doch, auch bei Anwendung der Regel, dass sehr wenig beschleunigte oder verzögerte Reihen zweiter Ordnung als Reihen erster Ordnung zu betrachten und zu behandeln sind, der Unterschied zwischen den Eigenschaften einer beschleunigten und einer verzögerten Reihe von Interesse. Geht man daher bei der Rechnung von der Annahme einer Reihe zweiter Ordnung aus, so ist man gespannt darauf, ob die zum Quadrate der Tiefe gehörende Constante einen positiven oder negativen Werth erhalten wird. Ich habe daher mehrfach mit Nutzen ein den Eigenschaften arithmetischer Reihen entsprechendes einfaches Mittel angewandt, um schon vor Ausführung der Ausgleichungsrechnung in den meisten Fällen ersehen zu können, ob man eine beschleunigte oder verzögerte Reihe erhalten wird und ob in der beobachteten Reihe sonstige Eigenthümlichkeiten liegen, die man ohne das vielleicht unbeachtet lässt.

Hierbei ist davon auszugehen, dass bei einer regelmässigen Reihe erster Ordnung und gleichen Tiefenzunahmen, schon die erste Differenzreihe aus gleichen Zahlen besteht. Das Kennzeichen einer Reihe erster Ordnung ist also, dass für gleiche Tiefenzunahmen nicht nur die Summe von n oberen Temperaturzunahmen so gross ist, wie die von n unteren, sondern dass auch alle diese Zunahmen einander gleich sind. Ebenso muss für gleiche Tiefenzunahmen bei einer regelmässigen Reihe zweiter Ordnung, wenn sie beschleunigt ist, die Summe von n oberen Temperaturzunahmen kleiner und wenn sie verzögert ist, grösser als von n unteren sein. Mit einer kleinen Erweiterung lässt sich dies auch auf beobachtete Reihen anwenden.

Gesetzt man hätte [1], um ein kleines, aber stark ausgeprägtes Beispiel zu nehmen, die Tiefenzunahmen 20—50—60—40—60 und dazu gehörten der Reihe nach die Wärmezunahmen 0,2—1,5—2,0 —1,4—2,2. Es müssen nun wie bei den regelmässigen Reihen und gleichen Tiefenstufen die Summen der Wärmezunahmen, welche zu gleichen Summen der Tiefenzunahmen gehören, mit einander ver-

---

[1] Neues Jahrbuch für Min. etc. 1877. S. 594.

glichen werden. Die Hälfte der Summe der Tiefenzunahmen ist hier 115. Weil diese nicht gerade zwischen zwei Tiefenzunahmen fällt, muss von der dritten Tiefenzunahme 60 so viel nach oben und unten gegeben werden, dass man 115 erhält und proportional hiermit giebt man auch die dazu gehörende Wärmezunahme 2 nach oben und unten. Diese Vertheilung einer Tiefenstufe und ihrer Wärmezunahme ist wesentlich, weil erst dadurch das Verfahren nicht nur für gleiche, sondern auch für beliebige Tiefenstufen in einfachster Weise anwendbar wird. Man erhält nun die beiden Summen der Wärmezunahmen, die zu den halben Summen der Tiefenzunahmen gehören, nämlich oben $0{,}2 + 1{,}5 + 1{,}5 = 3{,}2$ und unten $0{,}5 + 1{,}4 + 2{,}2 = 4{,}1$. Weil die obere Summe kleiner ist als die untere, erhält man eine beschleunigte Reihe und im entgegengesetzten Falle eine verzögerte. Eine Reihe erster Ordnung würde nach dem Vorhergehenden ganz genau nur dann vorhanden sein, wenn nicht nur die beiden Summen der Temperaturzunahmen gleich wären, sondern zu gleichen Tiefenzunahmen auch gleiche Temperaturzunahmen gehörten. Wenn zwar beide Summen nicht gleich sind, der Unterschied aber sehr gering ist gegen die Summen der Temperaturzunahmen, oder, wenn beide Summen zwar zufällig gleich sind, zu gleichen Tiefenzunahmen aber nicht gleiche Wärmezunahmen gehören, hängt der Charakter der Reihe davon ab, an welchen Stellen grössere oder kleinere Wärmezunahmen vorkommen. Das Resultat kann dann auch zweifelhaft bleiben, meistens aber wird man die zum Quadrate der Tiefe gehörende Constante sehr klein erhalten. Dieser Einfluss der Stellen der Wärmezunahmen kann sich auch geltend machen, wenn der Unterschied zwischen den beiden Summen der Wärmezunahmen zwar schon etwas grösser ist, die Wärmezunahme aber nicht gleichmässig genug gefunden wurde.

Unter ungewöhnlichen Verhältnissen kann auch Folgendes eintreten: Gesetzt, man hätte durch Beobachtungen, die in dem Grade richtig waren, dass sie nicht störend auf den Charakter der Temperaturreihe einwirken konnten, für beliebige, der einfacheren Vergleichung wegen aber gleiche Tiefenzunahmen, die Wärmezunahmen 2, 3, 4, 2, 2, 2 gefunden. Die Summe der drei oberen Zunahmen ist um die Differenz 3 grösser, als die der drei unteren. Diese Differenz würde bleiben, wenn noch viel tiefer beobachtet und dabei stets die Zunahme 2 gefunden wäre. Man erhält also, von einer Reihe zweiter Ordnung ausgehend, durch Anwendung der Ausgleichungsrechnung die Formel für die Verzögerung der Wärmezunahme mit der Tiefe. Denkt man sich aber die Reihe aus den einzelnen Tiefen als Abscissen und den zugehörigen Temperaturen als Ordinaten graphisch dargestellt, so ergiebt sich, dass sie bei den drei ersten Wärmezunahmen eine steil aufsteigende Curve bildet, die dann in eine aufsteigende gerade Linie übergeht, dass demnach von einer Verzögerung nichts zu bemerken ist. Die Ausgleichungsrechnung hat demnach ein Resultat ergeben, das dem wirklichen Verhältnisse nicht entspricht. Das liegt aber nicht an ihr, sondern daran, dass ihr zwei von einander verschiedene Gesetze übergeben wurden, deren Differenzen sie als auszugleichende Fehler behandeln muss. Man kann also in einem solchen Falle nur den unteren, hier mit der Zunahme 2 anfangenden Theil der Reihe gelten lassen, denn es hätte keinen Sinn, wollte man annehmen, dieser Theil sei keine Reihe erster Ordnung, weil über demselben eine beschleunigte Reihe liegt. Ebenso würde auch bei anders liegenden oder beschaffenen, unzweifelhaften Unterschieden im Charakter der Theile einer Reihe nur deren unterster Theil, der aber eine hinreichende Ausdehnung haben muss, anzunehmen sein, sei es, dass die ganze Reihe, wie im vorstehenden Beispiele, zwei, oder dass sie, was kaum vorkommen wird, noch mehr von einander verschiedene Reihen enthält. Es ist hierbei ausgeschlossen, unbedeutende oder sich nur auf eine geringe Länge erstreckende Abweichungen in der Wärmezunahme schon als eine besondere Reihe anzusehen und es kann nicht auf beliebige, sondern nur auf solche Reihen angewandt werden, die man durch möglichst richtige Beobachtungen erhalten hat.

Bei der Berechnung einer Temperaturreihe ist man früher mehrfach von der mittleren Jahrestemperatur des betreffenden Orts, die gewöhnlich auch als die der Erdoberfläche betrachtet wurde, ausgegangen. Sie wurde hierbei als festes, keiner Correctur zu unterwerfendes Anfangsglied der Reihe angenommen, was dadurch erklärlich ist, dass sie zwar mit der Erdwärme in einem Zusammenhange steht, aber nicht in einem solchen, dass sie mit Rücksicht auf die letztere abgeändert werden dürfte.

Es wurde schon erörtert (S. 7), dass jede Reihe der Erdtemperatur in senkrechter Richtung aus zwei Theilen besteht, von denen der obere die Zone der veränderlichen Temperaturen umfasst, der untere mit dem Eintritte der constanten Temperatur beginnt und dass nur in dem letzteren das Gesetz der Zunahme der Wärme mit der Tiefe ungestört zum Ausdrucke gelangen kann. Ferner (S. 5), dass nach einem langjährigen Durchschnitte in der oberen Zone die Wärme mit der Tiefe gar nicht zunimmt.

Wenn man also diesen Theil mit der Wärmezunahme gleich Null in die Berechnung mit aufnimmt, so wird dadurch, mag man die Tiefe des Eintritts der constanten Wärme kennen oder nicht, die obere Summe der Wärmezunahme verkleinert und die Reihe erhält dadurch eine Beschleunigung der Wärmezunahme, die sie an sich nicht besitzt, also ein Element, das, weil es ihr als ein Ergebniss von Sonnen- und Erdwärme nicht allein angehört, in die Berechnung des Gesetzes der Wärmezunahme nicht mit aufzunehmen ist, wenn auch die durch seine Aufnahme verursachte Störung nach den Aequatorialgegenden hin, in denen die Erdwärme schon in geringer Tiefe constant wird, abnimmt. Ausserdem muss doch jede Reihe ein bestimmtes Anfangsglied haben. Das fehlt aber der oberen Zone, auch wenn man ihre mittlere Wärme genau kennt, weil eine Zunahme der Wärme mit der Tiefe gar nicht vorhanden ist, es also ganz unbestimmt bleibt, von welcher ihrer Tiefen ausgegangen werden soll. Demnach muss auch deshalb von der Tiefe des Eintritts der constanten Erdwärme ausgegangen werden. Ist, wie meistens, diese Tiefe nur ungefähr bekannt, so kann man, wenn es nöthig oder räthlich ist, von den obersten Beobachtungen etwas opfern, um sicher zu sein, dass die Reihe mit einer Tiefe von constanter Temperatur anfängt. Und endlich, wenn man wissen will, um wieviel die Erdwärme schon in den oberen Theilen der constanten Reihe die mittlere Temperatur der oberen Zone übertrifft, so ist es gar nicht nothwendig, von letzterer auszugehen, denn dadurch, dass sie von der Berechnung ausgeschlossen wird, findet man jenen Unterschied gerade am richtigsten. Wollte man aber auch hiervon absehen, so müsste doch erst die mittlere Temperatur der oberen Zone gefunden werden, wozu (S. 4) mindestens ein ganzes Jahr erforderlich ist.

Da die mittlere Jahrestemperatur der Oberfläche der mittleren Temperatur der oberen Zone theils nahezu gleich, theils nur wenig davon verschieden ist (S. 6), so kann man jene als das obere Ende der veränderlichen Zone betrachten. Wenn daher diese von der Berechnung der constanten Temperaturreihe auszuschliessen ist, so gilt das auch für die mittlere Jahrestemperatur der Oberfläche, und zwar um so mehr, weil ihre Entfernung von der constanten Temperatur die grösste ist und deshalb die obere Zone mit ihrer ganzen Länge störend wirkt.

Zur Feststellung des Charakters einer Temperaturreihe ist auch deren graphische Darstellung benutzt worden. Bei der Construction eines Bergprofils ist für die horizontalen und senkrechten Längen derselbe Maassstab gegeben und wenn man für die Höhen einen grösseren wählt, so ist dies Verhältniss ein bestimmtes. Die Temperaturen dagegen hängen zwar von den Tiefen ab, aber nicht nach einem gemeinschaftlichen Maassstabe. Das ist allerdings auch der Fall, wenn z. B. zwei Curven für den gleichzeitigen Gang des Barometers und Thermometers entworfen werden sollen, aber man ersieht dabei doch mit grosser Deutlichkeit das, was man erfahren will, ob nämlich beide Curven einander ungefähr parallel sind oder nicht. Dem gegenüber ist die Zunahme der Temperatur gegen die der Tiefe so gering, dass man bei Anwendung desselben Maassstabes für beide meistens kaum eine deutlich erkennbare Curve erhalten würde. Es bleibt daher nur übrig, den Maassstab für die Temperaturen so viel grösser als den für die Tiefen zu nehmen, dass die kleinen Temperaturveränderungen besser sichtbar werden. Ist dies geschehen, so sieht man, da ja drei in senkrechter Linie liegende Temperaturbeobachtungen zwei Stück der Curve geben, wie sich das erste Stück gegen das zweite verhält. Nimmt die Temperatur mit der Tiefe gleichmässig zu, so bilden beide Stücke zusammen eine gerade Linie, nimmt sie nicht so stark zu wie vorher, so senkt sich das zweite Stück herab und steigt beim Gegentheile auf. Es wird dies am anschaulichsten durch Verlängerung des ersten Stücks. Damit ist aber über den Charakter, den die Reihe im Ganzen hat, in der Regel noch nichts entschieden, also auch keine, das Gesetz der Wärmefortschreitung anschaulich machende Curve erhalten. Ist der Maassstab für die Temperaturen nicht sehr gross genommen worden, so werden sich die Curven nur wenig von der eine Reihe erster Ordnung darstellenden geraden Linie unterscheiden und das kann selbst dazu verleiten, sie auch dann dafür zu halten, wenn sie dem nicht entsprechen oder wenn sie sogar aus fehlerhaften Beobachtungen hervorgegangen sind. Dazu kommt, dass man die vorläufige Kenntniss des Reihencharakters viel genauer und sogar mit weniger Mühe durch die Vergleichung der oberen und unteren Summen der Temperaturzunahmen, die zur Hälfte der Summe der Tiefenzunahmen gehören, völlig genau aber erst durch die Berechnung als Reihe zweiter Ordnung erhält.

Zeigt sich, dass der aus der graphischen Darstellung gezogene Schluss der richtige war, was auch vorkommen wird, so ist der Beweis dafür nicht durch die geometrische Construction, sondern die darauf folgende Rechnung gewonnen und wenn die Berechnung als Reihe zweiter Ordnung ergiebt, dass es sich in Wirklichkeit um eine Reihe erster Ordnung handelt, so kommt man zu dieser Erkenntniss zwar auf einem Umwege, aber auch mit der grössten Sicherheit, weil man so das Mittel erhält zur genauen Vergleichung zwischen dem, was die Beobachtungen nach der strengen Rechnung ergeben und was man mit Rücksicht auf die unvermeidlichen kleinen Abweichungen anzunehmen hat. Daraus ergiebt sich, dass, wie bereits angeführt wurde, im Allgemeinen bei der Berechnung der Beobachtungen von der Annahme einer Reihe zweiter Ordnung auszugehen und eine Reihe erster Ordnung erst dann anzunehmen und danach zu berechnen ist, wenn die erste Berechnung die Berechtigung dazu gewährt hat. Hiervon kann aber auch abgegangen werden, wenn die Wärmezunahmen für gleiche Tiefenzunahmen so wenig von einander abweichen, dass die Reihe sofort als eine solche erster Ordnung erkannt werden kann. Alle dieses schliesst aber nicht aus, dass die graphische Darstellung Unregelmässigkeiten in einer Reihe oder die Unterschiede zwischen Reihen anschaulich machen kann.

Zwölftes Capitel.

Die erste Formel für Sperenberg. — Bessere Formeln. — Vergleichung derselben mit einander. — Danach nimmt zu Sperenberg die Wärme wie die Tiefe zu. — Unabhängigkeit einer Beobachtung mit Wasserabschluss von der Zeit ihrer Anstellung. — Hat das Bohren mit Wasserspülung Einfluss auf die Beobachtungen? — Verhalten der Gesteinswärme in Bergwerken. — Zweckmässigkeit des Beobachtens auf der jedesmaligen Bohrlochsohle unter Beseitigung der Bohrarbeitswärme. — Vorzüge der Beobachtungen mit Wasserabschluss. — Zu ihrer Berechnung ist die Formel für eine Reihe dritter Ordnung nicht geeignet.

Die Berechnung gewährt nicht nur Aufschluss über den Charakter einer Temperaturreihe, sondern sie ist auch ein werthvolles Hilfsmittel zur sachgemässen Beurtheilung des Grades der Richtigkeit der Beobachtungen. Hierfür werden die nachfolgenden Berechnungen theils genauer, theils mangelhafter Beobachtungen und die daraus zu ziehenden Schlüsse die Bestätigung gewähren.

Für die Berechnung der Beobachtungen im Bohrloche 1 zu Sperenberg können nach dem Vorhergehenden nur die in abgeschlos-

senen kurzen Wassersäulen ausgeführten benutzt werden. Bei meiner
ersten, im Jahre 1872 veröffentlichten, Berechnung derselben schloss
ich mich dem früheren Verfahren an, die mittlere Jahrestemperatur
des Beobachtungsorts als unabänderliches Anfangsglied der Reihe
anzunehmen und durch die Rechnung zu bestimmen, wie von diesem
Gliede aus die Temperatur mit der Tiefe zunehme. Da über die
mittlere Jahrestemperatur von Sperenberg keine Beobachtungen vorlagen, so wurde sie der sicherlich nur wenig davon abweichenden
von Berlin, welche früher zu 7,18° R. ermittelt worden war, gleich
gesetzt. Es führte dies für die 9 Beobachtungen auf die Gleichung

$$T = 7,18 + 0,01298571818\, S - 0,00000125701\, S^2. \qquad (1$$

Da das letzte Glied der Gleichung negativ geworden ist, so
nimmt nach ihr die Temperatur der Tiefe nicht ganz so rasch wie
die Tiefe zu. Das calculative Wärmemaximum liegt in der Tiefe von

$$\frac{0,01298571}{2\cdot 0,00000125701} = 5165 \text{ rheinl. Fuss mit } 40,7° \text{ R.}$$

Diese Formel hat mich gleich nach ihrer Aufstellung wegen
der verhältnissmässig zu grossen Summe der Fehlerquadrate von
7,6445 wenig befriedigt. Nachdem ich mich aber überzeugt hatte,
dass mittlere Jahrestemperatur, mittlere Temperatur der oberen Boden-
fläche und die Zone der mit der Jahreszeit sich ändernden Temperaturen des Bodens in die Berechnung nicht mit aufzunehmen sind,
musste das seitherige Verfahren aufgegeben werden. Ich liess daher
jene Formel fallen [1].

Die vorläufige Feststellung des Reihencharakters nach der bereits näher beschriebenen Vergleichung der Summen der Wärmezunahmen, die zu der oberen und unteren halben Summe der Tiefenzunahmen gehören, zeigt, dass bei den 8 oberen Beobachtungen von
700 bis einschliesslich 2100 Fuss Tiefe die obere Summe die kleinere,
also eine beschleunigte Reihe zu erwarten ist [2]. Nimmt man zu
diesen Beobachtungen noch die in 3390 Fuss Tiefe, so zeigt wieder
jene Vergleichung, dass die 9 Beobachtungen zu einer verzögerten
Reihe führen werden. Nun ist es aber sehr unwahrscheinlich, dass,
wenn wie hier das Gestein von 700 Fuss Tiefe an keine Verände-

[1] Nature. A weekly illustrated journal of science. Jan. 11. 1877. p. 242;
und Neues Jahrbuch für Min. etc. 1877. S. 606.
[2] Neues Jahrbuch für Min. etc. 1877. S. 596 u. w.

rnng seiner Beschaffenheit gezeigt hat, von 2100—3390 Fuss Tiefe
das Gesetz der Wärmeleitung ein anderes sein werde.

Um dies näher festzustellen, führte ich für die 8 oberen und
für alle 9 Beobachtungen die Rechnung gesondert unter Herunterschiebung der Oberfläche um 700 Fuss, also nach dem Ausdrucke

$$T = \alpha + \beta(S - 700) + \gamma(S - 700)^2$$

aus.

Hiernach findet man für die 8 oberen Beobachtungen

$$T = 17,503 + 0,006691607(S - 700) + 0,000000786607(S - 700)^2 \qquad (2$$

mit einer Summe der Fehlerquadrate für 8 Correcturen von 1,0091.

Da alle Glieder der Gleichung positiv geworden sind, nimmt,
wie vorausgesetzt war, die Wärme schneller zu wie die Tiefe.

Die 9 Beobachtungen zusammen ergeben nach der oben als
Beispiel mitgetheilten Berechnung

$$T = 17,275902 + 0,00799279(S - 700) - 0,0000002028154(S - 700)^2 \qquad (3$$

mit einer Summe der Fehlerquadrate für 9 Correcturen von 1,2897.

Hiernach nimmt wegen des negativen Werths des letzten
Gliedes der Gleichung die Wärme zwar nicht ganz so stark wie die
Tiefe zu, aber die dritte negative Constante ist so klein gegen die
zweite positive, dass sich, wie schon früher hervorgehoben wurde,
die Reihe nur äusserst wenig von einer Reihe erster Ordnung unterscheidet und für eine solche zu nehmen ist. Der Unterschied in
der Wirkung dieser Formel gegen die der früheren No. 1 ist ein
bedeutender. Nach dieser tritt das calculative Wärmemaximum schon
in der Tiefe von 5165 Fuss mit nur 40,7° R., nach jener erst
19705 Fuss unter 700 Fuss, also 20405 Fuss unter der Oberfläche
ein. Diese grosse Tiefe und die dazu gehörende hohe Temperatur
von 96° R. bilden an sich schon ein gewichtiges Hinderniss bei Annahme einer geringen Wärme des Erdkörpers. Durch Beseitigung
der mittleren Jahrestemperatur als Anfangsglied der Reihe ist also
die Tiefe des Eintritts des Wärmemaximums um 15240 Fuss und
die zugehörige Temperatur um 55,3° R. grösser geworden.

Dass die zur Entwickelung der Gleichungen 2 und 3 angewandte Methode die richtige sei, ist ausser den durch dieselbe
so gering gewordenen Summen der Fehlerquadrate auch daraus ersichtlich, dass ihre ersten Constanten, die zugleich berichtigte Werthe
der Temperatur in 700 Fuss Tiefe sind, nur wenig von der Beobachtung abweichen, während nach der Formel 1 die beobachteten 17,275° R.
auf 15,654° R. abgeändert werden mussten.

Die 8 oberen Beobachtungen sind zwar mit der grössten Sorgfalt ausgeführt, aber die Wärmezunahme ist bei ihnen, vielleicht in Folge der Schwierigkeiten, die mit der Art des Apparats, dessen man sich bedienen musste, verbunden waren, noch nicht ganz so regelmässig, wie ich es gewünscht habe. Berücksichtigt man nun, dass, wenn wie hier das Gestein seine Beschaffenheit nicht geändert hat, eine Reihe erster Ordnung zu erwarten ist, ferner dass, wenn die Wärmezunahme nicht gleichmässig genug gefunden wird, die Lage der Stellen, an welchen die grösseren oder kleineren Wärmezunahmen vorkommen, nach der oben erörterten Vergleichung der Summen der oberen und unteren Wärmezunahmen, den Charakter einer Reihe mit bestimmen und auf eine an sich nicht vorhandene Beschleunigung führen kann, so hat es die Wahrscheinlichkeit für sich, dass jene Beobachtungen in Wirklichkeit einer Reihe erster Ordnung angehören, dass sie also bei Herunterschiebung der Oberfläche um 700 Fuss nach dem Ausdrucke

$$T = \alpha + \beta(S - 700)$$

zu berechnen sind. Man erhält dadurch

$$T = 17{,}2828 + 0{,}0077928\,(S - 700) \qquad (4$$

mit einer Summe der Fehlerquadrate für 8 Correcturen von 1,1748.

Betrachtet man ferner die 9 Beobachtungen, für welche die Formel 3 den strengeren Ausdruck bildet, als zusammen einer Reihe erster Ordnung angehörend, was schon als ebenfalls berechtigt bezeichnet wurde, so ergiebt sich nach der darüber oben als Beispiel mitgetheilten Rechnung

$$T = 17{,}486492 + 0{,}007450129\,(S - 700) \qquad (5$$

mit einer Summe der Fehlerquadrate für 9 Correcturen von 1,4658.

Die 4 letzten Formeln ergeben nun Folgendes.

Man erhält für die Tiefe von 3390 Fuss aus

Formel 2	die Temperatur von	. . . . .	41,195° R.
„ 3	„ „	„	37,309° „
„ 4	„ „	„	38,245° „
„ 5	„ „	„	37,527° „

und für die Tiefe von 4042 Fuss, bis wohin die tiefste Beobachtung ohne Abschluss einer Wassersäule reichte, aus

Formel 2	die Temperatur von	. . . . .	48,652° R.
„ 3	„ „	„	41,723° „
„ 4	„ „	„	43,326° „
„ 5	„ „	„	42,385° „

In der Tiefe von 4042 Fuss fand man nach der Tabelle II
ohne Abschluss einer Wassersäule 38,1° R., die sich durch die Correctur wegen des Wasserdrucks auf 39,395° R. erhöhen, also 9,257° R.
weniger, als die aus den · 8 oberen Beobachtungen mit Wasserabschluss abgeleitete Formel 2 für diese Stelle giebt. Nimmt man
an, die 38,245° R., welche nach der Formel 4 zu 3390 Fuss Tiefe
gehören, seien der wahrscheinlichste Werth, so würde die Beobachtung daselbst um 1,007° R. zu klein ausgefallen sein und der Unterschied zwischen Beobachtung mit und ohne Wasserabschluss abgerundet nicht 3°, sondern 4° R. betragen haben. Aber auch diese
erhöhte Differenz würde, wenn proportional der Tiefe zunehmend,
in 4042 Fuss Tiefe nur 4,77° R. betragen. Wenn nun auch der
Fehler der Wassercirculation schneller zunimmt wie die Tiefe, so ist
dies doch nicht in dem Grade möglich, dass jene Differenz sich auf
9,257° R. erhöhen könnte. Man erhält hierdurch einen weiteren,
und zwar einen entscheidenden Grund für das Fallenlassen der aus
den 8 oberen Beobachtungen abgeleiteten Beschleunigung der Wärmezunahme. Es kann also auch eine Beobachtung ohne Wasserabschluss
als Vergleichungsgegenstand unter Umständen sehr nützlich sein,
vorausgesetzt dass sie völlig oder doch hinreichend frei von der durch
die Bohrarbeit erzeugten Wärme ist.

Die in der Formel 3 liegende Verzögerung der Wärmezunahme
ist so ausserordentlich gering, dass sie nicht in Betracht kommen
kann. Es bleiben also nur die Formeln 4 und 5 übrig.

Für die Formel 4 ist anzuführen, dass sie einer zusammen-
hängenden Reihe von Beobachtungen angehört, die, je 200 Fuss
von einander abstehend, eine Länge von 1400 Fuss umfassen und
dass, weil sie auch nach ihrer Berechnung als Reihe erster Ordnung
die Temperatur für 3390 Fuss Tiefe um 1,007° R. erhöht, sich ver-
muthen lässt, die Wärme sei an dieser Stelle zu gering gefunden,
das heisst, der hier angewandte, mit Werg und Leinwand überzogene
Holzstopfen habe nicht so dicht abgeschlossen, wie die Kautschukballons, was immerhin möglich ist. Ausserdem kommt in Betracht,
dass zwar bei der tiefsten Beobachtung der Unterschied zwischen
der mit und ohne Wasserabschluss gefundenen Wärme nicht nur
wegen der grösseren Tiefe, sondern auch wegen der Wärme, die bei
den nach Vollendung des Bohrlochs ausgeführten o b e r e n Beobachtungen dem offenen Wasser von dem unter ihm stehenden zugeführt
wurde, am bedeutendsten war, damit aber auch die Kraft der Circulation des Wassers und die Möglichkeit zunahm, die Wärme etwas

zu gering zu finden, wenn der Abschluss der Wassersäule in seiner Genauigkeit nur sehr wenig dem in den geringeren Tiefen nachstand.

Für die Formel 5 spricht der Umstand, dass sie einen grösseren Raum umfasst und besonders, dass die 9 Beobachtungen auch nach der Formel 3 eine Reihe liefern, die einer solchen erster Ordnung so gut wie gleich ist.

Die Formeln 4 und 5 führen bis zu 2042 Fuss Tiefe nur auf einen Unterschied von 0,941° R. Sie sind daher in ihrer Wirkung fast gleich und beide ergeben, dass die Wärme wie die Tiefe zunimmt, dass also auch die durch die Beobachtungen in dem Bohrloche I zu Sperenberg erhaltene Reihe für die Ansicht von einer hohen bis zum Schmelzen der Gesteine gehenden Wärme des Erdkörpers spricht. Der Formel 5 ist aber der Vorzug zu geben, weil sie einen grösseren Raum umfasst und die zu ihr gehörende Reihe so ausserordentlich nah an einer Reihe erster Ordnung steht. Da nach ihr und der dasselbe ergebenden, ebenfalls schon mitgetheilten Formel

$$T = 12{,}27140 + 0{,}007450129\,S$$

die Wärmezunahme auf jede 100 Fuss Tiefenzunahme 0,745° R. beträgt, so kommt

$$1° \text{ R. auf } \frac{100}{0{,}745} = 134{,}2 \text{ rheinl. Fuss} = 42 \text{ m}$$

und

$$1° \text{ C. auf } \frac{134{,}2 \cdot 4}{5} = 107{,}3 \text{ rheinl. Fuss} = 33{,}7 \text{ m}$$

Tiefenzunahme.

Es ist von anderer Seite angeführt worden, eine stehende Wassersäule, wie die im Sperenberger Bohrloche, die weder Zunoch Abfluss habe und in welcher fortwährend Strömungen nach entgegengesetzter Richtung stattfänden, müsse nothwendig die Temperatur des Gesteins im Laufe der Zeit verändern. Hierdurch werde im unteren Theile des Bohrlochs dem Gestein jahraus jahrein Wärme entzogen, die nicht wieder ersetzt werde und folglich müsse hier das Gestein bis zu einer gewissen Tiefe, senkrecht zur Richtung des Bohrlochs, um eine bestimmte Anzahl von Graden abgekühlt werden. In der Nähe der Oberfläche sei es umgekehrt. Hier stehe das Gestein mit Wasser in Berührung, welches fortwährend wärmer sei als das Gestein. Es müsse daher hierdurch die Temperatur des Gesteins im Laufe der Zeit bis zu einer gewissen Tiefe erhöht werden. Man werde daher mit Ausnahme der einen Stelle, wo das

Gestein durch das Wasser weder erwärmt noch abgekühlt werde, auch in abgeschlossenen kurzen Wassersäulen über jener Stelle die Temperatur zu hoch und unter derselben zu niedrig erhalten, wenn eine solche Beobachtung nicht unmittelbar nach erfolgter Bohrung angestellt werde.

Dieses Bedenken ist meines Erachtens nicht begründet, denn es kommt hierbei das oben angeführte Gesetz zur Geltung, nach welchem, wenn zwei verschieden warme Körper, von denen der eine — hier die abgeschlossene kurze Wassersäule — als unendlich klein betrachtet werden kann gegen den anderen — hier das Gestein, das heisst die Erde — hinreichend lange mit einander verbunden bleiben, die Wärme der verbundenen Stücke die des unendlich grossen Körpers ist, mag der kleine von ihm Wärme empfangen oder an ihn abgegeben haben.

Die Beobachtungen haben dies bestätigt.

Wenn nun von den zur Berechnung benutzten Beobachtungen mit Wasserabschluss die oberen durch den Einfluss des nicht abgeschlossenen Wassers eine Wärme ergeben haben sollten, die über die des Gesteins hinausging, so hätte sich dies am entschiedensten bei der obersten in 700 Fuss Tiefe zeigen müssen. Nun habe ich aber bei derselben die Wärme des abgeschlossenen Wassers noch gegen 1^0 R. höher gefunden, als die des nicht abgeschlossenen. Die Wassersäule im Bohrloche konnte also schon in dieser Tiefe, ungeachtet der ihr von unten zugeführten Wärme, an das Gestein Wärme nicht abgeben, sondern von ihm nur empfangen.

Von der Bohrlochsohle bis zur Stelle gleicher Erd- und Wasserwärme strömte also aus dem Gestein so lange Wärme in das Wasser, bis dieses so warm geworden war, als es bei der Abgabe von Wärme nach oben überhaupt werden konnte. Jeder weitere Wärmeverlust wurde dann durch die Erdwärme gerade so ersetzt, wie sie das Wasser von vornherein erwärmt hatte und nach Beseitigung der Wärmeabgabe nach oben musste das abgeschlossene Wasser die Wärme des anstossenden Gesteins annehmen.

In der Tiefe von 3390 Fuss wurde die Wärme des abgeschlossenen Wassers 3^0 R. höher als die des offenen gefunden. Dieser Unterschied ist der höchste von allen, weil er der grössten Tiefe angehört, auf der Bohrlochsohle dem offenen Wasser keine Wärme aus grösserer Tiefe zugeführt wurde, der durch die innere Strömung des Wassers entstehende Wärmeverlust sich also in seiner unverminderten Grösse zeigen konnte. Gefragt könnte nur werden, ob der Abschluss lange genug gedauert habe, um dem Wasser völlig die Wärme des Gesteins mitzutheilen. Waren aber hierzu in 1100 Fuss Tiefe 10 Stunden genügend, so sind es sicherlich auch die 24 beziehungsweise 28 Stunden bei den zwei Beobachtungen in 3390 Fuss Tiefe gewesen. Der Umstand, dass in 1100 Fuss Tiefe die Wärme des abgeschlossenen Wassers schon in 1—2 Stunden von $19{,}08^0$ R. auf $19{,}6^0$ und $19{,}9^0$ R. stieg, zeigt, dass die Wärmeausgleichung alsbald nach dem Abschlusse beginnt.

Über der Stelle gleicher Erd- und Wasserwärme wurde dem Wasser durch das kältere Gestein zwar Wärme entzogen, es blieb aber doch wärmer als das Gestein, weil die Zuführung der Wärme von unten die Abkühlung überwog. Dass dann, nachdem die Zuführung der Wärme von unten durch Wassersäulenabschluss beseitigt war, die kältere Erde an vier Stellen die Wärme des Wassers erniedrigte (S. 73) zeigt unwiderleglich, dass auch in diesem entgegengesetzten Falle die Erdwärme das Bestimmende ist. Es kann auch nicht anders sein, weil selbst in einem weiten Bohrloche die Wassersäule gegen den Erdkörper nur ein unendlich dünner unsichtbarer Faden ist[1].

Zu den Fortschritten im Bohrwesen gehört, dass man, um den Bohrschlamm zu entfernen, durch ein hohles Gestänge einen kräftigen Wasserstrahl, welcher kälter oder wärmer als das Gestein in der betreffenden Tiefe sein kann, bis an die Bohrstelle führt, der bei seinem Aufsteigen den Bohrschlamm entfernt. Daraus ist geschlossen worden, die Wärme des Gesteins werde dadurch so erhöht oder erniedrigt, dass man auch durch die Wärme der abgeschlossenen Wassersäule die der Erde nicht finden könne. Das muss erst bewiesen werden. Man beobachte deshalb alsbald nach der Spülung und später in derselben Tiefe, nachdem die etwaige Wirkung der Spülung verschwunden ist, die Wärme in einer kurzen abgeschlossenen Wassersäule in der Weise, dass der Abschluss jedesmal wenigstens 10 Stunden dauert.

---

[1] Da der obere, in Deutschland 24 m (S. 6) lange Theil einer Temperaturreihe veränderlich ist (S. 4), nach langjährigem Durchschnitte aber auf jede Stelle dieselbe Wärmemenge kommt (S. 5), so wird man nicht leicht die Stelle treffen, wo gerade das Jahresmittel vorhanden ist, in der Regel also einen geringeren oder grösseren Betrag erhalten. Erhält man in dem oberen Theile eines schon sehr tief gewordenen Bohrlochs, wie bei dem später anzuführenden Bohrloche zu Schladebach, auch bei Abschluss einer Wassersäule einen für die Tiefe zu hohen Betrag, so ist das nicht eine Folge des von unten erwärmten Wassers, sondern der Jahreszeit der Beobachtung.

Der durch ein Bohrloch, dessen Wasser nicht überfliesst, verursachte bleibende Wärmeverlust besteht übrigens nur darin, dass, weil dem oberen Wasser Wärme zugeführt wird, mehr Wärme als ohne das in die Zone der veränderlichen Temperaturen gelangt. Hierzu kommt, wenn das Bohrloch an seinem oberen Ende nicht geschlossen wurde, die Ausstrahlung von Wärme an der kleinen Oberfläche des Wassers. Alle diese geringen Verluste werden durch die aus den Bohrlochswänden fortwährend nachrückende Wärme ersetzt und kommen für den Wärmevorrath des Erdkörpers, der selbst durch die grossen Wärmemengen, welche Vulcane und heisse Quellen auf die Oberfläche gebracht haben, seit HIPPARCH's Zeit keine Veränderung erlitten hat, nicht in Betracht[1]. Unterbricht man nun dies Verhältniss durch einen guten, hinreichend lange dauernden Abschluss einer kurzen Wassersäule, so wird da, wo dies geschieht, der ursprüngliche Zustand wieder hergestellt und man erhält durch die Wärme des Wassers die der Erde. Hieran hat auch deshalb der Umstand nichts ändern können, dass bei den 8 oberen Beobachtungen ein langer Zeitraum zwischen Bohrung und Beobachtung lag, der längste von nahezu 3¾ Jahren bei der obersten Beobachtung in 700 Fuss Tiefe, bei der ersten der in 3390 Fuss Tiefe auf der Bohrlochsohle angestellten Beobachtungen aber nur so viel Zeit, als man brauchte, um das obere Ende des engeren Vorbohrens conisch zu erweitern. Die Richtigkeit einer Beobachtung mit Wasserabschluss ist also bei gleich guter Ausführung und gleich günstigen Umständen von der Zeit, zu welcher sie angestellt wird, nicht abhängig.

Dadurch ist nicht ausgeschlossen, dass in einem Bergwerke die Änderung der Gesteinswärme eine eingreifende sein kann. Im Bohrloche erhält das Wasser von unten bis zu der Stelle gleicher Erd- und Wasserwärme seine Wärme und von da an seine Abkühlung allein und unmittelbar von der Erdwärme. In der Grube dagegen wirkt die Wärme des Gesteins zwar auch auf die der Luft und des Wassers, aber diese beiden beweglichen Stoffe sind davon nicht allein abhängig, denn es tritt bei ihnen nicht nur die innere Strömung ein, sondern sie haben auch noch eine weitere eigene Bewegung und Wärme, das Wasser beim Herabsinken in die durch den Bergbau entstandenen Hohlräume und die Luft bei dem unentbehrlichen Wetterzuge. Es können ihnen also auch stets neue Wärmemengen zugeführt werden, die je nach der Jahreszeit geringer

---

[1] BISCHOF a. a. O. S. 365.

oder grösser als vorher sind. Durch alle dieses kann sich, wie die Beobachtungen REICH's gezeigt haben, ein Verhältniss bilden, wie zwischen dem veränderlichen Klima und der Zone der oberen veränderlichen Temperaturen. Wie man hierbei bis zu einer gewissen Tiefe niedergehen muss, um das oberste Glied der Reihe der constanten Temperaturen zu erreichen, so müssen in der Grube die störenden Einflüsse durch genügend tiefe Versenkung der Thermometer in das Gestein beseitigt werden. Aber auch in der Grube würde sich, allerdings nicht so bald wie in einem Bohrloche, der ursprüngliche Wärmezustand wieder herstellen lassen, wenn man Abschlüsse anbrächte, welche ebenso wirkten, wie die in einem Bohrloche. Hierzu wird man sich aber selbst da, wo es möglich ist, schwerlich entschliessen, weil es zu viel kostet und ausserdem zu starke Durchörterung des Gesteins, sowie herabsinkendes Wasser das Resultat unbrauchbar machen können.

Wenn es nun für die Richtigkeit einer Beobachtung mit Wasserabschluss auch nicht erforderlich ist, dass sie alsbald nach dem Bohren auf der Bohrlochsohle ausgeführt wird, so sprechen dafür doch die schon früher erwähnten sonstigen Gründe. Es fragt sich daher, ob hierbei die dem Wasser durch die Bohrarbeit mitgetheilte Wärme störend einwirken kann, denn wenn sie auch nur unter besonderen Umständen einen so hohen Betrag erreichen wird, wie es nach der Tabelle I zu Sperenberg der Fall war, so genügt das noch nicht, weil sie sich schon wegen ihrer Veränderlichkeit nicht in Rechnung ziehen lässt und ohne ihre völlige Beseitigung eine richtige Beobachtung nicht möglich ist.

Lässt man alsbald nach dem Bohren den Abschlussapparat herab und hat man dabei dicht über demselben, also im offenen Wasser, ein Maximumthermometer angebracht, so kann dasselbe die Wärme annehmen, die bis dahin durch das Gestein und die Bohrarbeit in das Wasser gelangt ist. Zeigt nun dieses Thermometer nach dem Herausziehen eine geringere Wärme, als das in der abgeschlossenen Wassersäule befindlich gewesene, so war die Bohrarbeitswärme nicht hoch genug, um die Beobachtung unrichtig zu machen. Man erhält dann allerdings den bedeutsamen Unterschied zwischen richtiger und unrichtiger Beobachtung nicht so gross, als wenn erst nach dem Herausziehen des Abschlussapparats, also nach 10 und mehr Stunden die Wärme des offenen Wassers gemessen wird, was übrigens auch noch geschehen kann, weil es nicht ohne Interesse und mit dem Thermometer am Seile leicht auszuführen ist. Ganz genau lässt sich dieser Unterschied nur finden, wenn man, wie es von ARAGO geschah, mit der Beobachtung der Wärme des offenen Wassers so lange wartet, dass jede Spur der Bohrarbeitswärme verschwunden sein muss. Darauf wird man sich aber, wenn das Bohren nicht aus sonstigen Gründen hat unterbrochen werden müssen, wegen des damit verbundenen Zeitverlustes nicht einlassen können.

Wenn beide Thermometer dieselbe Temperatur ergeben, so wäre es zwar immerhin möglich, dass in dem offenen Wasser gerade genug Bohrarbeitswärme vorhanden gewesen wäre, um auf die Wärme des anstossenden Gesteins zu kommen, es würde sich aber nicht nachweisen lassen. Oder es könnte auch angenommen werden, die Wasserwärme sei noch höher gewesen und habe sich auch dem Thermometer in der abgeschlossenen Wassersäule rasch mitgetheilt. Über beide Annahmen lässt sich Aufschluss dadurch erhalten, dass dies Thermometer in ein hinreichend grosses, mit einem Deckel zu schliessendes, bei mittlerer Tiefe mit kaltem Wasser und bei sehr grosser wegen der zum Einlassen erforderlichen längeren Zeit mit Eis anzufüllendes Gefäss gebracht wird, so dass es erst nach und nach die richtige Wärme der abgeschlossenen Wassersäule annehmen kann.

Da indes von der Wärme, welche das offene Wasser durch das Gestein und die Bohrarbeit erhalten hat, ein Theil alsbald nach oben entweicht, so wird nicht leicht der Fall eintreten, dass die dann noch übrig bleibende Wärme die des Gesteins erreicht oder noch darüber hinausgeht. Die anfängliche Abkühlung des Maximumthermometers in der abgeschlossenen Wassersäule wird also in der Regel entbehrlich sein. Gegen die Annahme, sie sei stets entbehrlich, spricht die Erfahrung, dass nach der Tabelle I in der Tiefe von 3300 Fuss das nicht abgeschlossene Wasser, weil es ungewöhnlich viel Bohrarbeitswärme enthielt, eine Temperatur von 35,8° R. erreichte, die sich durch die Correctur wegen des Wasserdrucks auf 36,857° R. erhöht, während hiefür von den aus den Beobachtungen mit Wasserabschluss entwickelten Formeln No. 4 und 5 die erstere 37,544° R. und die andere 36,857° R. ergiebt. Konnte hiernach in Folge besonderer Umstände die Wärme des offenen Wassers sich so dicht an die des Gesteins in der um 90 Fuss grösseren Tiefe von 3390 Fuss schliessen, so ist die Möglichkeit nicht ausgeschlossen, dass sie auch einmal über die Gesteinswärme hinausgeht. Diese Möglichkeit nimmt desto mehr ab, je geringer die Bohrlochsweite ist, weil die dazu gehörende kleinere Wassermasse weniger Arbeitswärme aufnehmen kann.

Die sorgfältig ausgeführten Beobachtungen mit
Wasserabschluss haben also auch noch den Vorzug,
dass die von der Bohrarbeit herrührende Wärme bei
ihnen ohne Einfluss ist oder beseitigt werden kann,
während diese Wärme bei den Beobachtungen ohne
Wasserabschluss die an sich unrichtige Temperatur
noch unrichtiger macht.

Der Theil der Wärme des abgeschlossenen Wassers, der etwa
durch Strahlung aus dem Abschlussapparate in das offene Wasser
gelangt, wird, weil der Unterschied zwischen der Wärme des abgeschlossenen und des offenen Wassers höchstens einige Grade betragen kann, zwar unbedeutend und nahezu constant, sein Einfluss
auf die Temperaturreihe also nicht wesentlich sein, es schliesst das
aber nicht aus, Mittel zur Beschränkung oder gänzlichen Beseitigung
eines solchen Wärmeverlustes in Erwägung zu ziehen.

Dass davon abgesehen werden soll, die Beobachtungen nach
der Formel für eine Reihe dritter Ordnung zu berechnen, wurde
schon bei den ursprünglich regelmässigen Reihen bemerkt und ist
noch hier, als an der geeignetsten Stelle, näher zu begründen.

Es wurde nach dieser Formel einmal früher von mir versuchs-
weise für Sperenberg gerechnet, wobei ich die mittlere Jahrestemperatur, sowie nur die Beobachtungen in 700, 900, 1100 Fuss Tiefe
nahm und dazu noch eine Temperatur in 4042 Fuss Tiefe, die letztere
nicht nach eigentlicher, das heisst mit Wasserabschluss ausgeführter
Beobachtung, sondern nur nach einer wahrscheinlichen Annahme.
Für eine ernstliche Berechnung wäre es sehr unzweckmässig gewesen, von den mühsam erworbenen Beobachtungen nur drei zu benutzen. Zur Vergleichung wurden die gewählten Temperaturen auch
nach der Formel für eine Reihe zweiter Ordnung berechnet. Für
die benutzten Beobachtungen wichen die Resultate beider Berechnungen wenig von einander ab, viel mehr aber schon für die übrigen
der 9 Beobachtungen und, über 4042 Fuss Tiefe hinaus verlängert,
gingen die beiden Reihen vollständig aus einander, wie es auch nicht
anders sein konnte, weil die Reihe etwas verzögert war, bei ihrer
Berechnung als Reihe zweiter Ordnung also zu einem Maximum der
Temperatur führt, bei der Berechnung als Reihe dritter Ordnung
aber die zuerst verzögerte Wärmezunahme in eine mit der Tiefe
ohne Ende zunehmende übergeht. Man erhält also durch die letzterwähnte Art der Berechnung niemals eine Gleichung, welche die
in einer durch Beobachtungen erhaltenen Reihe im Ganzen liegende

Verzögerung der Wärmezunahme ausdrückt. Damit wäre doch schon deshalb zu viel bewiesen, weil eine solche Verzögerung in den Gesteinen eintreten wird, deren Beschaffenheit sich so ändert, dass dadurch ihre Wärmeleitungsfähigkeit mit der Tiefe zunimmt. Für die Annahme, dass diese Wirkung der Gesteinsbeschaffenheit schliesslich in ihr Gegentheil übergehen werde, kann jene Formel für sich allein als maassgebend nicht angesehen werden, weil sie auf ein solches, dem Charakter des beobachteten Theils der berechneten Reihe widersprechendes Resultat nur durch ihre Form führt. Ausserdem ist zu berücksichtigen, dass eine beschleunigte und verzögerte Reihe sich in ihren Eigenschaften entschieden entgegengesetzt sind und deshalb eine Formel, welche für beide zu demselben Endresultate führt, nicht die brauchbare sein kann. Die öftere Rechnung nach ihr könnte vielleicht sogar dahin führen, den wichtigen Grundsatz, dass verzögerte Reihen, die man durch Beobachtungen ohne Wasserabschluss erhalten hat, zur Ermittelung des Gesetzes der Zunahme der Wärme mit der Tiefe unbrauchbar sind, nicht hinreichend zu beachten. Zu alle diesem kommt noch, dass die Rechnung durch das Hinzukommen der vierten Constante viel länger und mühsamer wird, als bei Anwendung des einfacheren Ausdrucks für eine Reihe zweiter Ordnung. Ich gab daher die Anwendung einer solchen Formel auf[1]. Hierfür spricht noch, dass eine Veränderlichkeit in der Beschaffenheit der Gesteine, die gerade einer Reihe dritter Ordnung entspräche, unwahrscheinlich ist. Geht man dagegen von der Formel für eine Reihe zweiter Ordnung aus, so ist damit zunächst nur vorausgesetzt, dass die Reihe nicht erster Ordnung sei und man kann auf diese immer noch zurückkommen, wenn sich die Reihe davon nur sehr wenig unterscheidet.

F. HENRICH hat[2] die 9 Beobachtungen von Sperenberg als eine Reihe dritter Ordnung berechnet und dadurch erhalten

$$T = 11,419 + 0,0084487 . S - 0,000000241986 . S^2 + 0,0000000000256645 S^3$$

mit einer Summe der Fehlerquadrate von 1,289.

---

[1] Dr. PILAR führt in seiner Abyssodynamik 1880 S. 60 diese Formel als meine zweite an. Als solche habe ich sie niemals anerkannt und deshalb auch nicht veröffentlicht. Ihr Bekanntwerden ist nur eine Folge davon, dass sie von Dr. MOESTA, dem ich sie mitgetheilt hatte und der meine Beurtheilung derselben noch nicht kannte, im Neuen Jahrbuch für Min. etc. 1877 S. 187 und in der Beilage zum Tageblatte der Versammlung deutscher Naturforscher und Ärzte zu Hamburg 1876 S. 67 mit angeführt wurde.

[2] Neues Jahrbuch für Min. etc. 1877 S. 902.

Dreizehntes Capitel.

Störender Einfluss der inneren Strömung des Wassers in Bohrlöchern auf den Charakter einer Temperaturreihe. — Berechnung der Temperaturen des offenen Wassers im Bohrloche zu Sperenberg nach seiner Vollendung. — Temperaturen des offenen Wassers in den Bohrlöchern zu Kentish Town bei London, Kohlengrube South Hetton Durham, Pitzpuhl.

Bei der Beschreibung der Beobachtungen zu Sperenberg wurde nicht nur hervorgehoben, dass man durch Beobachtung der Wärme des in einem Bohrloche stehenden Wassers die der Erde nicht findet, sondern auch gezeigt, welche bedeutende Grösse die damit verbundenen Fehler in einem sehr tiefen und weiten Bohrloche erreichen können. Noch bestimmter lässt sich dies durch Mitbenutzung der im Vorhergehenden erörterten Berechnung der Beobachtungen nachweisen.

Ein möglichst einfacher Fall hierbei ist folgender.

Die Wärme des Wassers soll während des Bohrens auf der jedesmaligen Bohrlochsohle, aber zu einer Zeit gemessen werden, bis zu welcher der Theil der Wärme, den das Wasser nicht durch das Gestein, sondern durch die Bohrarbeit erhalten hat, verschwunden ist.

Auch die oberste Beobachtung soll zu einer Tiefe gehören, in welcher die Wärme schon constant geworden ist und der Wasserspiegel in derselben Tiefe liegt.

An dieser Stelle wird das Wasser ebenso warm wie das Gestein sein, wenn nicht etwa die Luft abkühlend oder erwärmend auf dasselbe einwirkt.

Ist das Bohrloch tiefer geworden, so findet man in Folge der Zunahme der Erdwärme das Wasser auf der Bohrlochsohle zwar wärmer als bei der ersten Beobachtung, aber durch die innere Strömung bleibt seine Wärme unter der des anstossenden Gesteins. Der Zweck, durch die Wärme des Wassers die des Gesteins zu finden, ist also von vornherein verfehlt. Reicht wie gewöhnlich die Wassersäule in die Zone der oberen, mit der Jahreszeit sich ändernden Temperaturen, steht also schon über der obersten Beobachtung eine Wassersäule, so ist auch hier die Wärme des Wassers geringer als die des Gesteins.

Dieser Fehler muss zunehmen mit der Wärme des Wassers, das heisst mit der Tiefe des Bohrlochs.

Wäre diese Zunahme der Zunahme der Tiefe genau proportional, so würde die Temperaturreihe zwar unrichtig gefunden werden, aber sie behielte doch den Charakter der im Gestein vorhandenen Reihe und damit wäre schon viel gewonnen.

Dies ist zwar selbstverständlich, mag aber doch durch ein kleines Beispiel erläutert werden.

Gesetzt man hätte

Tiefen	0	100	200	300	400	500...
Temperaturen	8	10	12	14	16	18...
deren Zunahmen		2	2	2	2	2......

und nach diesem Gesetze, bei welchem die Temperaturen eine arithmetische Reihe erster Ordnung bilden, weiter bis zur Tiefe = 1000, mit der Temperatur = 28. Findet man nun in dieser Tiefe die Wärme des Wassers um 2 Grad zu klein gegen die des Gesteins, so muss dieser Fehler der Tiefe proportional auf die 10 Wärmezunahmen vertheilt werden. Es sind also abzuziehen von der zweiten Temperatur $0,2^0$, von der dritten $0,4^0$, der vierten $0,6^0$ u. s. w., wodurch man erhält

Tiefen	0	100	200	300	400	500...
Temperaturen	8	9,8	11,6	13,4	15,2	17...
deren Zunahmen		1,8	1,8	1,8	1,8	1,8......

Die Temperaturen sind also mit Ausnahme der obersten unrichtig geworden und die Wärmezunahme ist zu gering gefunden, aber der Charakter der Reihe, Zunahme der Wärme wie die Tiefe, ist geblieben. Ebenso ist dies der Fall, wenn die Wärme des Gesteins schneller oder nicht so schnell wie die Tiefe zunimmt.

Die Voraussetzung, dass der durch die innere Strömung des Wassers entstehende Fehler wie die Tiefe zunehme, ist aber nicht haltbar, denn das könnte nur eintreten, wenn die mit der Tiefe zunehmende Wärme nur von der jedesmaligen Bohrlochsohle ausging und die Bohrlochswand vom Beginn bis zur Beendigung der Beobachtungen in allen Tiefen dieselbe Wärme hätte, während in Wirklichkeit die ganze Bohrlochswand mit ihren verschiedenen Temperaturen auf die Wassersäule einwirkt. In Folge davon nimmt der Fehler mehr zu wie die Tiefe, zwar in keinem grossen Maasse, aber doch so, dass, wenn die Reihe an sich nicht verzögert ist, man durch die Beobachtungen eine verzögerte Reihe erhält.

Je grösser Wärmezunahme und Bohrlochweite sind, desto kräftiger wird auch die Wasserströmung und der durch sie entstehende Fehler.

Zu der schon früher gewonnenen Erkenntniss, dass die innere Strömung des Wassers die Beobachtungen unrichtig mache, würde wohl auch die der damit verbundenen Fälschung des Charakters der Temperaturreihen gekommen sein, wenn es schon allgemein üblich gewesen wäre, sich nicht mit der Berechnung des arithmetischen Mittels der Wärmezunahme zu begnügen, sondern auch geeignete mathematische Ausdrücke für das in einer Reihe liegende Gesetz der Fortschreitung der Wärme mit der Tiefe zu entwickeln, wodurch man nothwendig auf die vorkommenden Verschiedenheiten geführt wird.

Ein etwas anderes Resultat entsteht, wenn, wie es oft geschehen ist, die Wärme des Wassers nach Vollendung eines Bohrlochs gemessen wird und dabei, um die einzelnen, verschieden warmen Wasserschichten nicht durch einander zu rühren, von oben nach unten vorgegangen worden ist. Der Fehler auf der Bohrlochsohle ist derselbe wie im vorigen Falle, an den höher liegenden Stellen wird dem Wasser aber Wärme nicht nur von unten zugeführt, sondern es giebt davon auch nach oben ab und in dem obersten Theile des Bohrlochs geht die Wärme des Wassers über die des anstossenden Gesteins hinaus (S. 53). Durch Vereinigung der beiden Fehler, unten zu klein und oben zu gross, findet man Reihen, die richtig aussehen können, es aber nicht sind. Für das, was man durch ein solches Verfahren erhalten kann, bilden die nach Vollendung des Bohrlochs zu Sperenberg ohne Abschluss kurzer Wassersäulen angestellten Beobachtungen — Spalte 4 der Tabelle II —, bei denen durch die Bohrarbeit im Wasser entstandene Wärme nicht mehr vorhanden war, dadurch dass sie bis zu der Tiefe von 4042 rheinl. Fuss heruntergingen, ein hervorragendes Beispiel und sind deshalb zu einer näheren Erörterung besonders geeignet.

Vor längerer Zeit wurden sie von mir in der Hoffnung berechnet, dadurch etwas Neues zu finden. Die Beobachtungen in geringerer Tiefe als von 500 Fuss wurden ausgeschieden, weil sie von den anderen zu sehr abwichen und die übrig bleibenden wegen des Wasserdrucks corrigirt. Eine vorläufige Vergleichung nach dem Summenverhältnisse ergab, dass die Wärmezunahme um $3,04^0$ R. verzögert ist. Bei der Berechnung wurde die mittlere Jahrestemperatur von $7,18^0$ R. als unveränderliches Anfangsglied der Reihe angenommen. Das soll zwar, wie schon hervorgehoben worden ist,

nicht geschehen, aber hier wird darauf, gegenüber der grossen Zahl
von 20 Beobachtungen, nicht viel ankommen. Als Resultat der Berechnung wurde erhalten

$$T = 7{,}18 + 0{,}017383 . S - 0{,}0000009921075 . S^2.$$

Summe der Fehlerquadrate $= 9{,}3380$.

Wahrscheinlichster Werth des mittleren Fehlers $= \sqrt{\dfrac{9{,}3380}{20-2}}$
$= 0{,}227767$.

Algebraische Summe der Abweichungen der Berechnung von
der Beobachtung $= -0{,}431$.

Das Maximum der Temperatur liegt mit $41{,}65^0$ R. in der Tiefe
von 5874 Fuss, also beides um vieles geringer als bei den 9 Beobachtungen mit Wasserabschluss nach der Gleichung No. 3.

Die grosse Zahl der Beobachtungen, verbunden mit einer im
Ganzen nicht geringen Regelmässigkeit der Wärmezunahme, hat es
möglich gemacht, dass der mittlere Fehler recht klein geworden
ist. Das wäre ja ein sehr günstiges Resultat, wenn man nicht
wüsste, dass die Reihe unrichtig und dass sie nicht die der Erdwärme ist. Wenn also wie hier das Princip, nach welchem die Beobachtungen angestellt sind, ein unrichtiges ist, kann man unter
Umständen, namentlich durch zahlreiche Beobachtungen, wohl ein
günstiges Zahlenresultat erhalten, aber das angewandte Verfahren
wird dadurch nicht brauchbar.

Die Verzögerung dieser Reihe ist, allerdings unter Mitwirkung
der grossen Tiefe, nicht gering. Das tritt aber unter anderen Umständen und namentlich bei geringerer Tiefe und Weite eines Bohrlochs nicht immer ein, wie aus folgenden drei Beispielen zu ersehen ist.

Ein Brunnen zu Kentish Town bei London ist bis zu 540 engl.
Fuss Tiefe 8 Fuss weit und von da ist bis zur Tiefe von 1113¼ Fuss
gebohrt. Die Wärme des Wassers, welches bis 210 Fuss unter der
Oberfläche stand, ermittelte G. J. Symons von 350 Fuss Tiefe an in
Abständen von je 50 Fuss wiederholt. Das schliesslich angenommene
Resultat war folgendes[1]:

Tiefen engl. Fuss . .	350	400	450	500	550	600	650	700
Temperaturen Gr. F. .	56,0	57,9	59,0	60,0	60,9	61,2	61,3	62,8
Tiefen engl. Fuss . .	750	800	850	900	950	1000	1050	1100
Temperaturen Gr. F. .	63,4	64,2	65,0	65,8	66,8	67,8	69,0	69,0

---

[1] Everett, On underground temperature. 1874. p. 5 und third report on
underground temperature. 1872. p. 15.

Die Verzögerung der Wärmezunahme in dieser Reihe beträgt 0,3° F.

In einem 2⅓ engl. Zoll weiten Bohrloche in der Kohlengrube South Hetton, Durham, dessen oberes Ende 1066 engl. Fuss unter der Oberfläche liegt, fand man [1]

Tiefen unter der Oberfläche
engl. Fuss	1166	1266	1366	1466	1566	1666	1736
Temperaturen Gr. F.	66	68¼	70	72	74¼	76¼	77¼

Die Verzögerung beträgt 0,275° F.

In einem 591 rheinl. Fuss tief gewordenen Bohrloche zu Pitzpuhl hat nach seiner Vollendung Magnus die Wärme des Wassers beobachtet und gefunden [2]

Tiefen rheinl. Fuss	150	200	250	300	350	400	457
Temperaturen Gr. R.	7,9	8,3	8,8	9,4	10,05	10,5	10,95

Die Verzögerung beträgt 0,042° R.

Bei diesen drei Reihen sind die Verzögerungen der Wärmezunahme so gering, dass man sie als nicht vorhanden betrachten kann und unzweifelhaft Reihen erster Ordnung annehmen müsste, wenn die Temperaturen in abgeschlossenen Wassersäulen gefunden worden wären.

Vierzehntes Capitel.

Beobachtungen in dem Bohrloche zu Sudenburg bei Magdeburg. — Zusammenstellung der Beobachtungen mit und ohne Wasserabschluss. — Für erstere Absonderung einiger Beobachtungen zur Bildung von zwei Reihen und deren Berechnung. — Die wahrscheinlichste Reihe berechnet als Reihe erster Ordnung.

In einem zu Sudenburg bei Magdeburg zur Untersuchung auf das Vorkommen von Steinkohlen durch Zechstein, Rothliegendes und Culm 577 m tief niedergebrachten Bohrloche kam, wie bereits erwähnt wurde, das Verfahren, die Wärme des Gesteins durch die kurzen abgeschlossenen Wassersäulen zu messen, zum zweiten Male in der Art zur Anwendung, dass man den Abschlussapparat nicht

---

[1] Daselbst S. 6.
[2] Pogg. Ann. Bd. 40 S. 145.

durch Schraubendrehung, sondern nachdem das untere Ende desselben die jedesmalige Bohrlochsohle erreicht hatte, durch den Druck eines Theils des Gestänges zur Wirkung brachte. Hierbei war zum ersten Male die Möglichkeit gegeben, nach jeder Beobachtung mit Abschluss einer Wassersäule auf der Bohrlochsohle in derselben Tiefe die Wärme des offenen Wassers zu messen und dadurch den Unterschied zwischen dem älteren und neueren Verfahren, das heisst den Unterschied zwischen einer unrichtigen und einer hinreichend richtigen Beobachtung, sowie den Einfluss von jener auf den Charakter der Temperaturreihe zu finden.

Diese Vergleichung ist eine wesentlich andere, wie die, welche in Sperenberg nach der Tabelle II möglich war, denn bei dieser wurden die Beobachtungen ohne Wasserabschluss nach Vollendung des Bohrlochs angestellt und die Störung durch die innere Strömung des Wassers musste deshalb anders wirken, als wenn die Beobachtung auf der jedesmaligen Bohrlochsohle angestellt wird.

Die Beobachtungen sind unter Weglassung derjenigen, von welchen in den Bohrberichten bemerkt ist, dass sie missglückt seien und einer, gegen deren Richtigkeit ein berechtigter Zweifel vorlag, nach Ausführung ihrer Correctur wegen des Wasserdrucks, die nöthig war, weil man sich auch hier des Geothermometers von Magnus bedient hatte, folgende (siehe S. 149).

Der Abschlussapparat wurde am Samstagabend herabgelassen, am Montagmorgen herausgezogen und dann die Wärme des offenen Wassers gemessen. Wenn nun auch während des Verweilens des Apparats im Bohrloche die durch die Bohrarbeit in das Wasser gelangte Wärme zum grossen Theile oder ganz verschwunden sein kann, so musste doch durch das Herausziehen des Apparats, zwischen dem und der Bohrlochwand nur der eben erforderliche Spielraum gelassen war, das Wasser bedeutend durch einander gerührt werden und bis zu der alsbald darauf erfolgten Messung seiner Wärme konnten sich die einzelnen verschieden warmen Wasserschichten noch nicht ganz richtig übereinander stellen. Es waren daher die Bedingungen, unter denen man den Unterschied zwischen Beobachtungen mit und ohne Wasserabschluss, sowie den störenden Einfluss der letzteren auf die Temperaturreihe genau erhält, nicht vollständig vorhanden. Aber auch so noch zeigen alle Beobachtungen ohne Wasserabschluss eine geringere Wärme, als die mit demselben und dadurch, dass man durch jene die Wärme des Erdkörpers nicht erhält. Vergleicht man die Summen der Temperaturzunahmen, die

Beobachtungen

	1	2	3	4	5	6	7
Tiefen, Meter	30,03	66,46	87,62	101,02	117,05	164,34	206,42
Deren Zunahmen	—	36,43	21,16	13,40	16,03	47,29	42,08
mit Wasserabschluss { Temperaturen Gr. R.	9,622	11,254	11,272	11,484	13,298	13,539	14,375
Deren Zunahmen	—	1,632	0,018	0,212	1,814	0,241	0,836
Berechnet für 50 m	—	2,24	0,042	0,79	5,65	0,25	0,99
ohne Wasserabschluss { Temperaturen Gr. R.	9,422	9,454	10,472	10,494	11,298	12,539	13,975
Deren Zunahmen	—	0,032	1,018	0,012	0,814	1,241	1,436
Berechnet für 50 m	—	0,044	2,405	0,044	2,538	1,312	1,706

Beobachtungen

	8	9	10	11	12	13	14
Tiefen, Meter	230,25	343,25	395,74	419,04	469,67	519,61	568,45
Deren Zunahmen	23,83	113,00	52,49	23,30	50,63	49,94	48,84
mit Wasserabschluss { Temperaturen Gr. R.	14,996	17,593	18,089	19,159	20,903	22,045	23,388
Deren Zunahmen	0,621	2,597	0,446	1,120	1,744	1,142	1,343
Berechnet für 50 m	1,30	1,14	0,42	2,40	1,72	1,14	1,37
ohne Wasserabschluss { Temperaturen Gr. R.	14,196	17,193	17,439	17,759	19,103	21,045	21,888
Deren Zunahmen	0,221	2,997	0,246	0,320	1,344	1,942	0,843
Berechnet für 50 m	0,463	1,326	0,234	0,686	1,327	1,944	0,863

zur oberen und unteren Hälfte der Tiefenzunahmen gehören, so findet
man, dass zunächst danach die Beobachtungen mit Wasserabschluss
nur um 0,152° R. und die ohne einen solchen um 0,74° R., also
gegen 4,86 mal stärker verzögert sind.

Es schien mir zweckmässig, einige der Beobachtungen, weil
sie mit den anderen aus Ursachen, die sich nicht mehr nachweisen
lassen, zu wenig im Einklange standen, auszuscheiden und dabei
zur Vergleichung zwei besondere Reihen zu bilden. Es erhöht das
nicht ohne Weiteres die Richtigkeit, denn wenn man zahlreiche Beobachtungen hat und die nicht gut passenden ausscheidet, so lässt
sich, auch wenn die Beobachtungen nicht richtig genug sind, nicht
selten eine hinreichend regelmässige Reihe bilden. Daraus folgt,
dass es nothwendig ist, schon während der Beobachtungen darauf
zu achten, ob die Wärmezunahme hinreichend gleichmässig fort-
schreitet, und wenn das nicht der Fall ist, an den letzten zweifel-
haften Stellen oder wenigstens nicht weit davon entfernt nochmals
zu beobachten. Geschieht das nicht, so wird später die Ausscheidung unsicher, namentlich wenn man, wie es hier bei mir der Fall
war, die Beobachtungen nicht selbst angestellt oder geleitet hat.

Zur Bildung der ersten Reihe wurden ausgeschieden die Beobachtungen No. 1, weil in den Bohrberichten angegeben ist, sie
könnte um einige Zehntel eines Grades unrichtig sein; No. 2, weil
sie der folgenden No. 3 fast gleich ist; No. 5, weil nach ihr die
Wärmezunahme gegen die benachbarten zu hoch ist und No. 10,
weil ihre Beseitigung eine gleichmässigere Fortschreitung der Wärmezunahme bewirkt. Es bleiben also noch die Beobachtungen No. 3,
4, 6, 7, 8, 9, 11, 12, 13 und 14.

Zur Bildung der zweiten Reihe wurden ausgeschieden No. 1
aus demselben Grunde wie vorher; No. 3, weil sie No. 2 fast gleich
ist; No. 5 und 10 wie vorher. Es blieben also die Beobachtungen
No. 2, 4, 6, 7, 8, 9, 11, 12, 13 und 14.

Beide Reihen wurden unter Anwendung der Logarithmen als
solche zweiter Ordnung berechnet und zwar so, dass für die Rechnung die Oberfläche jedesmal um die Tiefe der obersten Beobachtung heruntergeschoben, diese Beobachtung aber nicht mit in die
Correctur gezogen wurde, weil es sich zunächst nur um die Vergleichung der beiden Reihen handelte, wozu diese bequemere Art der
Rechnung gegenüber der Zahl der Beobachtungen genau genug ist.

Die erste Reihe ergiebt den Ausdruck

$$T = 11{,}272 + 0{,}03162333\,(S - 87{,}62) - 0{,}0000002898773\,(S - 87{,}62)^2,$$

nach dessen letztem Gliede die Reihe verzögert ist, aber so wenig, dass sie einer Reihe erster Ordnung gleichgesetzt werden muss. Wie gering diese Verzögerung ist, geht daraus hervor, dass ihr calculatives Maximum in der Tiefe $\frac{\alpha}{2\beta} = \frac{0,03162333}{0,0000005797546} = 54\,546$ m unter 87,62 m liegt.

Dass es zur richtigen Vergleichung beider Reihen mit einander nicht erforderlich ist, auch die oberste Beobachtung zu corrigiren, geht daraus hervor, dass, wenn man diese Reihe nach dem umfänglicheren Verfahren, das zur Mitcorrectur der obersten Beobachtung erforderlich ist, berechnet, die oberste Beobachtung von 11,272° R. in 11,314° R. übergeht, der Unterschied zwischen beiden von 0,042° R. demnach so gering ist, dass er auf den Charakter der Reihe im Ganzen nicht einwirken kann.

Die zweite Reihe führt auf den Ausdruck

$$T = 11,254 + 0,02068125\,(S - 66,46) + 0,00000659116\,(S - 66,46)^2,$$

nach dessen letztem Gliede diese Reihe etwas beschleunigt ist. Es ist dabei $\frac{\alpha}{2\beta} = \frac{0,02068125}{0,00001318232} = 1584$ m unter 66,46 m.

Die zweite Reihe ist demnach wegen der geringeren Grösse dieses Quotienten viel mehr beschleunigt, als die erste verzögert. Die erste steht also einer Reihe erster Ordnung am nächsten und ist als solche zu berechnen. Man erhält dadurch bei Rechnung der Tiefen von der Oberfläche ab

$$T = 9,150356 + 0,0248245 \cdot S$$

mit einer Summe der Fehlerquadrate für 10 Correcturen $= 0,3413$ und den Werthen $\varepsilon = 0,20654$; $r = 0,1393$.

Dies günstige Resultat kann nicht ohne Weiteres der grossen Genauigkeit der Beobachtungen zugeschrieben werden, weil dazu auch die Ausscheidung von Beobachtungen mitgewirkt hat. Dafür kommt jedoch in Betracht, dass von 14 Beobachtungen noch 10 zur Verwendung gekommen sind, sowie dass es sich um Beobachtungen mit Wasserabschluss und nicht um die fehlerhaften ohne einen solchen Abschluss, wie sie früher üblich waren, handelt.

Nach der zweiten Constante der Formel kommt auf jedes Meter der Tiefenzunahme eine Wärmezunahme von 0,0248° R. oder 0,031° C., also 1° R. auf eine Tiefenzunahme von $\frac{1}{0,0248} = 40,3$ m $= 128,4$ rheinl. Fuss und 1° C. auf eine solche von $\frac{1}{0,031} = 32,3$ m

= 102,9 rheinl. Fuss. In Sperenberg kam 1^0 R. auf 42 m und 1^0 C. auf 33,7 m, also eine nur wenig geringere Zunahme der Wärme mit der Tiefe.

Werden die 14 angeführten Beobachtungen, ohne die unter No. 2, weil sie der unter No. 3 fast gleich ist, zur Berechnung einer Reihe erster Ordnung benutzt, so erhält man

$$T = 9{,}32711 + 0{,}02421596 \cdot S.$$

Es erhöht sich dabei, namentlich in Folge der Mitbenutzung der Beobachtung No. 5, die Summe der Fehlerquadrate für 13 Correcturen auf 2,6650, ε auf 0,492 und r auf 0,332.

Fünfzehntes Capitel.

Die Beobachtungen in dem Bohrloche zu Pregny bei Genf. — Berechnung derselben. — Die Wärme nimmt sehr genau zu wie die Tiefe. — Die Beobachtungen verdanken den hohen Grad ihrer Richtigkeit hauptsächlich dem dicken Schlamme im Bohrloche.

Von besonderer Bedeutung sind die in einem Bohrloche zu Pregny bei Genf ausgeführten Temperaturbeobachtungen. G. Bischof führt darüber Folgendes an [1]:

„Herr Giroud wollte auf seinem Landsitze zu Pregny einen artesischen Brunnen erbohren lassen. Nachdem er bis zu einer Tiefe von 547 Fuss gekommen war, ohne springendes Wasser zu erhalten, gab er das Unternehmen auf. Die Herren DE LA RIVE und MARCET eröffneten hierauf eine Subscription zur Fortsetzung des Bohrens und so gelang es ihnen, bis zu einer Tiefe von 682 Fuss zu kommen. Gerade das Misslingen des nächsten Zwecks des Unternehmens, eine Springquelle zu erbohren, war den Temperaturbeobachtungen äusserst günstig, indem dadurch die Temperaturveränderungen, welche Wasserströmungen in dem Bohrloche herbeiführen, gänzlich beseitigt wurden. Das Wasser in dem Bohrloche stieg ein Mal nur bis zu 13 Fuss unter Tage; unter 100—150 Fuss Tiefe wurde es so schlammig

---

[1] a. a. O. S. 249.

(boueuse), dass keine Strömungen als möglich gedacht werden konnten; vorzüglich in der Nähe des Tiefsten war es mehr eine sehr befeuchtete Erde als Wasser. Die nachtheiligen Einflüsse, welche Luftströmungen in trockenen Bohrlöchern herbeiführen, konnten demnach ebenfalls nicht stattfinden. Überdies war das Thermometer in einem Cylinder, der das 4½ Zoll weite Bohrloch genau ausfüllte, eingeschlossen, so dass also wenigstens während der Zeit, als es in dieser oder jener Tiefe zur Annahme der Temperatur gelassen wurde, jede mögliche Wasserströmung gänzlich beseitigt war. Der Umstand endlich, dass die Resultate, welche man in einer gewissen Tiefe erhielt, vollkommen übereinstimmten, sei es, dass man die Beobachtung auf dem Grunde des Bohrlochs selbst oder dass man sie später an demselben Punkte machte, wenn das Bohren weiter fortgeschritten und das Tiefste 100, 200—300 Fuss unter dem Punkte war, wo das Thermometer sich befand, setzt es ausser allen Zweifel, dass nichts störend auf die Beobachtungen eingewirkt haben konnte.

Die Temperaturbeobachtungen wurden mittelst eines Maximumthermometers mit grosser Sorgfalt angestellt. Die Resultate zeigten sowohl unter sich, als durch Vergleichung mit den Anzeigen eines gewöhnlichen Thermometers in geringeren Tiefen, eine so genaue Übereinstimmung, dass sie volles Vertrauen verdienen. Ich theile sie vollständig mit:

Erste Reihe		Zweite Reihe	
Tiefen unter der Oberfläche des Bodens	Correspondirende Temperaturen	Tiefen unter der Oberfläche des Bodens	Correspondirende Temperaturen
Pariser Fuss	Gr. R.	Pariser Fuss	Gr. R.
30	8,4°	30	
60	8,5	60	
100	8,8	100	8,7°
150	9,2	142	9,08
200	9,5	200	9,4
250	10	250	10,1
300	10,5	300	10,45
350	10,9	330	10,65
400	11,37	350	10,90
450	11,73	370	11,00
500	12,20	400	11,25
550	12,63	430	11,50
600	13,05	450	11,70
650	13,50	500	12,25
680	13,8	550	12,65
		599	13,10
		650	13,60

In der ersten Reihe blieb das Thermometer in jeder Station so lange, als nach der Erfahrung zur Annahme der Temperatur daselbst erforderlich war. Die zweite Reihe wurde angestellt, um zu ermitteln, ob durch mehr oder weniger schnelles Herablassen des Thermometers eine Differenz in den Resultaten, als Folge einer durch Reiben des metallenen Cylinders an den Wänden des Bohrloches entwickelten Wärme, sich zeigen würde. Übrigens liess schon die Gegenwart des Wassers ein negatives Resultat erwarten.

Aus obigen Resultaten ergiebt sich, dass von 100 Fuss Tiefe (bis zu welcher die Temperatur auf 8,75° sich hielt)[1] bis zu 680 Fuss Tiefe die Temperatur in geradem Verhältnisse mit der Tiefe zunimmt und dass diese Zunahme für jeden Grad 114,8 Fuss beträgt[2]. Es ist nicht zu bezweifeln, dass diese so gleichmässig gefundene Temperaturzunahme dem von störenden Einflüssen völlig freien Beobachtungsort zuzuschreiben ist. Da frühere Beobachtungen in anderen Gegenden meistens eine sehr unregelmässige Temperaturzunahme gegeben haben, so dürften darauf störende Einflüsse eingewirkt haben."

Die Temperatur nimmt so gleichmässig zu, dass nur eine Reihe erster Ordnung angenommen werden kann und es nicht erforderlich ist, sich davon durch vorherige Berechnung als Reihe zweiter Ordnung zu überzeugen. Zur Berechnung nehme ich die erste Reihe, und zwar, um ganz sicher zu sein, dass der dicke Schlamm an jeder ihrer Stellen vorhanden war, erst von 200 Fuss Tiefe an. Eine vorläufige Vergleichung der Summen der Temperaturzunahmen, die zur oberen und unteren Hälfte der Tiefenzunahmen gehören, deutet an, dass dieser Theil der Reihe um 0,016° R. verzögert ist, das heisst so ausserordentlich wenig, dass weder eine Beschleunigung noch eine Verzögerung angenommen werden kann. Die nähere Rechnung ergiebt

$$T = 7,8069 + 0,00890573 \cdot S,$$

wonach man erhält (siehe S. 155).

Die sehr geringen Beträge der Summe der Fehlerquadrate und der übrig bleibenden Fehler zeigen den hohen Grad der Regelmässigkeit der Reihe. Hinreichend dicker Schlamm ist also ein vortreff-

---

[1] Mittel von 8,8° und 8,7°.

[2] Für die Tiefenzunahme 680 — 100 = 580 Fuss beträgt die Wärmezunahme 13,8° — 8,75° = 5,05°, also $\frac{580}{5,05} = 114,8$ Fuss Tiefenzunahme auf 1° der Wärmezunahme.

Tiefen Pariser Fuss	Beobachtete Temperaturen M Gr. R.	Berechnete F Gr. R.	F — M	$(F - M)^2$
200	9,5	9,588	+ 0,088	0,0077
250	10,0	10,033	+ 0,033	0,0011
300	10,5	10,479	— 0,021	0,0004
350	10,9	10,924	+ 0,024	0,0006
400	11,37	11,369	— 0,001	0,0000
450	11,73	11,814	+ 0,084	0,0071
500	12,20	12,259	+ 0,059	0,0035
550	12,63	12,705	+ 0,075	0,0056
600	13,05	13,150	+ 0,100	0,0100
650	13,50	13,596	+ 0,096	0,0092
680	13,80	13,863	+ 0,063	0,0040
			$\Sigma \pm = + 0,6$	0,0492

Es ist $\varepsilon = \sqrt{\left(\dfrac{0,0492}{11 - 2}\right)} = \sqrt{0,0054666} = 0,073936$

$r = 0,6744897 . 0,073936 = 0,04987$

liches Mittel, die innere Strömung des Wassers zu beseitigen und durch die Wärme des Schlammes die der Erde richtig zu erhalten.

Da die Wärmezunahme nach der Formel für jeden Pariser Fuss $0,008906^0$ R. = $0,01113^0$ C. beträgt, so kommt 1^0 R. auf $\dfrac{1}{0,008906} = 112,3$ Pariser Fuss = 36,5 m und 1^0 C. auf $\dfrac{1}{0,01113}$ = 89,8 Pariser Fuss = 29,2 m Tiefenzunahme.

Sechzehntes Capitel.

Beobachtungen im Bohrloche zu Grenelle. — Bilden mit der Temperatur der Oberfläche und der im Keller des Observatoriums eine verzögerte Reihe. — Die Beobachtungen im Bohrloche ergeben, als Reihe zweiter Ordnung berechnet, eine Verzögerung der Wärmezunahme, die so gering ist, dass sie eine Reihe erster Ordnung, also keine verzögerte Reihe bilden. — Eine Formel von W. v. Freeden über Grenelle und zwei andere Bohrlöcher unter Mitbenutzung der mittleren Temperatur der Oberfläche.

In dem 548 m tief gewordenen Bohrloche zu Grenelle haben Arago und Walferdin mit grosser Sorgfalt Temperaturbeobachtungen angestellt. Dies geschah, um den Fehler zu vermeiden, der entsteht, wenn das Wasser in einem Bohrloche noch durch die Bohrarbeit erzeugte Wärme enthält, jedesmal nur nach einem längeren Stillstande des Bohrens. Weil es üblich war, die Zunahme der Erdwärme auf die mittlere Jahrestemperatur des Beobachtungsorts zu beziehen, wurde diese mit 10,6° C. und ausserdem die in dem 28 m tiefen Keller des Observatoriums in Paris zu 11,7° C. gefundene der Beobachtungsreihe zugesetzt. Hiernach hatte man[1]:

Tiefen, Meter ...	0	28	248	298	400	505	548
Deren Zunahmen .	—	28	220	50	102	105	43
Temperaturen Gr. C.	10,6	11,7	20,0	22,2	23,75	26,43	27,7
Deren Zunahmen .	—	1,1	8,3	2,2	1,55	2,68	1,27
Dieselben für 100 m	—	3,93	3,54	4,4	1,52	2,552	2,953

Beurtheilt man diese Reihe zunächst nur nach dem Summenverhältniss der oberen und unteren Wärmezunahmen, so findet man, dass sie verzögert ist, von der Oberfläche an, also für 548 m um 3,988° C. und von 28 m Tiefe an, also für 520 m um 4,21° C.

Da nun nach früherer Erörterung die mittlere Jahrestemperatur gar nicht zur Reihe der constanten Erdtemperaturen gehört und bei Beurtheilung der in einem Bohrloche erhaltenen Temperaturreihe nur diese, nicht aber auch das zu benutzen ist, was man sonst, wenn gleich an sich richtig, doch unter anderen Verhältnissen erhalten hat, so ist sowohl die mittlere Jahrestemperatur, wie die Temperatur im Keller des Observatoriums von der Reihe auszuschliessen, so dass nur die fünf Beobachtungen im Bohrloche in Betracht zu ziehen sind. Bei ihnen ist die Zunahme der Wärme mit der Tiefe

von 248 m Tiefe an, also für eine Länge von 300 m um 0,262° C.
„ 298 „ „ „ „ „ „ „ „ 250 „ „ 1,226 „
„ 400 „ „ „ „ „ „ „ „ 148 „ „ 0,174 „

beschleunigt. Die übliche Behauptung, die Reihe von Grenelle sei verzögert, kann also nur durch die Mitbenutzung der beiden hier ausgeschlossenen Beobachtungen oder wenigstens der einen im Keller des Observatoriums entstanden sein.

Die Beschleunigung von 0,262° C. ist so gering, dass man nach früherer Anführung durch die genaue Berechnung sowohl eine geringe Beschleunigung, wie eine geringe Verzögerung erhalten kann. Letzteres hat hier stattgefunden, denn durch Berechnung der fünf Beobachtungen als Reihe zweiter Ordnung erhält man, wenn die

---

[1] ARAGO a. a. O. VI. S. 310.

Oberfläche für die Rechnung um 248 m heruntergeschoben wird, wobei die Tiefen in 0—50—152—257 und 300 m übergehen,

$$T = 20,35918 + 0,02433734 (S - 248) - 0,000001453407 (S - 248)^2$$

mit einer Summe der Fehlerquadrate von 5 Correcturen = 0,6357, wobei die erste Grösse der Gleichung die corrigirte Temperatur in 248 m Tiefe ist.

Der Quotient $\frac{\beta}{2\gamma}$ ist 8407 m = 26 786 rheinl. Fuss. Bei der bedeutenden Grösse desselben sind die Temperaturen als in Wirklichkeit einer Reihe erster Ordnung angehörend zu betrachten. Berechnet man sie hiernach, so ergiebt sich

$$T = 20,58981 + 0,02399824 (S - 248)$$

mit einer Summe der Fehlerquadrate von 5 Correcturen = 0,8678.

Die Tiefenstufe ist $\frac{1}{0,02399824}$ = 41,66 m, also für 1° R. $= \frac{41,66 \cdot 5}{4} = 52$ m.

Dem günstigen Ergebnisse der Berechnung gegenüber kann nicht unberücksichtigt bleiben, dass die ihr zu Grunde liegenden Beobachtungen nicht von gleichem Werthe sind. Die beiden obersten wurden in klarem Wasser ausgeführt und es sind die, von welchen ARAGO bemerkt, sie könnten wegen der inneren Strömung des Wassers nur zu niedrig ausgefallen sein. Über die zwei folgenden wird aber ausdrücklich angeführt, es hätte sich bei ihnen ein so dicker Kreidebrei im Bohrloche befunden, dass eine innere Wasserströmung nicht mehr möglich gewesen wäre. Bei der tiefsten wurde eine solche Strömung schon durch das Aufsteigen des Wassers beseitigt. Sie sind also die richtigsten.

Von den fünf Beobachtungen geben, von oben nach unten gerechnet, für die Zunahme der Wärme mit der Tiefe drei eine Verzögerung von 1,44° C., vier eine solche von 0,35° C. und erst durch das Hinzutreten der tiefsten tritt die geringe Beschleunigung von 0,262° C. ein. Die vier untersten Beobachtungen sind um 1,226° C. beschleunigt, wozu wesentlich beigetragen hat, dass die Wärmezunahme von 298—400 m die kleinste von allen ist. Gleichwohl würde, wenn die Wärmezunahme von 400 m an nicht beschleunigt gewesen wäre oder sogar die geringe Zunahme von 1,55° C. für 102 m geblieben wäre, wegen der grossen Zunahme von 2,2° C. für 50 m die Reihe verzögert worden sein.

Dass dies durch die drei untersten Beobachtungen so genau zu einer Reihe erster Ordnung ausgeglichen wurde, kann doch nur als ein

Zufall angesehen werden und ist deshalb nicht hoch anzuschlagen. Wenn nun auch die zwei entwickelten Formeln das Gesetz der Wärmezunahme nicht genau genug erkennen lassen, weil bei den fünf Beobachtungen die innere Wasserströmung theils störend, theils beseitigt war, so zeigen sie doch, dass die Reihe im Ganzen nicht verzögert ist.

Seinen sachgemässen Vorschlag, der Temperaturformel noch eine zum Quadrate der Tiefe gehörende Constante beizufügen, hat W. v. Freeden auf die Beobachtungen im Bohrloche zu Grenelle angewandt. Er benutzte dazu aber ausser den Beobachtungen in diesem Bohrloche noch je eine aus dem Brunnen von St. Quen und Selligue, die Temperatur im Keller der Sternwarte zu Paris und, der damaligen Auffassung sich anschliessend, als unabänderliches erstes Glied der Reihe, die mittlere Jahrestemperatur von Paris = 10,6° C. So erhielt er für Grade C. und Meter den Ausdruck

$$T = 10,6 + 0,042 \, S - 0,0000206 \, S^2$$

mit einer Summe der Fehlerquadrate von 8 Correcturen = 1,9535 [1].

Das, was hierbei in seiner Wirkung nicht sehr in die Augen fiel, das Ausgehen von der örtlichen mittleren Jahrestemperatur, entsprach bei Sperenberg dem in der Reihe liegenden Gesetze der Wärmezunahme nicht und musste deshalb, als es erkannt worden war, für diesen und jeden anderen Fall aufgegeben werden.

Siebzehntes Capitel.

Das Bohrloch zu Neuffen. — Ungewöhnlich hohe Zunahme der Wärme mit der Tiefe. — Berechnung der Beobachtungen als Reihe erster Ordnung. — Desgleichen als Reihe zweiter Ordnung und deren Resultate. — Die Wärme nimmt etwas schneller zu als die Tiefe. — Ansichten über die Ursachen der hohen Wärmezunahme. — Der im Bohrloche vorhandene dicke Schlamm machte die Beobachtungen richtig. — Vergleichung zwischen Pregny, Grenelle und Neuffen. — Beobachtungen im langsam aufsteigenden Wasser des Bohrlochs zu Rüdersdorf.

Die nach einer Mittheilung des Grafen von Mandelsloh [2] im Jahre 1839 in einem Bohrloche zu Neuffen in Württemberg an-

[1] a. a. O. S. 45.
[2] Neues Jahrbuch für Min. etc. 1844. S. 440.

gestellten Temperaturbeobachtungen sind seit längerer Zeit als besonders merkwürdig und als eine Ausnahme von der Regel betrachtet worden, weil sie eine ungewöhnlich starke Zunahme der Erdwärme mit der Tiefe ergeben haben.

Das Bohrloch wurde durch Schichten der Jura- und Liasformation 1186 württemberger Fuss niedergebracht. Durch die ganze Tiefe desselben zeigte sich ein schwarzer bituminöser Schieferthon, mit welchem 1—4 Fuss mächtige Flötze von Kalkstein wechselten. Schwefelkies fand sich in Menge in allen Schichten. In 77 Fuss 9 Zoll Tiefe erhielt man beim Löffeln keinen Bohrschlamm, sondern es stieg ein „schwarzes, schwefelich riechendes Wasser" aus dem Bohrloche, welches während der ganzen Zeit des Bohrens, zuletzt ganz hell, ununterbrochen, aber in geringer Menge ausfloss. Die Wärme dieser Quelle richtete sich stets nach der Luftwärme, weshalb vermuthet wurde, dass sie ein Tagewasser von der höher liegenden Alp sei.

Das Bohrloch war nicht mit Röhren ausgefüttert und litt deshalb, besonders nachdem das Bohren 6 Jahre gedauert hatte und einmal über ein Jahr eingestellt war, ausserordentlich viel durch Nachfall, wodurch der Schlammlöffel sehr oft und endlich so fest eingeklemmt wurde, dass er nicht herausgezogen werden konnte und das Bohren eingestellt werden musste.

Das Ergebniss der Beobachtungen ist

Tiefen württ. Fuss . .	100	200	300	400	500	600
Temperaturen Gr. C. .	10,8	13,7	16,5	18,4	20,4	23,5
Deren Zunahmen . . .	—	2,9	2,8	1,9	2,0	3,1
Tiefen württ. Fuss . .	700	800	900	1000	1080	1180
Temperaturen Gr. C. .	25,4	27,8	31,2	33,5	36,3	38,7
Deren Zunahmen . . .	1,9	2,4	3,4	2,3	2,8	2,4

Als vierte Tiefe wird im Originale 409 angegeben. Es ist dies wegen der Abweichung von den übrigen abgerundeten Tiefenzahlen als ein Druckfehler betrachtet, und statt dessen 400 angenommen worden. Wenn aber auch die grössere Zahl die richtige wäre, so würde das ohne wesentlichen Einfluss auf das Ergebniss der Berechnung sein.

Wird vorläufig angenommen, die Wärme nehme zu wie die Tiefe, so erhält man

$$T = 8{,}242 + 0{,}025424 \cdot s.$$

Da nach der zweiten Constante dieser Gleichung die Wärme für 100 württ. Fuss um 2,5424° C. zunimmt, so kommt 1° C.

Wärmezunahme auf eine Tiefenzunahme von $\frac{100}{2,5424}$ = 39,33 württ. Fuss = 11,27 m. Die Wärmezunahme ist also eine ungewöhnlich grosse. ARAGO führt an, das Mittel aus den Beobachtungen ergebe eine Wärmezunahme von 1° C. auf 10,5 m Tiefe [1]. Zur Feststellung des Charakters der Reihe hat man zunächst, dass von den Summen der Wärmezunahmen, die zur halben Summe der Tiefenzunahme gehören, die obere um 0,98° C. kleiner ist als die untere, dass man also eine beschleunigte Reihe erwarten kann. Die genauere Rechnung bestätigt dies, denn man erhält

$$T = 9,079 + 0,021786 \cdot S + 0,0000028373 \cdot S^2$$

und hieraus:

Temperatur- zunahme nach der Berechnung Gr. C.	Tiefen Württ. Fuss	Beobachtete Temperaturen M Gr. C.	Berechnete Temperaturen F Gr. C.	Unterschiede zwischen den berechneten und beobachteten Temperaturen F — M	Fehler- quadrate (F — M)²
	100	10,8	11,286	+ 0,486	0,2362
2,264	200	13,7	13,550	— 0,150	0,0225
2,320	300	16,5	15,870	— 0,630	0,3969
2,377	400	18,4	18,247	— 0,153	0,0234
2,434	500	20,4	20,681	+ 0,281	0,0790
2,491	600	23,5	23,172	— 0,328	0,1076
2,547	700	25,4	25,719	+ 0,319	0,1018
2,605	800	27,8	28,324	+ 0,524	0,2746
2,661	900	31,2	30,985	— 0,215	0,0462
2,771	1000	33,5	33,702	+ 0,202	0,0408
2,215	1080	36,3	35,917	— 0,383	0,1467
2,820	1180	38,7	38,737	+ 0,037	0,0014
				$\Sigma\pm = -0,010$	1,4771

Es ist $\varepsilon = \sqrt{\left(\frac{1,4771}{12-3}\right)} = \sqrt{0,16411} = 0,405$

$$r = 0,6744897 \cdot 0,405 = 0,2732.$$

Diese günstigen Resultate zeigen, dass die Reihe einen sehr guten Grad von Regelmässigkeit besitzt.

Der Quotient $\frac{\beta}{2\gamma}$ = 3839 württ. Fuss = 3504 rheinl. Fuss = 1100 m, wovon aber noch die 100 württ. Fuss Tiefe der obersten Beobachtung abgehen, ist klein genug, um, wie aus der ersten Spalte der Tabelle zu ersehen ist, die Beschleunigung der Wärmezunahme deutlich hervortreten zu lassen.

---

[1] a. a. O. VI. S. 316.

Die Beobachtungen wurden sorgfältig mit dem Geothermometer von Magnus ausgeführt. Die Anwendung dieses Instrumentes erfordert zwar, wenn es sich nicht in einer starkwandigen, vollkommen wasserdicht geschlossenen Büchse befindet, eine Correctur der Temperaturen wegen des Wasserdrucks, aber sie scheint nicht ausgeführt zu sein, weil in der Originalabhandlung nichts davon erwähnt worden ist. Da dies nicht feststeht und das Bohrloch nicht die grosse Tiefe erreicht hat, bei welcher durch jene Correctur eine nicht unwesentliche Steigerung der Wärmezunahme eintritt, so wird hier davon abgesehen. Hiermit steht in Übereinstimmung, dass die Beobachtungen später auch mit anderen Instrumenten ausgeführt wurden und dass sich hierbei nur eine geringe Verschiedenheit ergab.

Das Geothermometer war in eine Büchse gebracht, unter welcher man ein Gewicht befestigt hatte und sollte so an einem Seile herabgelassen werden. Das war aber nicht möglich, weil in dem nur zwei württ. Zoll weiten Bohrloche ein dicker Schlamm stand. Man musste deshalb die Büchse in die Fangscheere nehmen und sie mit dem steifen Gestänge bis zur jedesmaligen Tiefe durch den Schlamm herunterstossen, wo sie wenigstens eine Stunde, öfters sogar 3 bis 4 Stunden und bei 1000 Fuss Tiefe sogar über Nacht blieb.

Wäre der dicke Schlamm nicht vorhanden gewesen, hätte also im Bohrloche eine nach unten immer wärmer werdende Säule klaren Wassers gestanden, so würde man, da die Beobachtungen nach Vollendung des Bohrloches angestellt wurden, wieder einmal eine der Reihen erhalten haben, welche die Wärme oben zu hoch und unten zu gering angeben, zwar richtig aussehen können, aber nicht richtig sind und entweder eine, wenn auch nicht sehr grosse Verzögerung der Wärmezunahme oder eine scheinbar richtige Wärmezunahme wie die der Tiefe ergeben. Die innere Strömung des Wassers, durch welche so etwas entsteht, wäre hier allerdings wegen der geringen Weite des Bohrloches, nicht stark gewesen. Dagegen kommt aber in Betracht, dass in geringer Tiefe die kleine überfliessende Quelle erbohrt war, die das von unten erwärmte Wasser fortwährend abkühlte und dadurch die innere Strömung kräftigte. Es würde also eine Reihe nicht nur mit geringeren Temperaturen, sondern auch mit Verzögerung ihrer Zunahmen entstanden sein. Damit wäre das verschwunden, was die Beobachtungen merkwürdig gemacht hat.

Das wurde aber verhindert durch den Schlamm, der, indem er die innere Strömung des Wassers beseitigte, es möglich machte, durch seine Wärme die der Erde zu finden. Hierin liegt der hohe

Werth der Beobachtungen, denn danach ist zu den bis jetzt so seltenen richtigen Temperaturreihen eine neue gekommen, die sich zunächst der unter gleichen Umständen in Pregny erhaltenen anreiht. Die drei unteren Beobachtungen von Grenelle können sich wegen ihrer geringen Anzahl mit den 12 guten Beobachtungen von Neuffen nicht messen [1].

DAUBRÉE meinte, die in Neuffen gefundene hohe Wärmezunahme dürfte eine Nachwirkung der früher in der Gegend stattgefundenen Basaltdurchbrüche sein, während G. BISCHOF geneigt war, sie (Lehrbuch der chem. und phys. Geologie. 1. Auflage. Bd. I S. 139) von starken Quellen abzuleiten, welche aus grosser Tiefe aufsteigend, das ganze Gebirge durchwärmt hätten [2].

Die erste Meinung ist nicht annehmbar, denn wenn Basalt vor sehr langer Zeit eine Gebirgsmasse so erwärmt haben könnte, dass es jetzt noch bemerkbar wäre, dann müssten wenigstens so grosse basaltische Massen, wie die des Vogelsbergs in der Wetterau, noch jetzt wärmer als andere Gesteine sein, was schwerlich jemals beobachtet worden ist.

Die aufsteigenden Quellen haben vor dem Basalte den Vorzug, dass ihre Wirkung eine länger dauernde gewesen sein könnte. Sollten es prähistorische Quellen sein, so würde die von ihnen erwärmte Gebirgsmasse, da sie gegen die Erde, selbst bei beträchtlicher Grösse, immer noch als sehr klein betrachtet werden müsste, in der langen Zeit durch die daneben stehende, nicht so warme Masse abgekühlt sein. Wären darunter aber noch jetzt vorhandene Quellen gemeint, so würde man sie beim Bohren bemerkt haben, wovon aber nichts angeführt ist. Übrigens kommen Quellen, die von Natur, also z. B. nicht in Bohrlöchern aufsteigen, nicht oft vor.

NAUMANN bemerkt [3], die ganz excessive Zunahme der Temperatur sei eine eben so ausserordentliche, als schwer zu erklärende Erscheinung.

Wenn die in den durchbohrten Schichten vorkommenden Schwefelkiese sich zersetzten, so trat die dadurch erzeugte Wärme zu der schon vorhandenen der Erde. Allein bei der geringen Weite des Bohrloches bildete der Schlamm keine grosse Masse und der durch

---

[1] Dass der dicke Schlamm nur die Wärme der durchbohrten Schichten haben konnte, hat schon früher VOLGER (Erde und Ewigkeit, 1857, S. 154) hervorgehoben.

[2] NAUMANN, Lehrbuch der Geognosie. 1849. Bd. I S. 55.

[3] a. a. O. 1849. Bd. I S. 55.

seine Zersetzung erzeugte Wärmeüberschuss würde bald, oder doch in den sieben Jahren, die das Bohren mit seiner Unterbrechung gedauert hat, verschwunden sein. Dass aber die Zersetzung im Bohrloche so tief in das Gestein sich hätte verbreiten können, um eine länger dauernde Wärmeerhöhung zu erzeugen, lässt sich nicht annehmen. Es ist daher nicht wahrscheinlich, dass eine Zersetzung der Kiese zu einer Erhöhung der Wärme beigetragen hat.

Obgleich Pregny und Neuffen das Hülfsmittel zur Erlangung richtiger Beobachtungen, den dicken Schlamm miteinander gemein hatten, beträgt die Tiefenstufe für 1° C. dort 29,2 und hier nur 11,27 m, der Unterschied also 17,93 m. Über die Ursachen solcher Verschiedenheiten lässt sich vielleicht besser als jetzt urtheilen, wenn eine grössere Zahl hinreichend richtiger Temperaturreihen vorhanden sein wird. Bei mangelhaften Reihen ist dies Verhalten erklärlicher, es kommt aber auch weniger in Betracht.

Wenn Wasser in grosser Menge aus einem Bohrloche fliesst, verliert es bei seiner Aufwärtsbewegung wenig oder nichts von der Wärme, die es an der Stelle seines Eintritts in das Bohrloch hatte. Ist aber die ausfliessende Wassermenge sehr gering, zieht sie also sehr langsam an dem Gestein vorbei, so könnte immerhin gefragt werden, ob etwa die von unten mitgebrachte Wärme sich mit der nach oben geringeren des Gesteins so verbinde, dass dadurch zwar nicht die wirkliche Wärme des Gesteins, aber doch dieselbe Zunahme der Wärme erhalten werde. Das setzt aber ausser der langsamen Bewegung voraus, dass eine unmittelbare Berührung zwischen Wasser und Gestein stattfindet, das Bohrloch also nicht verröhrt ist, nur an einer Stelle Wasser eintritt, welches oben überfliesst und zur Vergleichung auch das wirkliche Gesetz der Wärmezunahme durch Beobachtungen mit Wassersäulenabschluss ermittelt worden ist.

Von der Sohle eines 80 Fuss tiefen Schachtes aus wurde in Rüdersdorf ein Bohrloch 800 Fuss, also bis zur Tiefe von 880 Fuss unter der Oberfläche niedergebracht und zur Anstellung von Temperaturbeobachtungen benutzt, über welche Erman[1], Magnus[2] und Gerhard[3] Mittheilungen gemacht haben. Hier könnte, weil das Wasser auf der Sohle des Schachtes in geringer Menge überfloss und von

---

[1] Abhandl. der Königl. Akademie der Wissenschaften zu Berlin aus dem Jahre 1831. Berlin 1832. S. 269.

[2] Pogg. Ann. Bd. 22 S. 148.

[3] Daselbst Bd. 28 S. 233.

da durch Klüfte im Gyps abzog, das erwähnte Verhältniss eingetreten sein.

Dem entspricht aber der Sachverhalt nicht, denn in dem Bohrloche befanden sich drei Verröhrungen von Eisenblech, die bis zur Tiefe von 621 Fuss reichten[1]. Es fand also in dem grössten Theile des Bohrlochs keine unmittelbare Berührung zwischen Wasser und Gestein statt und da, wo Röhren ineinander steckten, konnten, worauf auch schon ERMAN hingewiesen hat, Quellen eintreten. In den Tiefen unter der Oberfläche von 80—200—350—495 und 625 Fuss fand ERMAN die Temperaturen 10,3—10,75—13,98—14,5 und 15,49°R. Die drei untersten zeigen eine Beschleunigung der Wärmezunahme, die, weil die Wärmezunahme von 200—350 Fuss, also für eine Tiefenzunahme von 150 Fuss mit 3,23° R., eine übermässige ist, in eine starke Verzögerung übergeht, wenn man die beiden oberen dazunimmt. MAGNUS fand am 3. Juli 1831 in den Tiefen unter der Oberfläche von 80—380—500 und 655 Fuss die Temperaturen 10,3—13,7—14,2 und 15,9° R. Die drei untersten zeigen eine Beschleunigung der Wärmezunahme und in Verbindung mit der obersten eine Verzögerung derselben. Diese Übergänge zur Verzögerung zeigen schon, dass in den oberen Tiefen die Wärme sehr stark zunahm. Spätere Beobachtungen von SCHMIDT[1] haben dies bestätigt, denn er fand am 4. December 1831 in den Tiefen unter der Oberfläche von 200—205—210—215—220—222½—225 und 230 Fuss die Temperaturen 10,8—11,1—11,2—11,8—11,9—12,8—13,4 und 13,5° R., also für einen Tiefenunterschied von 30 Fuss die gewaltige Wärmezunahme von 2,7° R., die für 100 Fuss 9° betragen würde.

Die Temperaturzunahme ist also, wohl durch eintretende Quellen sowie die sonstigen Störungen, eine sehr unregelmässige gewesen und es ist der Ansicht GERHARD's[2] beizustimmen, dass sich dafür ein Gesetz nicht ableiten lässt. Auf die Unregelmässigkeiten hat auch BISCHOF[3] hingewiesen. Dass die mittlere Zunahme der Wärme der von Pregny so gut wie gleich ist[4], kann also nur als ein Zufall betrachtet werden.

---

[1] POGG. Ann. Bd. 28 S. 234.
[2] Daselbst S. 235.
[3] a. a. O. S. 161.
[4] Daselbst S. 254.

Achtzehntes Capitel.

Beobachtungen im Bohrloche zu Schladebach. — Abschluss kurzer Wassersäulen durch Thon. — Geringer Unterschied zwischen den mit und ohne Wasser- abschluss erhaltenen Temperaturen. — Temperaturreihe unter den Futterröhren. — Desgleichen in den Futterröhren und in dickem Schlamme. — Die Reihe unter den Futterröhren kann mit der in denselben zu einer vereinigt werden. — Die Wärme nimmt zu wie die Tiefe. — Schmelzhitze der Lava.

Nach den Beobachtungen zu Sperenberg und Sudenburg ist in dem Verfahren, die Erdwärme in Bohrlöchern unter Abschluss kurzer Wassersäulen zu ermitteln, eine lange Pause eingetreten, die aber im Jahre 1884 durch die vom Oberberghauptmann HUYSSEN angeordneten Beobachtungen in dem Bohrloche zu Schladebach bei Dürrenberg um so mehr in erfreulicher Weise unterbrochen worden ist, als dieses Bohrloch die noch niemals vorgekommene Tiefe von 1748 m erreicht hat. Eine Aufnahme des über diese Beobachtungen bereits Mitgetheilten[1], dürfte, um Alles, worauf es jetzt ankommt, zusammenzufassen, hier nicht fehlen, weil die angewandte Art der Beobachtung neu und durch sie bewiesen ist, dass auch bei einem Bohrloche, dessen Tiefe die zu Sperenberg erreichte bedeutend übertrifft, in dem Gesetze der Zunahme der Wärme mit der Tiefe keine in Betracht kommende Veränderung eintritt.

Das Bohrloch reichte durch Buntsandstein, Zechstein, Roth- liegendes und Steinkohlengebirge bis in das Oberdevon. Diese grosse Tiefe erklärt sich durch die bedeutende Vervollkommnung der Bohr- technik und dadurch, dass man jetzt, wenn die Bohrlochweite für die Anwendung der Freifallinstrumente zu gering geworden ist, die Vertiefung noch mit dem Diamantbohrer und, wenn das Gestein von günstiger Beschaffenheit ist, bis zu einer sehr geringen Weite fort- setzen kann.

Als die Beobachtungen beginnen sollten, hatte das Bohrloch folgende Längen und Weiten:

von   0— 584 m, also für 584 m Länge 120 mm Weite
„   584— 688 „ , „ „ 104 „ „ 92 „   „
„   688—1081 „ , „ „ 393 „ „ 72 „   „
„   1081—1240 „ , „ „ 159 „ „ 50 „   „

---

[1] Neues Jahrbuch für Min. etc. 1889. Bd. I S. 29.

Bis 1240 m war das Bohrloch verröhrt und von da an betrug bis 1376 m die Weite nur noch 48 mm.

Zum Abschluss der kurzen Wassersäulen diente fetter, durch Kneten mit Wasser plastisch gemachter Thon. Über Einrichtung und Anwendung des dazu erforderlichen Apparats enthält das Folgende das Nähere. Da das Bohrloch schon eine bedeutende Tiefe erreicht hatte und deshalb zur Erlangung einer hinreichend langen Temperaturreihe auch entfernt von der Bohrlochsohle beobachtet werden musste, so war der Apparat gleich auf zwei Thonabschlüsse eingerichtet. Ausser dem in der abgeschlossenen Wassersäule befindlichen Maximumthermometer befand sich ein zweites am oberen Theile des Apparats im offenen Wasser, um gleichzeitig auch dessen Wärme messen zu können.

Zur Ermittelung der Temperatur diente, weil es leider an Zeit zur Anschaffung richtiger Maximumthermometer mit Scalen fehlte, das früher (S. 36) beschriebene, in einer starkwandigen, zugeschmolzenen Glasröhre befindliche Ausflussthermometer ohne Scala nebst dem zugehörigen Normalthermometer.

In dieser Weise wurden im unverröhrten Theile des Bohrlochs alsbald und weiter bei seiner Vertiefung folgende Beobachtungen angestellt:

No.	Tiefen	Temperaturen mit Abschluss einer kurzen Wassersäule	Temperaturen ohne Abschluss einer kurzen Wassersäule	Die Temperaturen ohne Wasserabschluss sind geringer als die mit demselben um	Wärmezunahme für je 30 m Tiefenzunahme nach Spalte 2
	m	Gr. R.	Gr. R.	Gr. R.	Gr. R.
1	1266	36,2	35,9	0,3	—
2	1296	36,9	36,8	0,1	0,7
3	1326	37,7	37,7	0,0	0,8
4	1356	38,8	38,6	0,2	1,1
5	1386	39,7	39,6	0,1	0,9
6	1416	40,4	40,0	0,4	0,7
7	1446	40,9	40,9	0,0	0,5
8	1476	41,5	41,5	0,0	0,6
9	1506	42,3	42,1	0,2	0,8
10	1536	42,5	42,3	0,2	0,2
11	1566	42,8	42,2	0,6	0,3
12	1596	43,6	43,5	0,1	0,8
13	1626	44,0	43,9	0,1	0,4
14	1656	44,4	44,0	0,4	0,4
15	1686	45,2	45,1	0,1	0,8
16	1716	45,3	45,3	0,0	0,1

Aus der Zusammenstellung ist ersichtlich, dass, während in dem Bohrloche I zu Sperenberg bei einer Tiefe von 3390 rheinl. Fuss das abgeschlossene Wasser gegen 3° R. wärmer als das offene war, dieser Unterschied sich hier, ungeachtet der grösseren Tiefen, nur in Bruchtheilen eines Grades und sogar viermal gar nicht zeigt. Es wurde schon früher (S. 58) erörtert, dass dies eine Folge der geringen Weite des Bohrlochs ist. Dazu kam hier noch, dass der äussere Durchmesser des hohlen Gestänges 42 mm betrug. Es blieb also zwischen Gestänge und Gestein nur ein Wasserring von 3 mm Wanddicke. Solche Ringe bildeten also im unverröhrten Theile des Bohrlochs eine röhrenförmige Wassermasse, die desto länger wurde, je tiefer man kam. Auch im verröhrten Theile des Bohrlochs fehlte es nicht an engen Räumen zwischen Gestänge und Bohrlochwand, wenn sie auch grösser als im unverröhrten Theile waren. Der so entstehende Reibungswiderstand musste die schon schwache innere Strömung noch weiter vermindern. Endlich war bei dem Herablassen des Gestänges in den unverröhrten Theil des Bohrlochs wegen des geringen Spielraums von 3 mm Reibung nicht zu vermeiden und die dadurch erzeugte Wärme konnte sich wegen der geringen Kraft der inneren Strömung so lange erhalten, dass sie auch noch auf das im offenen Wasser befindliche Maximumthermometer wirkte. Obgleich diese Verhältnisse vorauszusehen waren, blieb ihre Bestätigung durch die Beobachtungen doch erwünscht.

Ungeachtet der angewandten Sorgfalt sind nach der fünften Spalte der Tabelle die Wärmezunahmen für gleiche Tiefenzunahmen weder nahezu gleich, noch lassen sie schon in kleinen Gruppen ein sonstiges Gesetz der Wärmefortschreitung ohne Weiteres mit Deutlichkeit erkennen. Es kann dies aber durch eine grosse Zahl von Beobachtungen ausgeglichen werden.

Die in der Rohrarbeit bis zum Eintreffen einer nöthig gewordenen neuen Röhrentour entstandene Pause ist benutzt worden, um in dem verröhrten Theile des Bohrlochs folgende Beobachtungen anzustellen (s. Tabelle S. 168).

Es würde erwünscht gewesen sein, in dem unteren unverröhrten Theile des Bohrlochs in einem, zur Beseitigung der inneren Wasserströmung hinreichend dicken Thonschlamme nochmals beobachten zu können, weil sich dann diese Beobachtungen mit den in abgeschlossenen Wassersäulen erhaltenen hätten vergleichen lassen. Dem stand aber entgegen, dass in diesem Theile 659 m 33 mm weiter Röhren und 350 m 27 mm dickes rotirendes Gestänge zurück-

Tiefen	Temperaturen mit Abschluss einer kurzen Wassersäule		Die Temperaturen ohne Abschluss sind geringer als die mit demselben um	Wärmezunahme für je 30 m Tiefenzunahme nach Spalte 2
	mit	ohne		
m	Gr. R.	Gr. R.	Gr. R.	Gr. R.
6	8,3	7,9	0,4	—
36	8,8	8,5	0,3	0,5
66	9,6	9,4	0,2	0,8
96	10,3	9,6	0,7	0,7
126	10,9	10,1	0,8	0,6
156	11,3	10,9	0,4	0,4
186	12,2	11,3	0,9	0,9
216	13,0	12,1	0,9	0,8
246	13,6	13,4	0,2	0,6
276	14,3	14,2	0,1	0,7
306	14,5	14,4	0,1	0,2
336	15,2	14,6	0,6	0,7
366	15,4	15,1	0,3	0,2
396	16,6	15,6	1,0	1,2
426	17,1	16,6	0,5	0,5
456	17,7	17,2	0,5	0,6
486	18,3	17,8	0,5	0,6
516	19,0	18,4	0,6	0,7
546	19,8	19,5	0,3	0,8
576	20,6	20,5	0,1	0,8
606	21,1	20,9	0,2	0,5
636	21,3	21,2	0,1	0,2
666	22,0	22,0	0,0	0,7
696	22,9	22,8	0,1	0,9
726	23,3	23,2	0,1	0,4
756	23,9	23,9	0,0	0,6
786	24,8	24,8	0,0	0,9
816	25,2	25,0	0,2	0,4
846	26,3	26,2	0,1	1,1
876	27,2	27,1	0,1	0,9
906	27,8	27,7	0,1	0,6
936	28,5	28,5	0,0	0,7
966	29,3	29,2	0,1	0,8
996	29,8	29,6	0,2	0,5
1026	30,1	30,0	0,1	0,3
1056	30,4	30,4	0,0	0,3
1086	31,3	31,3	0,0	0,9
1116	32,2	32,1	0,1	0,9
1146	32,7	32,6	0,1	0,5
1176	33,7	33,4	0,3	1,0
1206	34,4	34,3	0,1	0,7
1236	35,2	35,2	0,0	0,8

bleiben. Zum Ersatz schloss man das Bohrloch nach der Einstellung seines Betriebs in der Tiefe von 438 m und später noch einmal in der von 120 m mit einem Holzstopfen ab, brachte nach und nach in dasselbe einen dicken Thonbrei und stellte in demselben folgende Temperaturbeobachtungen an, denen zur Vergleichung die daselbst früher in abgeschlossenen Wassersäulen erhaltenen beigefügt sind.

Bei den fünf obersten Beobachtungen berührte der Schlamm das Gestein, bei den anderen die Verröhrung.

| Tiefen | Beobachtungen in | | | |
| | dickem Schlamme | | kurzen Wassersäulen | |
m	Wärme Gr. R.	Wärmezunahme Gr. R.	Wärme Gr. R.	Wärmezunahme Gr. R.
6	8,2	—	8,3	—
36	8,6	0,4	8,8	0,5
66	9,0	0,4	9,6	0,8
96	9.9	0,9	10,3	0,7
118	10,6	0,7	—	—
126	—	—	10,9	0,6
156	—	—	11,3	0,4
186	—	—	12,2	0,9
216	12,5	1,9	13,0	0,8
246	12,9	0,4	13,6	0,6
276	13,4	0,5	14,3	0,7
306	14,2	0,8	14,5	0,2
336	14,6	0,4	15,2	0,7
366	15,2	0,6	15,4	0,2
396	16,4	1,2	16,6	1,2
426	17,0	0,6	17,1	0,5
		$\Sigma = 8,8$		$\Sigma = 8,8$

Die Zusammenstellung zeigt, dass die Gesammtzunahme der Temperatur bei beiden Arten der Beobachtung vollkommen dieselbe ist, dass aber alle Beobachtungen in abgeschlossenen Wassersäulen eine höhere Wärme ergeben haben, als die im Schlamme.

Der Abschluss einer Wassersäule bezweckt, durch Beseitigung der inneren Strömung des Wassers dem abgeschlossenen Wasser vollständig die Wärme des Gesteins mitzutheilen. Es ist deshalb, die Vermeidung starker Fehler vorausgesetzt, die gefundene Wärme für desto richtiger zu halten, je höher sie gefunden wird. Danach läge hier der Schluss nahe, die Beobachtungen in abgeschlossenen Wassersäulen seien die besseren. Weil sich aber der dicke Schlamm bei früheren Gelegenheiten vortrefflich bewährt hat, werden vor Bildung eines bestimmten Urtheils hierüber erst noch weitere Erfahrungen abzuwarten sein. Hier wird sich das verschiedene Verhalten in folgender Weise erklären lassen.

In der abgeschlossenen Wassersäule geht die Erwärmung von den Seiten aus. Das mehr nach der Mitte hin befindliche Wasser ist zuerst noch nicht so warm, wie das die Verröhrung oder das Gestein berührende, und wird dieses durch sein höheres specifisches Gewicht so lange verdrängen, bis der Beharrungszustand eingetreten ist. Dieser Austausch beschleunigt die Erwärmung. Der Thonbrei dagegen wird, weil jenes Hilfsmittel zur baldigen Erwärmung bei ihm fehlt, längere Zeit zur vollständigen Erwärmung brauchen und daher eine etwas geringere Wärme ergeben, wenn er nicht schon hinreichend lange im Bohrloche war. Freilich lässt sich auch dagegen anführen, dass bei den Beobachtungen in den Tiefen von 216—246 und 276 m die Maximumthermometer 24 Stunden im Bohrloche blieben, wobei sie doch wohl die richtige Wärme hätten annehmen können, die dadurch erhaltenen Resultate aber nicht bemerkbar andere sind, als die bei denen das Verbleiben der Thermometer im Schlamme nur 8 bis 9 Stunden betrug. Jedenfalls ist es aber räthlich, bei künftigen Gelegenheiten, wenn der Schlamm nicht schon lange im Bohrloche gestanden hat und erst hineingebracht werden muss, nach seinem Einbringen möglichst lange mit dem Einsenken der Thermometer zu warten.

Es bleibt noch zu untersuchen, nach welchem Gesetze die Wärme mit der Tiefe zunimmt.

Die Beobachtungen unter den Futterröhren sind insofern normale, als bei ihnen die abgeschlossenen Wassersäulen unmittelbar das Gestein berührten, also eine Störung durch die grössere Wärmeleitungsfähigkeit eiserner Futterröhren nicht eintreten konnte.

Durch die Vergleichung der Summen der Temperaturzunahmen, die zur oberen und unteren Hälfte der Tiefenzunahmen gehören, findet man, dass die Reihe unter der Verröhrung um 2,3° R. verzögert ist, also die Zunahme der Wärme mit der Tiefe um so viel weniger beträgt, als wenn sie genau so wie die Tiefe zugenommen hätte. Diese Verzögerung geht schon durch die Beseitigung der tiefsten Wärmezunahme von 0,1° R., die, als gegen alle übrigen zu klein, hinsichtlich ihrer Richtigkeit sehr verdächtig ist, auf 1,6° R. herunter. Wenn aber eine Reihe aus einer hinreichend grossen Zahl von Beobachtungen besteht, so kann man aus ihr mehr als zwei gleiche Theile bilden und ein Theil noch so viel Beobachtungen enthalten, dass ein Urtheil über seinen Charakter möglich ist. Es spricht dies dafür, mit der Anstellung von Beobachtungen nicht zu sparsam zu sein.

Werden aus der vorliegenden Reihe drei gleiche Theile gebildet, wobei auf einen Theil fünf Tiefen- und Temperaturzunahmen kommen, die schon eine Reihe für sich bilden können, so erhält man an Tiefen- und Temperaturzunahmen:

I		II		III	
m	Gr. R.	m	Gr. R.	m	Gr. R.
30	0,7	30	0,5	30	0,8
30	0,8	30	0,6	30	0,4
30	1,1	30	0,8	30	0,4
30	0,9	30	0,2	30	0,8
30	0,7	30	0,3	30	0,1
150 = 4,2		150 = 2,4		150 = 2,5	

Wenn die in der Reihe als Ganzes liegende Verzögerung von 2,3° R. ein wirkliches Gesetz wäre, so müsste sie durch die ganze Reihe ziehen. Das ist aber nicht der Fall, denn von I zu II findet eine Verzögerung von 1,8° und von II zu III eine Beschleunigung von 0,1° statt.

Durch Beseitigung der tiefsten Wärmezunahme von 0,1° geht die Vergleichung über in:

I		II		III	
m	Gr. R.	m	Gr. R.	m	Gr. R.
140	3,966	140	2,433	140	2,6

Es ist dann I zu II um 1,533° verzögert und II zu III um 0,167° beschleunigt. Die Verzögerung ist dadurch also schon um 0,267° kleiner und die Beschleunigung um 0,067° grösser geworden, woraus ersichtlich ist, wie diese Zahlen schon von einer einzigen kleinen Grösse beeinflusst werden.

Gleichwohl habe ich die Beobachtungen ohne Beseitigung der tiefsten Wärmezunahme als Reihe zweiter Ordnung berechnet. Weil dabei die Oberfläche für die Rechnung um 1266 m herunter-geschoben wurde, kam der Ausdruck

$$T = \alpha + \beta (S - 1266) + \gamma (S - 1266)^2$$

zur Anwendung. Es wird erhalten

$$T = 36,1978 + 0,0296625 (S - 1266) - 0,0000212809 (S - 1266)^2,$$

wobei die erste Constante die corrigirte Temperatur in der Rechnungs-tiefe = Null, also in der wirklichen Tiefe von 1266 m ist. Die Summe der Fehlerquadrate von 16 Correcturen beträgt 0,6705. Das Ergebniss der Berechnung ist günstig.

Wenn eine Zunahme der Wärme mit der Tiefe gegen andere in derselben Reihe zu gross oder zu klein erhalten wird, hängt nach früherer Erörterung die Wirkung davon auf den Charakter der Reihe nicht allein von dem betreffenden Unterschiede, sondern wesentlich auch von der Stelle ab, an welcher er vorkommt. Was zu gross ist, bewirkt in der oberen Hälfte der Reihe Verzögerung, in der unteren Beschleunigung und was, wie hier die tiefste Wärmezunahme, zu klein ist, hat die entgegengesetzte Wirkung. Hier können Mängel dieser Art an solchen Stellen eingetreten sein, dass gerade dadurch ein bestimmtes Gesetz gut ausgedrückt wird.

Die aus den Nummern 6—9—10—12—14—16 der Beobachtungen bestehende Reihe ist um 0,4° R. verzögert und ergiebt, wenn die Oberfläche für die Rechnung um 1416 m heruntergeschoben wird

$$T = 40{,}444 + 0{,}0196348\,(S - 1416) - 0{,}00001197098\,(S - 1416)^2$$

mit einer Summe der Fehlerquadrate von 6 Correcturen = 0,0593.

Die geringe Verzögerung hat also schon ausgereicht, das dritte Glied der Gleichung negativ zu machen. Es kommt darauf aber nichts an, weil so wenig verzögerte oder beschleunigte Reihen in Wirklichkeit Reihen erster Ordnung sind.

Dieselbe kleine Verzögerung gehört zu den Nummern 6—9—10—12—13—14—15—16 der Reihe und, wenn man No. 6 beseitigt, ist in der oberen und unteren Hälfte die Summe der Temperaturzunahmen = 1,5°, was einer Reihe erster Ordnung entspricht.

Man ersieht auch aus diesen Vergleichungen wie schon kleine Änderungen den streng mathematischen Charakter einer Reihe beeinflussen können. Es sind hier aber bessere Vergleichungen gegeben.

Verbindet man einen nicht kleinen oberen Theil der Reihe unter den Futterröhren mit einem gleich grossen unteren Theile der in den Futterröhren erhaltenen, so zeigt sich zwischen beiden kein in Betracht kommender Unterschied. Noch entscheidender ergiebt sich dies aus folgenden Vergleichungen, bei welchen die Beobachtungen nur von 36 m Tiefe an zu rechnen sind, weil sowohl die Temperatur der Oberfläche, als die ganze, in Deutschland gegen 24 m tiefe Zone der oberen veränderlichen Temperaturen mit der Reihe der constanten Temperaturen nicht verbunden werden dürfen, wenn auch hier die Mitbenutzung der Beobachtung in 6 m Tiefe keinen wesentlichen Einfluss gehabt haben würde.

Die Beobachtungen im dicken Schlamme ergeben von 36—426 m, also für eine Länge von 390 m eine Wärmezunahme von 17,0 — 8,6 = 8,4°, was für eine Länge von 1000 m betragen würde 21,54° R.

Die Reihe unter den Röhren ergiebt bei einer Länge von 450 m eine Wärmezunahme von 45,3 — 36,2 = 9,1°, also für 1000 m 20,22° R.

Die Reihe in den Röhren ist 1200 m lang und hat eine Wärmezunahme von 35,2 — 8,8 = 26,4°, die für 1000 m betragen würde 22,0° R.

In Betracht der absichtlich für die bedeutende Länge von 1000 m = 3186 rheinl. Fuss angestellten Vergleichungen und weil es absolut richtige Beobachtungen nicht giebt, sind die drei erhaltenen Resultate als einander gleich zu betrachten.

Bei der Reihe von 1200 m Länge hat also die grössere Wärmeleitungsfähigkeit des Eisens der Futterröhren nicht den störenden Einfluss gehabt, der früher von mir für Sperenberg angenommen wurde und wenn auch erst weitere Erfahrungen darüber entscheiden müssen, ob das stets der Fall sein wird, so ist es doch hier von besonderem Werthe, weil dadurch die Berechtigung entsteht, die Reihe der Beobachtungen in den Röhren mit der unter ihnen zu einer Reihe von noch nie dagewesener Länge, in der die Wärme wie die Tiefe zunimmt, zu vereinigen.

Eine weitere Bestätigung erhält dies durch Anwendung der Vergleichung zwischen Tiefen- und Temperaturzunahmen auf die so gebildete Reihe von 36—1716 m. Es ergeben sich dadurch für je 30 m Tiefenzunahme folgende Temperaturzunahmen:

I	II	III	IV
0,8	0,6	0,6	0,8
0,7	0,7	0,7	1,1
0,6	0,8	0,8	0,9
0,4	0,8	0,5	0,7
0,9	0,5	0,3	0,5
0,8	0,2	0,3	0,6
0,6	0,7	0,9	0,8
0,7	0,9	0,9	0,2
0,2	0,4	0,5	0,3
0,7	0,6	1,0	0,8
0,2	0,9	0,7	0,4
1,2	0,4	0,8	0,4
0,5	1,1	1,0	0,8
0,6	0,9	0,7	0,1
8,9	9,5	9,7	8,4

Die Wärmezunahme beträgt hiernach

in der oberen Hälfte $\quad$ I + II $= 8,9^0 + 9,5^0 = 18,4^0$

„ „ unteren „ $\quad$ III + IV $= 9,7^0 + 8,4^0 = 18,1^0$

Es findet also eine Verzögerung statt von $0,3^0$,

das heisst, es ist weder Beschleunigung noch Verzögerung vorhanden. Hierzu hat auch beigetragen, dass die Reihe in den Futterröhren um $1,4^0$ beschleunigt ist. Dies Verhalten ist bedeutsam, weil es der längsten Reihe angehört und weil es sehr unwahrscheinlich ist, dass eine Reihe, die selbst auf die bedeutende Länge von 1200 m keine Verzögerung der Wärmezunahme ergeben hat, in eine verzögerte übergehen werde. Daraus ist zu entnehmen, dass die Vergleichung langer Reihentheile mit einander über den wahren Charakter einer Reihe unter Umständen einen besseren Aufschluss gewähren kann, als die sorgfältige Berechnung einer kürzeren Reihe.

Wird die Tiefe von 36 m für die Rechnung als Oberfläche betrachtet, so sind die Werthe für den einer Reihe erster Ordnung entsprechenden Ausdruck

$$T = \alpha + \beta\,(8 - 36)$$

zu entwickeln.

Man erhält die Normalgleichungen

$$\alpha\,.\,57 + \beta\,.\,47880 = 1553,8$$
$$\alpha\,.\,47880 + \beta\,.\,54094400 = 1616379$$

und daraus

$$T = 8,4204914 + 0,0224276\,(8 - 36),$$

wobei die erste Constante wieder die corrigirte Temperatur in der Rechnungstiefe Null, das heisst in der wirklichen Tiefe = 36 m ist und die Wärme für die Maasseinheit um den Betrag der zweiten Constante zunimmt.

Die Anwendung der Formel auf die Berechnung der Beobachtungen ergiebt die Tabelle auf S. 175 u. 176.

Die Tiefenstufe für 1^0 R. ist $\dfrac{1}{0,0224276} = 44,6$ m, also für

1^0 C. $= \dfrac{44,6\,.\,4}{5} = 35,7$ m. In Sperenberg erhielt man für 1^0 R.

42 m und für 1^0 C. 33,7 m, also fast dasselbe, weil zu einem kleinen Unterschiede in der Wärmezunahme ein numerisch viel grösserer in der Tiefenstufe gehört.

No.	Tiefen		Beobachtete	Berechnete		
	wirkliche	für die Rechnung	Temperaturen			
	S	S — 36	M	F	F — M	(F — M)²
	Meter	Meter	Gr. R.	Gr. R.		
1	36	0	8,8	8,420	— 0,380	0,1444
2	66	30	9,6	9,093	— 0,507	0,2570
3	96	60	10,3	9,766	— 0,534	0,2852
4	126	90	10,9	10,439	— 0,461	0,2125
5	156	120	11,3	11,112	— 0,188	0,0353
6	186	150	12,2	11,785	— 0,415	0,1722
7	216	180	13,0	12,457	— 0,543	0,2948
8	246	210	13,6	13,130	— 0,470	0,2209
9	276	240	14,3	13,803	— 0,497	0,2470
10	306	270	14,5	14,476	— 0,024	0,0006
11	336	300	15,2	15,149	— 0,051	0,0026
12	366	330	15,4	15,822	+ 0,422	0,1781
13	396	360	16,6	16,494	— 0,106	0,0112
14	426	390	17,1	17,167	+ 0,067	0,0045
15	456	420	17,7	17,840	+ 0,140	0,0196
16	486	450	18,3	18,513	+ 0,213	0,0454
17	516	480	19,0	19,186	+ 0,186	0,0346
18	546	510	19,8	19,859	+ 0,059	0,0035
19	576	540	20,6	20,531	— 0,069	0,0048
20	606	570	21,1	21,204	+ 0,104	0,0108
21	636	600	21,3	21,877	+ 0,577	0,3329
22	666	630	22,0	22,550	+ 0,550	0,3025
23	696	660	22,9	23,223	+ 0,323	0,1043
24	726	690	23,3	23,895	+ 0,595	0,3540
25	756	720	23,9	24,568	+ 0,668	0,4462
26	786	750	24,8	25,241	+ 0,441	0,1945
27	816	780	25,2	25,914	+ 0,714	0,5098
28	846	810	26,3	26,587	+ 0,287	0,0824
29	876	840	27,2	27,260	+ 0,060	0,0036
30	906	870	27,8	27,932	+ 0,132	0,0174
31	936	900	28,5	28,605	+ 0,105	0,0110
32	966	930	29,3	29,278	— 0,022	0,0005
33	996	960	29,8	29,951	+ 0,151	0,0228
34	1026	990	30,1	30,624	+ 0,524	0,2746
35	1056	1020	30,4	31,297	+ 0,897	0,8046
36	1086	1050	31,3	31,969	+ 0,669	0,4476
37	1116	1080	32,2	32,642	+ 0,442	0,1954
38	1146	1110	32,7	33,315	+ 0,615	0,3782
39	1176	1140	33,7	33,988	+ 0,288	0,0829

Übertrag 6,7502

No.	Tiefen wirkliche S Meter	Tiefen für die Rechnung S — 36 Meter	Beobachtete Temperaturen M Gr. R.	Berechnete Temperaturen F Gr. R.	F — M	(F — M)²
					Übertrag	6,7502
40	1206	1170	34,4	34,661	+ 0,261	0,0681
41	1236	1200	35,2	35,334	+ 0,134	0,0180
42	1266	1230	36,2	36,006	— 0,194	0,0376
43	1296	1260	36,9	36,679	— 0,221	0,0488
44	1326	1290	37,7	37,352	— 0,348	0,1211
45	1356	1320	38,8	38,025	— 0,775	0,6006
46	1386	1350	39,7	38,698	— 1,002	1,0040
47	1416	1380	40,4	39,371	— 1,029	1,0588
48	1446	1410	40,9	40,043	— 0,857	0,7344
49	1476	1440	41,5	40,716	— 0,784	0,6147
50	1506	1470	42,3	41,389	— 0,911	0,8299
51	1536	1500	42,5	42,062	— 0,438	0,1918
52	1566	1530	42,8	42,735	— 0,065	0,0042
53	1596	1560	43,6	43,408	— 0,192	0,0369
54	1626	1590	44,0	44,080	+ 0,080	0,0064
55	1656	1620	44,4	44,753	+ 0,353	0,1246
56	1686	1650	45,2	45,426	+ 0,226	0,0511
57	1716	1680	45,3	46,099	+ 0,799	0,6384
					$\Sigma \pm = + 0,829$	12,9396

Hiernach ist

$$\varepsilon = \sqrt{\frac{12,9396}{57 - 2}} = \sqrt{0,2352654} = 0,485,$$

$$r = 0,6744897 \cdot \varepsilon = 0,327.$$

Da die Temperaturreihe von Schladebach gegen den Erdhalbmesser zwar noch sehr klein ist, aber doch tiefer als bisher heruntergeht, so kann man mit mehr Berechtigung als sonst fragen, in welcher Tiefe nach ihr die Schmelzhitze der Lava eintreten werde, wobei es allerdings, weil vom Kleinen auf das Grosse geschlossen wird und sich auch die Wärmeleitungsfähigkeit des Gesteins etwas ändern kann, auf einige hundert Meter mehr oder weniger nicht ankommen darf.

Als Schmelzhitze der Lava werden meistens 1600° R. angenommen. Die hierzu gehörende Tiefe ist

$$\frac{1600 - 8,4204914}{0,0224276} + 36 = 71001 \text{ m} = 9,6 \text{ geograph. Meilen zu 7420 m.}$$

„H. Davy fand, dass ein Kupferdraht von $\frac{1}{30}$ Zoll Durchmesser und ein Silberdraht von $\frac{1}{30}$ Zoll Durchmesser, in die Lava in der Nähe ihres Ursprungs gesteckt, augenblicklich schmolzen. Nun schmilzt nach Daniell das Silber bei 978⁰ R., das Kupfer bei 1118⁰ R., wir können daher als mittlere Zahl für die Schmelzhitze der Lava 1000⁰ R. annehmen"[1]. Hierzu würde eine Tiefe von 5,96 geograph. Meilen gehören, denen aber noch so viel zugesetzt werden muss, als dem Wärmeverlust der Lava bei ihrem Aufsteigen entspricht, den man nicht kennt. Die Wärme in der Tiefe bleibt also unbestimmt, sicher aber der Schluss, dass eine glühend flüssige Masse, die nach Zurücklegung eines mehr als 5,96 geograph. Meilen langen Wegs noch eine sehr hohe Wärme zeigt, in der Tiefe noch viel heisser sein muss.

Neunzehntes Capitel.

Beobachtungen in preussischen und sächsischen Gruben. — Desgleichen auf der Sohle eines Schachtes der Kohlengrube Rose bridge und deren Berechnung. — Weitere Berechnung der Beobachtungen in der Grube Maria bei Aachen. — Beobachtungen im Adalbertschachte zu Przibram.

Die früheren Beobachtungen der Wärme des Wassers und der Luft in Bergwerken erfordern keine weitere Erörterung, weil ihre Unzuverlässigkeit zu gross ist.

Durch A. v. Humboldt veranlasst, wurden in preussischen Bergwerken von 1828 bis Schluss 1830 Temperaturbeobachtungen angestellt[2]. Die Regel war dabei, dass man zwei Thermometer, ein oberes und unteres, in Löcher versenkte. Das konnte zu keiner Temperaturreihe führen, weil die Berechtigung zu der Annahme fehlt, die so gefundene Wärmezunahme werde sich nicht ändern. Dazu kam, dass die obere Beobachtung in der Zone der veränderlichen Temperaturen lag. Hier ist zwar in einigen Fällen an derselben Stelle öfters beobachtet worden, aber das hätte doch nur richtig werden können, wenn, wie es von Bischof in Bonn geschah, ein ganzes Jahr oder wie in England noch viel länger beobachtet

---

[1] G. Bischof, Lehrbuch der chem. und phys. Geologie. Supplementband. 1871. S. 97.

[2] Pogg. Ann. Bd. 22 S. 497.

worden wäre und auch dann hätte man kein festes Anhalten gewonnen, weil, wie früher erörtert wurde, das so gewonnene Mittel der ganzen veränderlichen Zone angehört haben würde. Man wollte wohl damals hauptsächlich nur feststellen, dass die Erde unten wärmer sei als oben. In Folge dieser Unbestimmtheit der oberen noch von der Jahreszeit abhängigen Beobachtungen und durch sonstige Störungen fand man in der Kupfergrube Neuer Adler bei Rudelstadt [1] auch eine Abnahme der Wärme nach unten.

Eine Ausnahme machen die in der Steinkohlengrube Vieslap bei Herzogenrath [2] ausgeführten Beobachtungen insofern, als dabei so viel Beobachtungen übereinander lagen, dass die Bildung einer Reihe möglich war. Es wurde beobachtet in der Tiefe von 4 Lachtern und dann noch an Stellen, die jedesmal um 37 Lachter tiefer lagen. Von den 4 Lachtern angerechnet, hatte man

Tiefen Lachter	0	37	74	111
Temperaturen Gr. R.	7,058	7,175	7,942	11,571
Deren Zunahmen für je 37 Lachter	—	0,117	0,767	3,629

wobei der gewaltige Sprung von der zweiten zur dritten Wärmezunahme auffallend ist.

Schlüsse über das Gesetz der Zunahme der Wärme mit der Tiefe, die jetzt noch brauchbar wären, lassen sich aus den Beobachtungen nicht ziehen.

Bei den schon beschriebenen Beobachtungen in den Gruben des sächsischen Erzgebirges lagen in einzelnen Gruben so viel Beobachtungen übereinander, dass Reihen gebildet werden konnten. Es mögen davon nur zwei Beispiele angeführt werden.

In Himmelsfürst Fundgrube erhielt man [3]

Tiefen m	7,6	81,3	158,5	248
Temperaturen Gr. C.	8,09	10,76	12,32	13,26

Die oberste Beobachtung muss von der Reihe ausgeschlossen werden, weil sie in der Zone der veränderlichen Temperaturen liegt. Die übrig bleibenden drei Beobachtungen ergeben nach dem gewöhnlichen algebraischen Verfahren

$$T = 10{,}76 + 0{,}0247015 \,(S - 81{,}3) - 0{,}000058215 \,(S - 81{,}3)^2.$$

Das calculative Maximum der Temperatur tritt ein bei $\frac{\alpha}{2\beta}$

$$= \frac{0{,}0247015}{0{,}0000116430} = 212{,}2 \text{ m unter } 7{,}6 \text{ m, also in der Tiefe unter}$$

---

[1] Pogg. Ann. Bd. 22 S. 505.

[2] Daselbst S. 517.

[3] Reich a. a. O. S. 111.

der Oberfläche von 219,8 m = 700,3 rheinl. Fuss, ein Resultat, das durch jeden tieferen Schacht widerlegt wird.

In der Grube Beschert Glück wurde erhalten [1]

Tiefen m	113,9	223,2	298,5	329,5	388,0
Temperaturen Gr. C. .	9,7	11,73	15,3	14,84	18,17

also zwischen der dritten und vierten Beobachtung für eine Tiefenzunahme von 31 m eine Temperaturabnahme von 0,46°, was, weil es dem Gesetze der Wärmeleitung widerspricht, nur eine Folge von Störungen sein kann. Zufällig liegt diese Abnahme so zwischen den Zunahmen, dass man durch die Berechnung eine Beschleunigung der Wärmezunahme erhält, was aber keinen Werth hat.

Diese Beispiele zeigen schon, warum REICH aus den Beobachtungen zwar das arithmetische Mittel der Wärmezunahme berechnete, aber als vorsichtiger Physiker sich verhindert sah, das wahrscheinlichste Gesetz der Wärmezunahme aufzusuchen [2].

In der Steinkohlengrube Rose bridge bei Wigan, der tiefsten Grube Englands, wurden während der Abteufung des tiefsten Schachtes Temperaturbeobachtungen angestellt [3]. Man bohrte für das einzusenkende Thermometer auf der jedesmaligen Schachtsohle ein Loch 1 Yard (0,9 m) tief, füllte es mit Wasser an, verschloss es oben mit Thon und beobachtete nach einer halben Stunde die Temperatur. Es ergab dies

Tiefe engl. Fuss	Temp. Fahr.	Tiefe engl. Fuss	Temp. Fahr.
1674	78	2235	89
1815	80	2283	90,5
1890	83	2325	91,5
1989	85	2349	92
2013	86	2400	93
2037	87	2418	93,5
2202	88,5	2445	94

Durch Herunterschieben der Oberfläche um 1674 Fuss gehen die Tiefen über in 0—141—216—315—339—363—528—561—609 —651—675—726—744—771 Fuss.

Die Reihe ist um 2,42° F. = 1,075° R. verzögert, was eine Folge davon ist, dass zu der zweiten, vierten und fünften Tiefenzunahme die grössten, für 100 Fuss berechnet, der Reihe nach 4,0—4,17 und 4,17° F. betragenden Wärmezunahmen gehören und diese im oberen Theile der Reihe liegen.

---

[1] REICH a. a. O. S. 111.

[2] a. a. O. S. 134.

[3] EVERETT, On underground temperature. 1874. S. 6.

Durch Berechnung als Reihe zweiter Ordnung erhält man

$$T = 77{,}83163 + 0{,}02374066\,(S - 1674) - 0{,}000004107447\,(S - 1674)^2,$$

wobei die erste Constante die corrigirte Temperatur in der Rechnungstiefe $=$ Null, also in der wirklichen Tiefe $=$ 1674 engl. Fuss ist.

Summe der Fehlerquadrate von 14 Correcturen $= 4{,}3506$.

$$\varepsilon = \sqrt{\tfrac{4{,}3506}{14 - 3}} = 0{,}6289^0\ \text{F.} = 0{,}28^0\ \text{R.},\ r = 0{,}4242.$$

Das calculative Maximum der Temperatur tritt ein in der Tiefe
$$\frac{\alpha}{2\gamma} = \frac{0{,}02374066}{0{,}000008214894} = 2891\ \text{engl. Fuss unter 1674 Fuss mit}$$
$112{,}14^0$ F. $= 35{,}61^0$ R.

Da die Zahl 2891 nicht sehr gross erhalten wurde, so ist die Reihe zunächst als eine verzögerte zu betrachten.

Das Ergebniss der Berechnung ist an sich günstig, wobei in Betracht kommt, dass sich die übrig bleibenden Fehler auf die kleinen FAHRENHEIT'schen Grade beziehen und man sieht, wie sehr ältere Arten des Verfahrens durch das hier angewandte und die damit verbundene grosse Zahl der Beobachtungen an Genauigkeit übertroffen werden.

Die Berechnung als Reihe erster Ordnung ergiebt

$$T = 78{,}2662 + 0{,}0203755\,(S - 1674).$$

Summe der Fehlerquadrate von 14 Correcturen $= 4{,}8560$.

$$\varepsilon = \sqrt{\tfrac{4{,}8560}{14 - 2}} = 0{,}63613;\ r = 0{,}4291.$$

Durch Ausscheidung der Beobachtungen in den Tiefen von 1890—2013 und 2037 Fuss verschwinden die erwähnten drei grossen Temperaturzunahmen und die Verzögerung der Wärmezunahmen, weil diese dadurch auf $0{,}32^0$ F. heruntergeht.

Die Berechnung der danach übrigbleibenden 11 Beobachtungen als Reihe erster Ordnung ergiebt:

$$T = 77{,}6773 + 0{,}0210712\,(S - 1674).$$

Summe der Fehlerquadrate von 11 Correcturen $= 1{,}3821$.

$$\varepsilon = \sqrt{\tfrac{1{,}3821}{11 - 2}} = 0{,}39188;\ r = 0{,}26432.$$

Dies Resultat ist so viel günstiger, als die beiden anderen, dass sich annehmen lässt, die erwähnten drei Wärmezunahmen seien durch Störungen zu hoch geworden und die Temperaturen bildeten in Wirklichkeit eine Reihe erster Ordnung, in welcher die Wärme für 100 engl. Fuss = 30,5 m = 97 rheinl. Fuss um 2,1° F. = 1,17° C. = 0,93° R. zunimmt.

Zu den guten Beobachtungen gehören auch die in der Grube Maria bei Aachen ausgeführten. Sie ergaben, wenn die Tiefen von der Oberfläche an gerechnet werden, nach der früher als Beispiel angeführten Berechnung nach Metern und Graden Celsius

$$T = 7,45016 + 0,03312483 . S - 0,000006646136\ S^2$$
$$\log 0,5201537 - 2 \qquad \log 0,8225693 - 6,$$

Summe der Fehlerquadrate von 5 Correcturen = 0,4287.

$$\varepsilon = 0,4630;\ r = 0,312275.$$

Das Maximum der Temperatur liegt mit 48,72° C. in der Tiefe von 2492 m.

Wird für die Rechnung die Oberfläche um die Tiefe der obersten Beobachtung = 250 m heruntergeschoben, so erhält man

$$T = 15,31919 + 0,02978624 (S - 250) - 0,000006642932 (S - 250)^2,$$
$$\log 0,4740156 - 2 \qquad \log 0,8223598 - 6$$

wobei die erste Constante die corrigirte Temperatur in der Rechnungstiefe = Null, also in der wirklichen Tiefe = 250 m ist.

Summe der Fehlerquadrate von 5 Correcturen = 0,4277.

$$\varepsilon = \sqrt{\frac{4277}{5-3}} = 0,462439;\ r = 0,31991.$$

Das Maximum der Temperatur liegt in der Tiefe $\dfrac{0,02978624}{2.\,0,000006642932}$ = 2241,95 = 2242 m unter 250 m, also in der Tiefe = 2492 m mit einer Temperatur von 48,71° C.

Dass diese Temperatur und die dazu gehörende Tiefe bei beiden Arten der Berechnung so genau mit einander übereinstimmen, ist zwar theoretisch nothwendig, es war aber nur durch die schärfste Berechnung der Constanten β und γ zu erreichen.

Die Reihe ist für ihre Länge von 312 m um 0,37° C., also für 1000 m nur um 1,2° C. verzögert. Das sind Beträge, die wegen ihrer Kleinheit nicht in Betracht kommen können. Es ist also, wie zu Sperenberg, in Wirklichkeit eine Reihe erster Ordnung vorhanden und als solche zu berechnen. Man erhält danach

$$T = 8,47625 + 0,0276835 . S$$

und daraus

Tiefen	Beobachtete	Berechnete	F — M	(F — M)²
	Temperaturen			
m	M Gr. C.	F Gr. C.		
250	15,2	15,397	+ 0,197	0,0388
310	17,1	17,058	— 0,042	0,0018
370	19,15	18,719	— 0,431	0,1858
490	21,6	22,041	+ 0,441	0,1945
562	24,2	24,034	— 0,166	0,0276
			$\Sigma\pm = -0{,}001$	0,4485

$$\varepsilon = \sqrt{\frac{0{,}4485}{5-2}} = 0{,}387^0 \text{ C.} ; \; r = 0{,}261.$$

Die Tiefenstufe ist $\dfrac{1}{0{,}0276835} = 36$ m, also für 1^0 R. $= 36 . \dfrac{5}{4}$ $= 45$ m.

Im Jahre 1874 wurden von Pokorny in dem tiefen Adalbert-schachte zu Przibram Beobachtungen über die Gesteinswärme angestellt, die in der Festschrift der dasigen K. K. Bergdirection vom Jahre 1875 über die erreichte Schachttiefe von 1000 m veröffentlicht worden sind. Später sind diese Beobachtungen etwas tiefer reichend und in etwas anderer Weise wiederholt worden, worüber Markscheider Schmidt Folgendes anführt [1]:

„Im Januar 1882 wurden im Adalbertschachte, dessen Tag-kranz 529 m über dem Meere liegt, (die meteorologische Station im Directionsgebäude zu Przibram liegt 504 m absolute Höhe mit 7^0 C. mittlerer Temperatur) auf 10 Horizonten, die ca. 100 m von einander abstehen, solche Orte gewählt, die möglichst frei von Wetter-zug sind und das Anbringen von 1 m tiefen Bohrlöchern im Grau-wackesandstein ermöglichten.

In diese wurden 1,2 m lange, gut verglichene Gesteinsthermo-meter (von Kapeller) eingesetzt und die Luftcirculation im Bohr-loche durch dichten Verschluss hintangehalten.

Die Ablesungen wurden seit der Zeit in jedem Monat einmal vorgenommen, wobei mit Ausnahme des zweiten Laufs bei jedem Thermometer stets dieselbe Temperatur beobachtet ward. Somit kann für die gegenwärtige Wärmevertheilung und für diese Stellung der Thermometer der Versuch abgeschlossen und durch nachstehende Tabelle dargestellt werden.

---

[1] Österr. Zeitschrift für Berg- und Hüttenwesen. 1882. S. 407.

Am 25. Mai 1882.

Lauf	Absolute Tiefe in m	Temperatur in Gr. C. des Gesteins	Temperatur in Gr. C. der Luft
2	74,5	10,1	13,0
7	190,6	10,8	11,6
9	286,3	12,9	13,8
13	395,7	14,7	15,2
19	505,5	16,8	16,6
21	581,4	18,0	18,6
24	699,8	19,1	19,4
26	775,2	20,2	19,6
28	889,2	22,9	23,3
30	1000,0	24,5	25,0

Das Resultat im zweiten Lauf ist unbrauchbar, da daselbst der Wetterzug sehr lebhaft und das in der Nähe des Adalbertschachtes anstehende Gestein bereits vor sehr langer Zeit aufgeschlossen und vielfach zerklüftet ist, so dass die Ablesungen am Thermometer mit der Tagestemperatur schwankten. Für die Berechnung gelten daher nur die Angaben von 7 bis 30 Lauf.

Danach ergiebt sich für eine Tiefe von 809,4 m eine Steigerung der Temperatur von 13,7° C., oder die Tiefenstufe für 1° C. = 59 m Tiefe.

Dieses Resultat differirt mit jenem POKORNY's um 6,9 m, was wohl zumeist darin begründet sein wird, dass gegenwärtig ganz andere Orte zur Anbringung der Thermometer gewählt wurden.

Berechnet man aus der Tabelle die Tiefenstufen von Horizont zu Horizont, so erhält man

Lauf	Differenz in der Tiefe	Differenz der Temp.	Tiefenstufen pro 1 Gr. C.
von 7 bis 9	95,7	2,1	45,6
„ 9 „ 13	109,4	1,8	60,7
„ 13 „ 19	109,8	2,1	52,3
„ 19 „ 21	75,9	1,2	63,2
„ 21 „ 24	118,4	1,1	107,6
„ 24 „ 26	75,4	1,1	68,5
„ 26 „ 28	114,0	2,7	42,2
„ 28 „ 30	110,8	1,6	69,2

Daraus lässt sich nun eben so wenig, wie aus fast allen bisher vorgenommenen Messungen ein Gesetz erkennen, nach welchem die Temperatur in grösserer Tiefe zuwächst."

Die Reihe ist unter Ausschliessung des Laufes 2 um 0,96° C. verzögert. Das arithmetische Mittel der Wärmezunahme beträgt, nach dem Ausdrucke $T = t + \alpha (S - 190,6)$ berechnet, 0,01737° C. für die Maasseinheit, die Tiefenstufe also $\frac{1}{0,01737} = 57,57$ m = 189 engl. Fuss, was etwas genauer ist, als die vorerwähnten 59 m.

In „The Nature" 1882 No. 675 und 676 und daraus in „Die Natur von K. MÜLLER" 1883 S. 34 ist eine Zusammenstellung verschiedener Tiefenstufen gegeben. Die geringste Wärmezunahme, also die grösste Tiefenstufe kommt danach mit 234 engl. Fuss auf Brotle-Wasserwerk zu Liverpool, woran sich die des Adalbertschachtes zunächst anschliesst.

Nicht genau ist zu ersehen, ob bei Anwendung der sehr langen, mit ihren Scalen aus den Bohrlöchern hervorragenden Thermometer, die Löcher nur an ihren Mündungen gegen die Lufttemperatur geschützt waren, oder jedesmal der Raum neben der Thermometerröhre bis an das Gefäss des Thermometers mit einem schlechten Wärmeleiter ausgefüllt wurde, was sich vielleicht nicht wird haben ausführen lassen. Wenn es nicht geschah, so hat man nicht die Gesteinswärme im tiefsten Theile des Bohrloches, sondern nur den Durchschnitt der Lufttemperatur im Bohrloche erhalten. Dass übrigens die Luft zur Zeit der Beobachtung abkühlend gewirkt habe, lässt sich nicht annehmen, weil mit nur zwei Ausnahmen ihre Wärme höher gefunden wurde als die des Gesteins. Um sich zu überzeugen, dass man wirklich die Wärme des Gesteins gefunden hat, empfiehlt es sich, zunächst einige günstig gelegene Bohrlöcher nach Bedarf ansehnlich zu vertiefen und bei der Beobachtung so zu verfahren, wie es im Folgenden angegeben werden soll, wobei auf einen günstigen Erfolg nur dann zu rechnen ist, wenn die Bohrlöcher vollkommen trocken sind, also kein abkühlendes Wasser in die durch den Bergbau geschaffenen Hohlräume heruntersickert.

Zwanzigstes Capitel.

Beobachtungen im stets gefrorenen Boden eines Schachtes zu Jakutsk in Sibirien. — Grosse Zunahme der Wärme mit der Tiefe. — Unhaltbare Erklärung hierfür. — Berechnung der Beobachtungen. — Störende Einflüsse. — Erklärung der übermässigen Wärmezunahme im oberen Theile des Schachtes. — Die Zunahme der Wärme mit der Tiefe ist erwiesen, nicht aber das Gesetz derselben.

Mehr als einmal ist es durch Beobachtung bestätigt worden, dass, wenn die mittlere Jahrestemperatur eines Orts unter dem Frostpunkte liegt, der Boden bis zu einer bestimmten Tiefe stets gefroren sein muss, soweit er nicht während des Sommers bis zu einer geringen Tiefe aufthaut. In Nordamerika in der Umgegend der York-Factory (57°0′ N. und 92°26′ W. Grw.) an der Südwestküste der Hudsonbai ist das Ufer des Hayes-River zwar 20 Fuss hoch, wird aber häufig bei Springfluthen überschwemmt und jährlich reisst der Fluss beim Eisgange grosse Stücke von demselben fort, die stets gefroren sind. In einem günstigen Sommer thaut dieser Boden bis zu 4 Fuss Tiefe auf[1].

Im nördlichen Sibirien ist dies eine ganz gewöhnliche Erscheinung und so auch in dem unter 62°1′ nördlicher Breite liegenden Jakutsk, dessen mittlere Jahrestemperatur — 10,3° C. beträgt[2]. Hier hat man sich ausserdem davon überzeugen können, dass auch in einem stets gefrorenen Boden die Erdwärme mit der Tiefe zunimmt. Es liess daselbst der Kaufmann Schergin einen Schacht abteufen, zunächst um fliessendes Wasser zu erhalten, dann aber um seine Wissbegierde zu befriedigen. Als er die Tiefe von 382 Fuss erreicht hatte, wagte er nicht mehr ohne Zimmerung niederzugehen, weil der Boden weich geworden war und schon bei 357 Fuss seine Festigkeit verloren hatte[3]. Der obere Theil des Schachts hatte eine Schrotzimmerung. Der Kalkstein wurde mit Pulver gesprengt und der Sandstein mit der Keilhaue bearbeitet[4].

Nach Vollendung des Schachts stellte v. Middendorff in demselben Temperaturbeobachtungen an[5]. In 11 verschiedenen Tiefen wurden in der Schachtecke 7½ Fuss tiefe Löcher für die einzusenkenden Thermometer gebohrt, deren Richtung möglichst horizontal und als Fortsetzung der Diagonale des Schachtquerschnitts genommen wurde. Jedes Loch wurde sogleich nach seiner Vollendung und auch am Abend jedes Arbeitstags bestmöglichst mit Filz verstopft.

In jedes Bohrloch kam alsbald nach seiner Vollendung eine Latte, die an jedem Ende eine eingeschnitzte Vertiefung für je eines der Thermometer, deren Kugeln mit Talg umgossen waren, hatte. Die Kugel des einen Thermometers stand 7 Fuss und die des anderen 1 Fuss von der Schachtwand ab (S. 406). Hinter der Kugel des vorderen Thermometers kam ein Filzstöpsel und ein anderer vor dasselbe. Weil die Löcher nicht genau cylindrisch, sondern kegel-

[1] Pogg. Ann. 1838. Bd. 43 S. 360.
[2] Müller, Physik. 1879. Bd. II Abth. 2 S. 604.
[3] Nach einem Schreiben des Akademikers K. E. v. Baer an A. v. Humboldt. Pogg. Ann. 1838. Bd. 43 S. 191.
[4] Daselbst 1844. Bd. 62 S. 415.
[5] Daselbst S. 404.

förmig geworden waren, fasste (S. 413) „der innerste Filzstöpsel", das heisst der über das vordere Thermometer geschobene, „erst innerhalb", das heisst hinter „der Kugel des näheren Thermometers auf 1 Fuss". Wenn, wie wahrscheinlich, der Filzstöpsel hinter dem vorderen Thermometer 1 Fuss lang war, so kam von der 7 Fuss eingesenkten Thermometerkugel nach der Schachtwand hin ein 4 Fuss langer, mit Luft gefüllter Raum, der Filzstöpsel, 1 Fuss lang Luft, die Kugel des anderen Thermometers und der äussere Filzverschluss.

Die Angaben der beiden Thermometer waren fast stets dieselben, obgleich „das oberflächliche Thermometer den äusseren Temperatureinflüssen ganz unverhältnissmässig mehr ausgesetzt war als das innere".

Es wäre besser gewesen, nur ein Thermometer bis auf den Grund des Bohrlochs zu schieben, aber das Bohrloch bis dicht vor das Thermometer mit einem schlechten Wärmeleiter auszufüllen.

Die Beobachtungen ergaben Folgendes [1]:

Tiefen Fuss engl.	7	15	20	50	100	150
Deren Zunahmen	—	8	5	30	50	50
Temperaturen Gr. C. unter Null	17,12	13,12	11,38	8,19	6,81	5,81
		17,12	13,12	11,38	8,19	6,81
Temperaturenzunahmen	—	4,00	1,74	3,19	1,38	1,00
Berechnet für 100 Fuss	—	50	34,8	10,6	2,76	2,00
Temperaturen Gr. Fahrenheit	1,184	8,384	11,516	17,258	19,742	21,542

Tiefen Fuss engl.	200	250	300	350	382
Deren Zunahmen	50	50	50	50	32
Temperaturen Gr. C. unter Null	5,00	4,25	4,12	3,31	2,92
	5,81	5,00	4,25	4,12	3,31
Temperaturenzunahmen	0,81	0,75	0,13	0,81	0,39
Berechnet für 100 Fuss	1,62	1,50	0,26	1,62	1,23
Temperaturen Gr. Fahrenheit	23,000	24,350	24,584	26,042	26,744

Die Temperaturen sind auch in FAHRENHEIT'schen Graden ausgedrückt, wodurch sie positiv werden.

Die Summe der Temperaturzunahmen beträgt für die obere halbe Summe der Tiefenzunahmen 12,03° C. und für die untere

---

[1] NAUMANN, Geognosie. 1849. I. S. 56.

2,17° C. Die Reihe ist also ungeachtet ihrer geringen Länge von 375 Fuss um 9,86° C. verzögert, was so weit über das hinausgeht, was sonst beobachtet worden ist, dass es eine Folge ungewöhnlicher Umstände sein muss. Es ist namentlich durch die drei obersten Wärmezunahmen entstanden.

Die Zunahme der Wärme mit der Tiefe ist eine ungewöhnlich grosse, denn das arithmetische Mittel derselben beträgt nach dem Ausdrucke T = t + α (S — 7) berechnet, 6,08° C. = 4,86° R. für 100 Fuss.

Zwei Geologen haben die starke Wärmezunahme dem Umstande zugeschrieben, dass der gefrorene Boden die Wärme besser als der ungefrorene leite. Nun ist aber bekanntlich das Wasser ein schlechter Wärmeleiter und dass es die Wärme bald annimmt, wenn es von unten oder von der Seite erhitzt wird, ist nicht Folge seiner grossen Leitungsfähigkeit, sondern der inneren Strömung. Diese hört auf, wenn es als Eis oder Schnee feste Gestalt angenommen hat, es behält aber dabei seine geringe Wärmeleitungsfähigkeit. Wäre aber auch das Gegentheil der Fall, so würde doch daraus nach der früher gegebenen Erörterung nur zu schliessen sein, dass die Zunahme der Wärme mit der Tiefe sehr gering sein müsse. Jene Erklärung wird daher dadurch entstanden sein, dass die Wärmeleitungsfähigkeit verwechselt worden ist mit der Wärme, welche am oberen Ende der Reihe ankommt, deren Grösse mit der Leitungsfähigkeit zunimmt.

Die drei obersten Wärmezunahmen gehen über das, was man sonst gefunden hat, so weit hinaus, dass sie nicht zu einer hinreichend richtigen Reihe gehören können. Peters hat sich dadurch veranlasst gesehen, zwei Formeln zu entwickeln, eine für die geringeren und eine zweite für die grösseren Tiefen[1]. Berechnet man die ganze Reihe als eine solche erster Ordnung, so erhält man Correcturen, die theilweise über alles Maass hinausgehen, was anzeigt, dass wenigstens nicht sämmtliche Beobachtungen einer einzigen normalen Reihe angehören können.

Da die mit der Jahreszeit sich ändernden Temperaturen nicht zur eigentlichen Temperaturreihe gehören, die im Allgemeinen mit der geographischen Breite grösser werdende Tiefe ihrer Zone in Deutschland schon bis zu 24 m = 79 englischen oder russischen Fussen reicht, so muss angenommen werden, dass sie in Jakutsk bei dessen hoher Breite von 62° 1' wenigstens 100 Fuss tief ist.

---

[1] Schmid, Lehrbuch der Meteorologie. 1860. S. 89.

Wir sind daher ebenso berechtigt wie genöthigt, die 4 obersten Beobachtungen mit ihren übermässigen Wärmezunahmen von der Berechnung auszuschliessen.

Von 100 Fuss Tiefe an zeigt auch die Reihe einen ganz anderen Charakter, denn die Wärmezunahmen sind um vieles gleichmässiger und geringer. Die Verzögerung beträgt bei ihr für die Länge von 282 Fuss noch 0,96° C.

Berechnet man sie unter Herunterschiebung der Oberfläche um 100 Fuss als Reihe erster Ordnung nach Graden Celsius, so wird erhalten

$$T = -6{,}52806 + 0{,}0130585\,(S - 100),$$

wobei die erste Constante die ausgeglichene Temperatur in der Rechnungstiefe $=$ Null, also in der wirklichen Tiefe $=$ 100 Fuss ist und die Wärme für 100 Fuss um 1,3° C. zunimmt. Die Summe der Fehlerquadrate ist 0,2817 und der wahrscheinlichste Werth des mittleren Fehlers 0,2374. Die Grenze zwischen negativen und positiven Temperaturen, der von SCHERGIN ersehnte Frostpunkt tritt ein, wenn beide Glieder der Gleichung einander gleich geworden sind, wozu erforderlich ist die Tiefe $S - 100 = \dfrac{6{,}52806}{0{,}0130585} = 499{,}9$ Fuss unter 100 Fuss, also rund 600 Fuss unter der Oberfläche.

An der Abteufung wurde nur im Winter gearbeitet[1]. Es musste also die sehr kalte und dadurch schwere Luft in den wärmeren Schacht fallen, die Schachtwand erkälten und der erwärmte Theil der Luft in die Höhe steigen. Dem Gestein wurde also um so mehr Wärme entzogen, je tiefer man kam, was zur Folge hatte, dass eine Verzögerung der Wärmezunahme entstand, auch wenn sie ursprünglich nicht vorhanden war. Den sichersten Beweis hierfür bildet die Thatsache, dass MIDDENDORFF nach Vollendung des Schachts in seinem Tiefsten bei 7 Fuss Entfernung der Thermometerkugel von der Schachtwand denselben Boden gefroren fand, der bei seinem Anhauen weich gewesen war. Die Tiefe der für die Thermometer gebohrten Löcher und ihre Verwahrung gegen die Lufttemperatur mussten also zur Verhinderung der Abkühlung nicht ausgereicht haben. Der kurze Sommer konnte dies nicht ausgleichen, weil die wärmere Luft nicht in den Schacht fiel. Das während dieser Zeit heruntersickernde Wasser fand MIDDENDORFF nach der Aufdeckung des Schachts in der Tiefe von kaum einigen Faden in grosser Dicke

---

[1] POGG. Ann. Bd. 43 S. 405.

gefroren an der Schachtwand[1]. Nach seiner Beseitigung war die Fahrt in den Schacht zwar frei bis zum Boden, aber auch hier hatte sich Eis gebildet, nach dessen Beseitigung man den Schachtgrund erreichte.

Die ungewöhnlich hohe Zunahme der Wärme in den Tiefen bis zu 100 Fuss lässt sich vielleicht in folgender Weise erklären.

Die Kräftigkeit des einfallenden und ausziehenden Luftstroms war daran zu erkennen, dass in derselben Tiefe die Lufttemperatur kurz hinter einander Unterschiede bis zu 4° R. zeigte[2]. Die Wärme, welche die Luft in den tieferen Theilen des Schachts empfing, stieg da auf, wo sie entstand, an den Wänden des Schachts und es konnte davon den oberen Theilen des Bodens etwas mitgetheilt werden. Die obere Bodenschicht hatte aber, als MIDDENDORFF im März und April beobachtete, lange unter dem erkältenden Einflusse der Winterluft gestanden und die höchsten Grade der Kälte konnten wegen der geringen Leitungsfähigkeit des gefrorenen Bodens in keine grosse Tiefe dringen. Aber auch eben wegen dieser geringen Leitungsfähigkeit konnte von der grossen Kälte des oberen Bodens bis zur Zeit der Beobachtungen, wo die Lufttemperatur noch 3,9—14,7° R. unter dem Frostpunkte war[3], nicht viel verloren gegangen sein. Man konnte daher in 7 Fuss Tiefe noch eine sehr geringe Temperatur finden und eine hohe Zunahme derselben, als man in Tiefen kam, bis wohin die Winterluft nicht voll gewirkt hatte, dagegen Wärme von unten zugeführt war.

Schon nicht lange nach Ausführung der Temperaturbeobachtungen hat auch K. E. v. BAER hervorgehoben, die Wände des Schachtes müssten in der kälteren Jahreszeit durch den einfallenden und ausziehenden Luftstrom bedeutend abgekühlt werden, und die gefundenen Temperaturen könnten deshalb nicht die wirklichen sein[4]. So sei es denn natürlich gewesen, dass man beim Weitertreiben des Schachtes Wände und Boden gefroren fand, auch nachdem man den Nullpunkt schon überschritten hatte und dass während der wärmeren Jahreszeit die Luft nicht eindrang, sei eben so wahrscheinlich (S. 256 l. c.). Am entschiedensten würde wohl die Frage gelöst, wenn man im Schachte recht tief nach der Seite bohren könnte, um zu erfahren, ob der Schacht mit seiner tieferen Hälfte bloss eine erkältete Scheide

[1] Poss. Ann. Bd. 62 S. 191.
[2] Daselbst Bd. 43 S. 413.
[3] Daselbst S. 408 u. 409.
[4] Daselbst Bd. 80 S. 242 u. w.

um sich habe oder nicht[1]. Früher hatte er bereits an A. v. HUMBOLDT geschrieben, ob es nicht sehr belehrend sein würde, im Scherginschachte weiter zu graben, um an dieser Stelle unter dem Bodeneise die allmähliche Zunahme der Temperatur zu erproben und genau zu messen[2].

Da man nach Erreichung der Tiefe von 382 Fuss nicht mehr ohne Zimmerung niederzugehen wagte und der Boden schon bei 357 Fuss seine Festigkeit verloren hatte, an beiden Stellen aber die Temperatur vor deren Abteufung schon etwas über dem Nullpunkte gestanden haben wird, so kann der Boden höchstens bis 357 Fuss stets gefroren gewesen sein. Die gewaltige Abweichung in der Tiefenlage dieses wirklichen Frostpunktes von der durch die Berechnung der Beobachtungen gefundenen, zeigt die Grösse der durch das Einfallen der kalten Luft entstandenen Störungen.

Gleichwohl besitzt die Temperaturreihe von 100 Fuss Tiefe an einen solchen Grad von Regelmässigkeit, dass nicht zu bezweifeln ist, auch sie werde bei ihrer Verlängerung zu einer hohen Erdwärme führen.

Die grosse Bedeutung dieser, bis jetzt in ihrer Art einzig gebliebenen Beobachtungen, liegt darin, dass sie, wie schon von NAUMANN[3] hervorgehoben wurde, den schlagendsten Beweis für das Dasein einer von der Sonneneinwirkung ganz unabhängigen Wärmequelle des Erdinnern geliefert haben.

Einundzwanzigstes Capitel.

Die Curven gleicher Erdwärme sind in Bergen nach oben und in Thälern nach unten gebogen. — Verhalten des süssen Wassers in tiefen Landseen und des Meerwassers in grossen Tiefen. — Geringe Wärme des Meerwassers über nicht tiefen Stellen. — Wärme des Gesteins in nahezu horizontalen Strecken unter Bergen, namentlich in Tunnels. — Unterschied zwischen einer Temperaturreihe in senkrechter und der gegen den Bergabhang rechtwinkligen Richtung. — Wärme des in Bergen herunterfliessenden Wassers.

Es wurde früher erörtert, dass, wenn ein an einem Ende erwärmter und gegen die Seitenausstrahlung der Wärme geschützter

---

[1] POGG. Ann. Bd. 80 S. 261.
[2] Daselbst Bd. 48 S. 192.
[3] Geognosie. I. S. 55.

Stab von gleichem Querschnitte, an seinem anderen noch wärmer als die Umgebung ist, in diese von ihm Wärme ausstrahlt; dass ferner, wenn der Stab verlängert wird, die Wärme nach gleichem Gesetze auch durch die Verlängerung zieht und dass dies so lange stattfindet, bis alle in den Stab gebrachte Wärme verbraucht ist, oder der vom Stabe herbeigeführten Wärme eine geringere der Umgebung entgegenwirkt.

In gleicher Weise muss sich die Erdwärme verhalten, wenn sie aus der Tiefe stammt. Befindet sich daher in einer Ebene ein Berg, so setzt auch in ihm die Erdwärme ihre Reihe fort, bis sie in die Zone der mit der Jahreszeit sich ändernden Temperaturen gelangt, in welcher sie nach dem eingetretenen Minimum der Lufttemperatur bis zum Eintritt ihres Maximums beständig zunehmen und kürzere oder längere Zeit danach wieder bis zur ersten Periode abnehmen wird. Während der ersten halbjährigen Dauer wird daher ein Zug der Wärme von aussen nach innen und während der zweiten halbjährigen Dauer umgekehrt ein Zug der Wärme von innen nach aussen stattfinden, aber nur innerhalb der veränderlichen Zone[1].

Da nun an jeder Stelle des Berges die Wärme desto höher hinaufgeht, je höher die über derselben befindliche Masse ist, so müssen die Curven gleicher Erdwärme sich in den Bergen nach oben biegen und in den Thälern, mögen diese an der Luft oder unter Wasser liegen, herabsinken. Mit dem Zurücktreten dieser beiden Veranlassungen, das heisst mit Zunahme der Tiefe unter den nach oben und unten gerichteten Krümmungen, müssen diese bis zum Verschwinden flacher, das heisst, dem Erdumfange parallel werden.

Ist der erwähnte Stab von der Stelle seiner Erwärmung bis an sein Ende 1 m lang und verlängert man dieses Ende um 1,4 mm, so zieht unzweifelhaft die Wärme auch durch diese Verlängerung nach demselben Gesetze, wie es in dem übrigen Theile des Stabes geschah. Zum Erdquadranten von 10 Millionen Metern gehört ein Halbmesser von 6 366 200 m und die grösste Berghöhe auf der Erde beträgt 8839 m. Die erste dieser Längen verhält sich zur zweiten wie 1 m zu 1,4 mm. Die Fortleitung der Wärme des Stabes durch seine kleine Verlängerung ist also eben so, als wenn die Erdwärme in dem höchsten Berge der Erde heraufzieht, woraus zu schliessen ist, dass auch durch diesen äussersten Fall in dem Gesetze der Zunahme der Wärme mit der Tiefe eine in Betracht kommende Ver-

---

[1] G. Bischof a. a. O. S. 173.

änderung nicht angenommen werden kann. Die vom Klima abhängige Tiefe der Zone der veränderlichen Temperaturen kann sich allerdings mit der Höhenlage ändern, die am unteren Ende dieser Zone beginnende Reihe der constanten Temperaturen, auf die es allein ankommt, wird aber dadurch keine wesentliche Änderung erleiden. Man wird daher nicht leicht Veranlassung haben, bei Mittheilung der in einem Bohrloche oder Bergwerke ausgeführten Temperaturbeobachtungen auch die Höhenlage des Beobachtungsorts und seine mittlere Lufttemperatur anzuführen.

Fliesst Wasser unter einem Berge her, so gelangt es, wie schon früher angeführt wurde, in Folge des Ansteigens der Chthonisothermen in Gestein, dessen Wärme mit der Stärke der darüber befindlichen Massen zu- und nach Erreichung des Maximums wieder abnimmt.

Befindet sich süsses Wasser in einem Klima mit im Winter geringer Temperatur und ist es so tief, dass es auch bei der strengsten Kälte nicht bis unten hin einfrieren kann, so behält es dabei auf dem Grunde zunächst die seiner grössten Dichtigkeit entsprechende Temperatur von $+4^0$ C. Nun haben aber die Beobachtungen in tiefen Landseen und namentlich in der Schweiz ergeben, dass die Wärme des Wassers auf dem Grunde um 0,75 bis $3,15^0$ C. über diese Wärme hinausgeht[1]. Dieser Überschuss ist eine Folge der aus der Erde in das Wasser übergehenden Wärme. Er entweicht, weil er das Wasser leichter macht, nach oben und wird durch die Erdwärme wieder ersetzt.

Auf dem Grunde des Meeres verhält es sich anders, weil das Salzwasser das Dichtigkeitsmaximum des süssen Wassers nicht hat. Es wird daher, wenn seine Wärme unter 4^0 C. sinkt, nicht wie das süsse Wasser leichter, sondern schwerer und muss also auch auf dem Grunde bleiben.

Durch sorgfältige Beobachtungen ist namentlich in neuerer Zeit festgestellt worden, dass selbst in den Tropen das Wasser auf dem Grunde des tiefen Meeres nicht nur eine sehr geringe Wärme besitzt, sondern, dass diese sogar, in hohen Breiten öfters, in geringen nicht so oft, unter den Nullpunkt heruntergeht[2].

Es ist dies zunächst eine Folge davon, dass von der Sonne erwärmtes Wasser oben bleibt und das kältere sich herabsenkt, dann aber auch davon, dass aus höheren Breiten kaltes Wasser wegen

---

[1] G. Bischof a. a. O. S. 143.
[2] Verhandlungen der Gesellschaft für Erdkunde zu Berlin. VII. S. 115.

seiner grösseren Eigenschwere auf dem Grunde des Meeres nach
dem Aequator fliesst. Hierzu kommt, dass die Curven gleicher Erdwärme sich in Bergen nach oben und in Thälern und auf dem Festlande wie unter Wasser nach unten biegen. Ausserdem wird angeführt[1], dass zu der geringen Wärme des Wassers auf dem Grunde
des tiefen Meeres unter Umständen auch eine Windrichtung beitragen könne. Auf dem Meeresgrunde tritt die Erdwärme in Verbindung und Streit mit dem durch das Wasser erkalteten Boden.
Heisse Quellen oder vulcanische Einwirkungen können aber an einzelnen Stellen des Meeresgrundes das Wasser bedeutend erhitzen[2].

Es ist beobachtet worden, dass nach dem Lande hin die Wärme
des Meerwassers abnimmt und zwar desto mehr, je steiler die Küste
ist, je stärker also die Tiefe geringer wird. G. BISCHOF führt hierüber an[3], aus dem tiefen Meere steige mehr Wärme auf, als aus
dem flachen. Wenn nämlich im Meeresboden die Erdwärme mit
der Tiefe so zunehme, wie auf dem Festlande, so werde er in grosser
Tiefe eine sehr hohe Wärme erhalten. Der Unterschied zwischen
dieser Wärme und der geringen des Wassers sei der thermometrische
Ausdruck für die aus dem Meeresgrunde in das Wasser strömende
Wärmemenge. Die vorausgesetzte hohe Erdwärme ist aber wegen
der Herunterbiegung der Wärmecurve nicht vorhanden. Aber selbst
abgesehen hiervon entsteht doch durch die Vereinigung von Erd-
und Wasserwärme nur die sehr geringe Wärme des Wassers, aus
der sich die höhere Wärme des tiefen Meeres nicht ableiten lässt.

H. DAVY leitet[4] die Erscheinung davon ab, dass die Erwärmung
des Meerwassers durch die Sonne mit der Tiefe abnehme. Im tiefen
Meere erreiche das herabsinkende kältere Wasser so grosse Tiefen,
dass es nicht mehr auf das obere Wasser wirken könne, an nicht
so tiefen Stellen dagegen blieben die erkalteten Wasserschichten
der Oberfläche näher, häuften sich da an und brächten die Temperatur an der Oberfläche des Wassers dem Mittel der Temperatur
von Tag und Nacht näher.

G. BISCHOF findet dies[5] nicht annehmbar, weil eine Temperatur-
verminderung nur eintreten könne, wenn die Luft kälter als die
Oberfläche des Wassers sei. Das trifft aber doch nur dann zu, wenn

---

[1] PETERMANN's Geogr. Mitth. Bd. 35 S. 171.
[2] G. BISCHOF a. a. O. S. 142.
[3] Daselbst S. 153.
[4] GILBERT's Ann. Bd. 66 S. 139.
[5] a. a. O. S. 154.

auch das Mittel zwischen Tag- und Nachtwärme höher ist, als die
an der Oberfläche des Wassers. Ausserdem kann durch den selten
ganz fehlenden Wellenschlag auf flachen Stellen das kalte Wasser
mit dem warmen vermischt werden.

Wird eine Strecke horizontal oder wenig davon abweichend
in einen Berg getrieben, so tritt dasselbe Gesetz ein, wie bei dem
Wasser, welches unter dem Berge herfliesst, das heisst die Wärme
des Gesteins nimmt zu mit seiner Mächtigkeit über der Strecke.
Hierfür konnte G. BISCHOF [1] nur eine Beobachtung anführen, nämlich
die, welche BOUSSINGAULT in dem erzführenden Gebirge von Marmato
angestellt hat. In einem der daselbst getriebenen Stollen, der 4494 Fuss
über dem Meere liegt, ist die mittlere Temperatur des Gesteins am
Eingange 16° R. und es findet nach dem Innern eine Temperaturzunahme von 1° R. auf eine Länge von ungefähr 127,5 Fuss statt.

Später hat man sich in Eisenbahntunneln unter hohen Bergen
von dieser Wärmezunahme vollständiger überzeugen können. Es
kommen hierfür in Betracht die Beobachtungen über die Gesteins-
temperatur im Montcenis-Tunnel, noch mehr aber wegen ihrer grösseren
Genauigkeit und Anzahl die, welche Dr. STAPFF im Gotthard-Tunnel
angestellt hat. Eine besondere Bedeutung solcher Beobachtungen
liegt darin, dass man durch sie erfährt, wie gross die Mächtigkeit
des Gesteins über dem Tunnel sein darf, wenn in demselben, so-
lange er noch nicht durchschlägig geworden ist, eine die Gesund-
heit und das Leben der Arbeiter gefährdende Höhe der Wärme vermieden werden soll.

Es sind hierbei für jede Stelle zwei Temperaturen gegeben,
die des Gesteins im Tunnel und die darüber liegende mittlere
Temperatur der Oberfläche. Näheres hierüber ergeben die Mittheilungen STAPFF's [2].

Gelangt, wie meistens, Wasser von oben in einen Tunnel, so
hat das auf die Zunahme der Wärme mit der Tiefe denselben
störenden Einfluss wie in einem Bergwerke.

Zur Bestimmung der geothermischen Tiefenstufe für den Fall,
dass in senkrechter Richtung ein Schacht oder ein Bohrloch an einem
Bergabhange niedergebracht ist, haben G. BISCHOF [3] und NAUMANN [4]
Formeln entwickelt, weil dann zur Erlangung derselben Temperatur-

[1] a. a. O. S. 163.
[2] Studien über die Wärmevertheilung im Gotthard. 1. Theil. 1877.
[3] a. a. O. S. 178 u. w.
[4] a. a. O. 1849. S. 60 u. w.

zunahme in senkrechter Richtung eine grössere Tiefenzunahme erforderlich ist, als in der Richtung rechtwinkelig gegen den Abhang,
zu jener also eine grössere Tiefenstufe gehört, als zu dieser.

NAUMANN's Entwickelung, die zu einfacheren Formeln führt,
als die von BISCHOF, ist folgende.

„Auf einem Bergabhange AE (Taf. I Fig. 11), dessen Neigung $= \alpha$, sei ein Schacht oder ein Bohrloch AB von b Fuss Tiefe
niedergebracht worden. Die Temperatur des Mundlochs A sei $= t$, die
des Tiefsten B $= t'$; ferner sei die aërothermische Tiefenstufe, das
heisst die Höhe der Atmosphäre, in welcher die Wärme von oben
nach unten um einen Grad der betreffenden Thermometerscala zunimmt $= a$ und die geothermische Tiefenstufe, das heisst die
Länge, für welche in einem auf einer horizontalen Ebene in senkrechter Richtung niedergebrachten Bohrloche und ebenso in einer
gegen den Bergabhang rechtwinkeligen Richtung eine Wärmezunahme
von einem Grade eintritt $= c$.

Man fälle vom tiefsten Punkte B des Bohrlochs eine Normale
BC auf den Bergabhang, ebenso von ihrem Ausgangspunkte C eine
Normale CD auf AB und bezeichne die noch unbekannte Temperatur
dieses Ausgangspunktes mit x.

Nun ist der Abstand dieses Punktes vom Bohrlochtiefsten

$$BC = b \cdot \cos \alpha.$$

Ferner ist $AD = \sin \alpha \; AC$ und $AC = b \sin \alpha$, also der
verticale Abstand des Punktes C vom Bohrloche

$$AD = b \cdot \sin^2 \alpha.$$

Da C tiefer als A liegt, so muss auch die Temperatur bei C,
nämlich x grösser sein, als bei A $= t$. Die Wärmezunahme von A
nach C ist also $x - t$ und entspricht der Tiefenzunahme $= AD$.
Für das bei C an der Oberfläche liegende x kommt aber noch die
aërothermische Tiefenstufe von der Höhe $= a$ in Betracht, welche
proportional ist der Wärmezunahme für kleinere oder grössere Höhen
der Luft. Hier ist diese Höhe $= AD$. Man hat also

$$1 : a = x - t : AD,$$

also

und danach

$$AD = (x - t) \, a = b \sin^2 \alpha$$

$$x = \frac{b \sin^2 \alpha + a t}{a}.$$

Diese Temperatur ist es nun, auf welche eigentlich die im
Bohrlochtiefsten beobachtete Temperatur bezogen werden muss,

indem dabei die Länge der Normale BC zu Grunde gelegt wird. Will man also aus den beobachteten Temperaturen t und t' die wahre Grösse der geothermischen Tiefenstufe ableiten, so hat man die Länge BC durch die Temperaturdifferenz t' — x zu dividiren. Es ist aber

$$t' - x = t' - \frac{b \sin^2 \alpha + a t}{a} = \frac{a(t' - t) - b \sin^2 \alpha}{a}$$

und dieses in BC dividirt giebt

$$c = \frac{a b \cos \alpha}{a(t' - t) - b \sin^2 \alpha}.$$

Setzt man hier in t' — t = 1, also gleich der Wärmezunahme für die Tiefenstufe in AB, so ergiebt sich

$$c = \frac{a b \cos \alpha}{a - b \sin^2 \alpha}$$

und daraus

$$b = \frac{a \rho}{a \cos \alpha + c \sin^2 \alpha}.$$

Da c an verschiedenen Orten nicht gleiche Grösse hat, also nicht für jeden besonderen Fall als gegeben betrachtet werden kann, so ist es angemessener von b, das ja durch die Beobachtung in senkrechter Richtung erhalten wird, als gegeben auszugehen und danach c zu berechnen.

Bischof findet S. 181, dass wenn ein unter 30° geneigter Bergabhang, bei dem a = 677 Fuss und c = 115 Fuss angenommen wird, in eine horizontale Hochebene übergeht, schon ein Abstand des Bohrlochs vom Abhange = 24,7 Fuss genügt, um den Unterschied zwischen senkrechter und normaler Tiefenstufe aufzuheben.

Nun hat sich aber ergeben, dass die Temperatur der Oberfläche und die ganze Zone der veränderlichen Temperaturen in die Berechnung einer Temperaturreihe nicht mit aufzunehmen sind, wenn auch die durch ihre Mitaufnahme veranlasste Verunstaltung der Reihe der constanten Temperaturen, auf die es allein ankommt, nicht immer so gross sein wird, wie es bei Sperenberg der Fall war. Damit fällt zunächst die Berücksichtigung der aërothermischen Tiefenstufe fort. Es wird aber auch ein an einem Bergabhange niedergebrachtes Bohrloch niemals so tief sein, dass zwischen seinem Mundloche und der Stelle am Bergabhange, die in derselben horizontalen Ebene liegt wie das Tiefste des Bohrlochs, der klimatische Unterschied gross genug werde, um einen in Betracht kommenden Unterschied in der Dicke der Zone der veränderlichen Temperaturen herbeizuführen. Sollte das aber bezweifelt werden, so wäre jene Dicke nur etwas reichlich zu nehmen, so dass man sicher ist, damit in die constanten Temperaturen gekommen zu sein, was, wie schon früher angeführt wurde, auf den Reihencharakter ohne Einfluss ist. Denkt man sich nun diese den Berg in gleicher Dicke bedeckende Zone entfernt, so gehört die danach noch bleibende Oberfläche einer Curve gleicher Temperatur an. Die Beziehung zwischen der senkrechten und normalen Richtung der Temperaturreihe wird dann eine sehr einfache, weil jede Linie wie B C der Cosinus der zu ihr gehörenden senkrechten Linie A B ist.

In dem von NAUMANN berechneten Beispiele war angenommen $\alpha = 30^0$, c = 92 Fuss, a = 542 Fuss und daraus ergab sich b = 101,3 Fuss.

Wird dies b als gegeben angenommen, so hat man nach dem einfacheren Verfahren

$$c = b \cdot \cos \alpha = 101,3 \times 0,866 = 87,7 \text{ Fuss},$$

nur um 4,3 Fuss kleiner als nach dem seitherigen Verfahren. Diese geringe Differenz wäre an sich von keiner wesentlichen Bedeutung, weil schon geringe Unterschiede in der Wärmezunahme ansehnliche Unterschiede in den reciproken Grössen, den Tiefenstufen bewirken, der kleinere Werth ist aber auch als der richtigere zu betrachten. Seine Berechnung wäre für die einzelnen Beobachtungen in A B auszuführen. Man erhält so die Stellen, zu welchen die in A B gefundenen Temperaturen in normaler Richtung gehören. Die dadurch erhaltene Reihe kann man sich in A B gedreht denken, von dem, weil es länger als B C ist, oben ein Theil übrig bleibt. Eine solche Drehung um die Stelle des Bohrlochs, für welche der Abhang noch in Betracht kommt, wäre sogar unerlässlich, wenn das Bohrloch Tiefen erreicht, auf welche der Abhang ohne Einfluss ist, weil doch dieser Theil der Reihe mit dem anderen verbunden werden muss. Da nach dem einfacheren Verfahren jedes b den Factor cos α hat, so werden dadurch zwar die Längen der Tiefenstufen geändert, ihr Verhältniss zu einander bleibt aber dasselbe und deshalb auch das Gesetz der Zunahme der Wärme mit der Tiefe.

Ein Bohrloch wird selten so liegen, dass bei Bestimmung der Tiefenstufe auf die Gestalt der Oberfläche Rücksicht genommen werden muss.

Wenn in der Richtung eines Tunnels ein genaues Profil des Berges angefertigt worden ist, sind für jede Beobachtung der Ge-

steinswärme im Tunnel zwei Vergleichungen mit der hierbei nicht
zu entbehrenden mittleren Temperatur der Oberfläche gegeben, die
eine in senkrechter und die andere in zur Oberfläche normaler
Richtung. STAPFF hat für den Gotthardtunnel beides berechnet.
Für die senkrechte Richtung fand er aus der Gesammtheit der Ge-
steinstemperaturen eine Wärmezunahme von 2,07° C. für 100 m
oder eine Tiefenstufe von 48 m und für die andere eine Wärmezunahme von 2,16° C. für 100 m, oder eine Tiefenstufe von 46 m.
Der Unterschied ist sehr gering, weil es der zwischen den Längen
der beiden Richtungen ist, was stets der Fall sein muss, wenn ein
Berg nicht sehr steil ansteigt.

Da die Erdwärme im Innern der Berge in die Höhe zieht, so
muss sie das in ihnen herunterfliessende Wasser erwärmen. Dieses
wird also, wenn es im Thale als Quelle erscheint, die auf seinem
Wege empfangene Wärme mitbringen. Als Beispiel hierzu führt
G. BISCHOF unter anderen die warmen Quellen des Leuker Bades
unter der Gemmi an [1].

Man darf jedoch hierbei nicht übersehen, dass die Zunahme
der Wärme des Wassers nicht der des Gesteins gleich gesetzt werden
kann. Zunächst geht die mittlere Jahrestemperatur der Einfluss-
stelle, die beim Gestein nur bis zu einer gewissen Tiefe wirkt, mit
dem Wasser herunter. Ausserdem muss das Wasser desto weniger
Wärme erhalten, je schneller es herunterfliesst. Wenn daher die
Höhe, aus welcher das Wasser herunter gekommen ist, nach der
gewöhnlichen Zunahme der Wärme mit der Tiefe für die Höhe der
Wärme der Quelle nicht ausreicht, so muss das Wasser erst in
Tiefen unter der Thalsohle gelangt und dann wieder aufgestiegen
sein. Der Schluss von der Wärme der am Fusse eines Berges
hervortretenden Quelle auf die Höhe, von welcher sie herabkommt,
kann daher sehr unsicher bleiben. Die Spalten, in denen das
Wasser herabfliesst, können dadurch ersetzt werden, dass bei ge-
schichteten Gesteinen die wasserführende Schicht geneigt ist.

---

[1] a. a. O. S. 196.

Zweiundzwanzigstes Capitel.

Die wenigen bis jetzt vorhandenen möglichst richtigen Temperaturreihen haben keine in Betracht kommende Verzögerung, oder sogar eine Beschleunigung der Zunahme der Wärme mit der Tiefe ergeben. — Die von den Beobachtungen abgeleitete Verzögerung der Wärmezunahme ist unhaltbar. — Unhaltbare Behauptungen über die Beobachtungen zu Sperenberg. — Die besten Beobachtungen führen auf das Vorhandensein einer allgemeinen hohen Erdwärme und dass sie der Rest einer früheren noch höheren ist. — Vulcanausbrüche vermindern die Erdwärme. — Einfluss von Gesteinsspalten auf die Entstehung heisser Quellen. — Sonstige Ansichten über die Ursache der Erdwärme. — Weiteres über sehr wenig verzögerte oder beschleunigte Temperaturreihen. — Etwaige künftige höhere Bedeutung des arithmetischen Mittels der Wärmezunahme.

Die vorausgegangenen Erörterungen gewähren Mittel zur Beurtheilung der von verschiedenen Seiten über die Ursache und das Verhalten der Erdwärme vorgetragenen Ansichten.

Schon seit längerer Zeit ist es in der Literatur fast zur Regel geworden, nicht nur zu behaupten, dass die innere Wärme der Erde in geringerem Maasse wie die Tiefe zunehme — verzögerte Reihe — sondern diese Behauptung auch von den Ergebnissen der in Bergwerken und Bohrlöchern angestellten Beobachtungen abzuleiten.

Nun wurde aber nach Mittheilung der Berechnungen über die 9 Beobachtungen zu Sperenberg gezeigt, dass man namentlich bei weiten Bohrlöchern durch Messung der Wärme des offenen Wassers auf der jedesmaligen Sohle eine Verzögerung der Zunahme der Wärme mit der Tiefe selbst dann erhält, wenn sie im Gesteine nicht vorhanden ist. Ferner, dass, wenn nach der Vollendung eines Bohrlochs die Wärme des offenen Wassers in verschiedenen Tiefen gemessen wird, die dadurch erhaltene Reihe zwar nicht immer, aber doch in der Regel verzögert ist und dass hierbei auch durch den Mangel der Verzögerung kein Beweis für die Richtigkeit der Beobachtungen erhalten wird.

Da man also in dieser Weise die Wärme der Erde und das Gesetz ihrer Fortschreitung mit der Tiefe nicht findet, so bleibt zu fragen, ob es denn keine Beobachtungen giebt, die zur Lösung dieser Aufgabe richtig genug sind und die Antwort lautet, jene genügende Richtigkeit tritt ein, wenn die gerügte Fehlerquelle beseitigt wird.

Die Berechnung der wenigen, bis jetzt vorhandenen Reihen, die hierzu hinreichend richtig sind, hat dies bestätigt.

Zu Pregny nahm die Wärme sehr genau wie die Tiefe zu und die Beobachtungen im Bohrloche zu Neuffen ergaben eine Beschleunigung der Zunahme der Wärme mit der Tiefe. Beide Reihen verdankten ihre Richtigkeit dem Vorhandensein eines dicken, die innere Strömung des Wassers beseitigenden Schlammes und bei Neuffen kam zu dessen günstiger Wirkung auch noch die der geringen Weite des Bohrlochs.

Weil aber die Natur, in Bohrlöchern das vortreffliche Hilfsmittel, den dicken Schlamm, nur selten gewährt, so ist es bei den Beobachtungen zu Sperenberg, Sudenburg und Schladebach dadurch ersetzt worden, dass von der im Bohrloche stehenden Wassersäule für jede Beobachtung ein kurzes Stück, in welchem sich das Maximumthermometer befand, abgeschlossen, dadurch der inneren Strömung des Wassers entzogen, und so gezwungen wurde, die Wärme des anstossenden Gesteins anzunehmen. Man fand dadurch, dass an diesen drei Orten die Erdwärme wie die Tiefe zunimmt.

Den angeführten fünf Reihen steht nun gegenüber die grosse Zahl derjenigen, die eine deutliche Verzögerung der Wärmezunahme ergeben haben. Da dies aber die unrichtigen sind, so können sie gegen das, was die wenigen richtigen ergeben haben, nicht in Betracht kommen.

Die von den Beobachtungen abgeleitete Behauptung der Verzögerung der Wärmezunahme ist also unhaltbar.

Gleichwohl ist sie, wie schon früher erörtert wurde, nach dem Gesetze der Abkühlung einer Kugel richtig, wenn sie auf die ganze Erde bezogen wird. Es wurde aber auch gezeigt, dass wir nach der betreffenden Formel Fourier's und dem aus denselben von Dr. Hann abgeleiteten Resultate niemals die Tiefe erreichen können, in welcher dies Gesetz anfängt messbar zu werden.

Die durch nicht hinreichend genaue Beobachtungen gefundene Verzögerung ist meistens so stark, dass danach die Wärmezunahme in einer geringen Tiefe aufhören müsste. Dies als ein Gesetz betrachtend, ist geschlossen worden, dass die Erdwärme nur gering, und nicht der Rest einer früheren sehr grossen Wärme sein könne. Selbst wenn ein solches Gesetz vorhanden wäre, könnte es doch nicht aus den Beobachtungen abgeleitet werden, durch welche man, wie beispielsweise bei der Messung der Wärme des offenen Wassers in einem Bohrloche, die wirkliche Erdwärme und ihre Fortschreitung mit der Tiefe nicht gefunden hat.

Nach einer anderen Auffassung wurde die so oft beobachtete Verzögerung als ein allgemeines Gesetz betrachtet und zugleich der Erde eine hohe Wärme zugeschrieben. Beides lässt sich nicht miteinander vereinigen.

Die weiter vorgekommene Behauptung, die geothermische Tiefenstufe werde mit der Zunahme der Tiefe immer grösser, ist zwar richtig, wenn sie sich auf die ganze Erde beziehen soll, aber damit steht nicht im Einklange, dass zugleich die beobachtete Verzögerung als bedeutsam betrachtet und so angeführt wurde, als ob sie mit der, in den uns zugänglichen Tiefen nicht messbaren zusammenhinge.

Auch für die Beobachtungen zu Sperenberg ist unter Berufung auf meine erste aus denselben abgeleitete Formel die Verzögerung der Wärmezunahme behauptet worden. War das nun schon nicht zutreffend, so kann es noch weniger dadurch begründet werden, dass man, wie es selbst in neuerer Zeit, nachdem ich schon längst die erste Formel aus guten Gründen verworfen, und durch Besseres ersetzt hatte, vorgekommen ist, die 9 Beobachtungen mit Wasserabschluss, die den Kern der ganzen Untersuchung bildeten, nicht genug oder gar nicht beachtet, und sich theilweise oder ganz an die Beobachtungen ohne Wasserabschluss gehalten hat, deren grosse Fehlerhaftigkeit schon 1872 von mir nachgewiesen, und von denen deshalb auch keine zur Ermittelung des Gesetzes der Wärmezunahme benutzt wurde.

Durch hinreichend richtige Beobachtungen ist eine entschieden verzögerte Reihe noch nicht gefunden worden. Sie könnte dadurch entstehen, dass die Wärmeleitungsfähigkeit des Gesteins nach unten grösser wird, sei es durch Änderung seiner Bestandtheile, oder der Neigung der Schieferung. Da die Fortsetzung einer solchen Reihe in grosse Tiefen dem Gesetze der Abkühlung einer Kugel nicht entspricht, so muss angenommen werden, dass in grösseren Tiefen eine derartige Verzögerung in das allgemeine Gesetz übergeht.

Zunächst liegt nur die bedeutsame Thatsache vor, dass die wenigen, bis jetzt vorhandenen, richtigen Reihen theils keine hinsichtlich ihrer Grösse in Betracht kommende Verzögerung und theils sogar eine Beschleunigung der Wärmezunahme ergeben haben.

Die Beobachtungen lassen keinen Zweifel darüber, dass der Erdkörper in allen Zonen, auf dem Festlande wie unter Wasser, eine

Wärme besitzt, die mit der Tiefe zunimmt und bei welcher das Ende dieser Zunahme durch Beobachtungen, die nicht zu fehlerhaft waren, selbst in den grössten Tiefen noch niemals erreicht worden ist. Für diese bedeutsame Erscheinung ist eine Erklärung zu suchen, die mit ihr am besten im Einklange steht.

Die Annahme, die Sonne hätte alle bei der Bildung des Planetensystems auftretende Wärme für sich verbraucht, ist nicht zu begründen. Es musste also den Planeten ein entsprechender Theil davon zukommen, wenn auch abnehmend mit der Zunahme ihrer Entfernung vom Centralkörper. Daraus ist zu schliessen, dass auch die Erde ursprünglich eine sehr hohe Wärme gehabt hat und dass in ihr nach eingetretener Abkühlung die Wärme mit der Tiefe so zunehmen muss, wie man es nach guten Beobachtungen im Einklange mit dem Gesetze der Abkühlung einer Kugel findet.

War die Erde nicht ursprünglich heiss, so müsste sie nach FOURIER jetzt durch die Einwirkung der Sonne in ihrer ganzen Masse gleich warm sein[1]. Nach seiner Berechnung ist die anfangs sehr starke Abkühlung nach und nach so gering geworden, dass die jetzige Temperatur der Oberfläche den Werth nicht um $\frac{1}{30}^0$ C. überschreitet, den sie zuletzt erreichen wird, und dass mehr als 30000 Jahre verstreichen müssen, ehe jener Überschuss auf die Hälfte herabsinkt. Seit der griechischen Schule zu Alexandrien hat sich derselbe nur um $\frac{8}{100}^0$ C. verringert[2].

Ist eine feste Masse durch die Zunahme der Wärme mit der Tiefe glühend flüssig geworden, so tritt in ihr eine innere Strömung ein, welche die verschiedenen Wärmegrade mehr oder weniger ausgleicht.

Der Zunahme der Wärme mit der Tiefe tritt ihre für die Erde im Ganzen geltende Verzögerung nicht störend entgegen, weil neben ihr die Erde noch heiss genug bleibt.

Der allgemeinen Verbreitung der Erdwärme gegenüber sind die Vulcane nicht nur nebensächlich, sondern ihr auch durch den mit den Ausbrüchen verbundenen Wärmeverlust entgegenwirkend. Ausserdem kann die dabei nach oben gelangende Wärme sich nur auf eine geringe Entfernung nach der Seite hin ausbreiten.

Das Hervortreten heisser Quellen ist, abgesehen von den mit noch thätigen Vulcanen in Verbindung stehenden, davon abhängig,

---

[1] G. BISCHOF a. a. O. S. 365.
[2] Daselbst S. 366.

dass in den Gesteinen Spalten in grosse Tiefen heruntergehen, aus welchen das Wasser hervortritt. Diese Spalten können, wie schon G. Bischof hervorgehoben hat[1], durch Zusammenziehung und besonders, sowohl bei neptunischen als sonstigen Gesteinen, durch Veränderung ihrer Lage entstehen.

Das mittlere specifische Gewicht der oberen Stoffe der Erde beträgt ausser dem Wasser 2,7, also nahezu halb so viel, wie das der ganzen Erde = 5,68. Daraus folgt mit Nothwendigkeit, dass wegen des mit der Tiefe zunehmenden Druckes die tieferen Massen ein viel grösseres specifisches Gewicht haben müssen, als die oberen. Dieser Unterschied würde noch grösser sein, wenn ihm nicht die Erdwärme entgegen wirkte. Ausserdem werden die schwersten Stoffe wohl zuerst abgeschieden worden sein.

Die Nothwendigkeit jenes Unterschieds bleibt, wenn man für die Erde eine geringe Wärme annehmen wollte, es führt aber zu einem Widerspruche mit dem, was gute Beobachtungen ergeben haben, denn wenn selbst die längste aller bis jetzt bekannt gewordenen Temperaturreihen, die von Schladebach, in jedem Gliede eine Zunahme der Wärme mit der Tiefe zeigt, so ist nicht abzusehen, warum sie nicht zu einer sehr hohen Wärme führen sollte.

Von anderen Seiten sind als Ursachen der Erdwärme betrachtet worden die Reibung, die das Wasser bei seinem Herabsinken in die Erde erleidet, der hauptsächlich von diesem Wasser hervorgebrachte Stoffumsatz, der Druck der Gesteine und die durch die Bewegung grösserer Massen erzeugte Wärme.

F. Pfaff hat eingehend nachgewiesen[2], dass keine dieser Ursachen zur Erklärung des wirklichen Verhaltens der Erdwärme ausreicht. Die durch die Reibung des herabziehenden Wassers entstehende Wärme ist verschwindend klein. Wenn das Wasser an einer Stelle Stoffe auflöst und sie an einer anderen wieder absetzt, so tritt im ersten Falle Wärme ein und im anderen wieder aus, was sich gegen einander aufhebt. Entsteht aber durch Zersetzung nur Wärme, so muss ihre Grösse nach der Beschaffenheit des Gesteins sehr verschieden sein und dann könnten die Temperaturreihen nicht den Grad der Regelmässigkeit haben, den man, wenn störende Einflüsse fehlen, durch gute Beobachtungen erhält. In einer solchen Wirkung läge also nur die Störung eines Gesetzes und um die Zu-

---

[1] a. a. O. S. 5.
[2] Allgemeine Geologie als exacte Wissenschaft. 1873. S. 12—25.

nahme der Wärme mit der Tiefe zu erklären, müsste angenommen werden, die oben befindliche, Wärme erzeugende Kraft wirke auf einen Stoff desto kräftiger, je weiter sie von ihm entfernt ist. Wird aber die Wirkung einer von oben stammenden Wärme erzeugenden Kraft durch die mit der Tiefe zunehmenden Wärme grösser, so ist das nur eine Folge der unabhängig von ihr schon vorhandenen Erdwärme.

Dass auch die durch den Druck und die Senkung der Gesteine entstehende Wärme zur Erklärung der Erdwärme nicht ausreicht, wird in der angezogenen Quelle ebenfalls durch Rechnung nachgewiesen. Hierbei kommt in Betracht, dass die durch jene Kräfte entstehende Wärme nicht nur auf grosse Massen vertheilt werden muss, sondern dass sie auch nur auf mechanischem Wege erzeugt werden kann, durch Druck nur so lange, als er etwas zusammengepresst, also nicht ruhend geworden ist und durch die Senkung der Gesteine nur für ihre Dauer. Die so vorübergehend erzeugte Wärme müsste also bis jetzt ausreichen, was nicht der Fall ist.

Da die hohe Wärmezunahme im stets gefrorenen Boden von Jakutsk jede der Reibung des Wassers und dem Stoffumsatze zugeschriebene Wärmeentwickelung ausschliesst und die an sich unzureichende Wirkung des Drucks hier wegen der geringen Tiefe noch viel weniger als sonst in Betracht kommen kann, so bleibt zur Erklärung nur die Strahlung der Wärme aus dem Erdinnern.

H. Hansemann hat[1] erörtert, dass bei der Zunahme der Wärme der Luft nach unten, unabhängig von anderen Ursachen, die Anziehung der Erde wirke und dass die von ihm hierüber angestellten Versuche diese Ansicht zu bestätigen schienen, dass aber bei den festen und flüssigen Theilen der Erde die nothwendigen Anhaltspunkte für die deshalbige Berechnung fehlten[2]. Abgesehen hiervon verhalten sich doch die gasförmige Luft und der Erdkörper so verschieden gegen die Wärmeleitung, dass sie wenigstens nicht eine einzige Wärmereihe bilden können, zumal da zwischen beiden die Zone der veränderlichen Erdwärme liegt.

Wenn man dereinst eine hinreichend grosse Zahl richtiger Temperaturreihen erlangt haben wird, kann das Resultat darin bestehen, dass die Grösse der Zunahme der Wärme mit der Tiefe zwar nicht allenthalben dieselbe ist, die Beobachtungen aber fast stets auf eine Reihe erster Ordnung führen, das heisst, dass die Wärme in den

---

[1] Pogg. Ann. Ergänzungsband VI S. 417.

[2] Daselbst S. 426.

durch Beobachtungen erreichbaren Tiefen wie die Tiefe zunimmt und Abweichungen davon besonderen Umständen zuzuschreiben, also als Ausnahmen von der Regel zu betrachten sind. Dadurch würden die zu den einzelnen Reihen gehörenden nicht gleichen arithmetischen Mittel der Wärmezunahme eine Bedeutung erlangen, die sie jetzt noch nicht haben und es können damit werthvolle Aufschlüsse verbunden sein.

Vorläufig bleibt die durch gute Beobachtungen gefundene Beschleunigung der Wärmezunahme selbst dann, wenn sie nur gering ist, von besonderem Werthe, weil sie zur Widerlegung der Ansicht, die durch Beobachtungen in Bohrlöchern und Bergwerken gefundene Verzögerung der Wärmezunahme sei ein allgemeines Gesetz, besonders geeignet ist.

Dreiundzwanzigstes Capitel.

Weitere Beobachtungen sind erforderlich. — Genaueres Verfahren dazu in Bergwerken. — Beobachtungen in senkrechten tiefen, zum Sprengen dienenden Bohrlöchern. — Wärmezunahme im Kohlengebirge. — Genügende Richtigkeit ist in Bergwerken oft schwer und unter Umständen gar nicht zu erreichen, — Günstig hierfür sind Steinsalzwerke.

Da, wie wir gesehen haben, den zahlreichen Beobachtungen, die wegen ihrer Mängel das Gesetz der Zunahme der Wärme nicht richtig genug erkennen lassen, nur die wenigen gegenüberstehen, bei denen dies möglich ist, so muss zugegeben werden, dass wir bis jetzt mehr im Anfange, als am befriedigenden Schlusse einer genauen Untersuchung stehen, also das Bestreben auf die Vermehrung zuverlässiger Temperaturreihen zu richten ist.

Die älteren Beobachtungen in Bergwerken haben ergeben, dass die Wärme des Gesteins nicht richtig gefunden wird, wenn man in dasselbe Löcher von mässiger Tiefe bohrt und darin Thermometer senkt, deren Scalen daraus hervorragen. Es müssen also dazu Löcher von grösserer Tiefe benutzt werden. Hierdurch wurden auch, wie die angeführten Beispiele von den Gruben Rose bridge bei Wigan und Maria bei Aachen zeigten, schon gute Ergebnisse erhalten.

Bei weiteren derartigen Beobachtungen ist zuerst zu ermitteln, wie tief ein Loch sein und wie sonst verfahren werden muss, um die Wärme des Gesteins sicher den äusseren Einflüssen zu entziehen.

Hierzu ist in horizontaler Richtung ein Loch, etwa gleich 1 m tief, zu bohren. Horizontal muss es sein, damit durch seine Vertiefung die senkrechte Tiefe der Beobachtungsstelle nicht geändert wird. Als Stelle hierzu ist womöglich der Ortsstoss einer Strecke zu wählen, weil da der meiste Raum für das Bohrgestänge vorhanden ist. Bis auf den Grund des Loches wird das in einer Büchse befindliche Thermometer geschoben. Die Büchse hat am vorwärts gerichteten Ende einen festen Boden und ist an dem nach aussen gerichteten mit einem durch einen Vorstecker oder in sonstiger Weise befestigten Deckel versehen, auf welchem sich ein nicht drehbarer Bügel befindet. An ihrer Seite erhält sie zum leichteren Eindringen der Wärme einige Löcher. Nach dem Einschieben muss das Thermometer sorgfältig gegen die Einwirkung der äusseren Temperatur geschützt werden. Es ist dies oft dadurch zu erreichen gesucht, dass man das äussere Ende des Loches mit Thon oder in sonstiger Weise schloss. Das kann aber, namentlich bei tiefen Löchern noch nicht genügen, denn wenn, wie zu erwarten ist, das Gestein nach der Strecke hin eine andere Wärme hat, als auf dem Grunde des Bohrloches, so verbinden sich in dem leeren Raume zwischen dem äusseren Verschlusse und dem Thermometer beide mit einander. Um dies zu verhindern, ist das Bohrloch von der Büchse bis an sein Mundloch mit einem nachgiebigen, die Wärme schlecht leitenden Materiale, wie Werg, fettige Lumpen, fest und dicht auszustopfen und kann dann noch mit einem Holzstopfen geschlossen werden. Das Stopfmaterial lässt sich, nachdem das Thermometer hinreichend lange im Bohrloche geblieben ist, mit einem an einer eisernen Stange befindlichen Krätzer wieder herausziehen. Zum Herausziehen des Thermometers fasst man mit dem an einer Eisenstange befindlichen Haken in den auf dem Deckel der Büchse befindlichen Bügel.

Wenn ein gewöhnliches Thermometer angewandt wird, können dessen Grade bis zum Beobachten leicht herunter-, oder wenn die Streckenluft sehr warm ist, heraufgehen. Es ist daher sicherer, ein Maximumthermometer anzuwenden, das namentlich da, wo die Wärme der Luft die zu erwartende des Gesteins übertrifft, vor dem Einschieben in kaltem Wasser aufzubewahren ist. Ebenso ist es zweckmässig, vor dem Herausziehen kaltes Wasser an das Maximumthermometer zu spritzen und es, wenn nöthig, nach dem Herausziehen in kaltes Wasser zu stellen.

Dann ist tiefer zu bohren, wieder zu beobachten und so fortzufahren, bis die Temperatur constant geworden ist. Es trägt zur
Sicherheit bei, die Zeit des Verweilens des Thermometers im Bohrloche mit der Zunahme der Tiefe des Loches bis etwa zu 10 Tagen
zu steigern, um sich zu überzeugen, dass auch dadurch keine Änderung der Temperatur eintritt.

Wenn man Ursache hat, anzunehmen, dass auf das Probebohrloch in einem Ortsstoss die äusseren Einflüsse weniger eingewirkt
haben, als es an anderen Stellen der Fall sein wird, so ist noch
ein zweites Probeloch an einer nicht so günstigen Stelle nöthig, um
zu erfahren, ob es da tiefer werden muss.

Nachdem so die für ein Bohrloch erforderliche Tiefe ermittelt
worden ist, werden die übrigen Löcher gebohrt. Mit der Vollendung
der Löcher ist ein wesentlicher Theil der Arbeit erledigt und die
Beobachtungen sind verhältnissmässig einfach. Denn da die Einrichtung so getroffen sein soll, dass gleich die wirkliche Wärme des
Gesteins gefunden wird, so ist es nicht wie früher nöthig, längere
Zeit an derselben Stelle zu beobachten und weil es deshalb nicht
erforderlich ist, an allen Stellen zugleich zu beobachten, kann man
auch mit einem Thermometer ausreichen.

Werden auch senkrechte Löcher in den Strecken gebohrt, so
bestimmt die Stelle des Thermometergefässes die Tiefe der Beobachtungsstelle. Sind sie nicht tief geworden, so kann man sie
zur Abhaltung der Wärme in der Strecke voll Wasser giessen und
hat sie dann oben wasserdicht zu schliessen, haben sie aber tief
werden müssen, so sind sie wie die horizontalen mit schlechten
Wärmeleitern auszustopfen und dann wasserdicht zu schliessen. Die
horizontalen und senkrechten Löcher sind hinsichtlich ihrer Leistungen
mit einander zu vergleichen. Beide Arten müssen trocken sein und
so viel wie möglich senkrecht unter einander liegen. Hat sich das
nicht genügend bewirken lassen, so hängt es von der Gestaltung
der Oberfläche ab, ob darauf bei der Berechnung Rücksicht zu
nehmen ist.

Zur Vergleichung können die Beobachtungen nach einiger Zeit
wiederholt werden und es kann dies selbst nach einigen Jahren geschehen. Sie werden auch dann die früheren Resultate ergeben,
wenn inzwischen an den Bohrlöchern und sonst in der Grube keine
störende Veränderung eingetreten ist.

Mit gutem Erfolge kann beim Abteufen eines Schachts auf
der jedesmaligen Sohle desselben beobachtet werden, wenn kein
Wasser von unten aufsteigt, auf der Sohle nicht eine das Gestein
erkältende oder erwärmende Wasserschicht steht und die Abteufung
den Zeitaufwand gestattet, der mit der Bohrung hinreichend tiefer
Löcher und dem Verbleiben des Thermometers in denselben verbunden ist. Es werden sich dabei aber auch wohl die Löcher mitbenutzen lassen, die der Sprengarbeit wegen gebohrt werden müssen.
Sind die Löcher für das Thermometer tiefer, als sie für die Sprengarbeit sein dürfen, so kann man sie nach der Beobachtung so viel
wie nöthig mit Sand ausfüllen und den oberen Theil sowie später
auch den mit Sand ausgefüllt gewesenen zum Sprengen benutzen.
Jedenfalls hat das Beobachten auf den Schachtsohlen den Vorzug,
dass sich bei ihm der erkältende Einfluss des in Klüften herunter-
sickernden Wasser nicht geltend machen kann.

In einer Zeitschrift ist mitgetheilt worden, man habe in Nordamerika einen Schacht in der Weise abgeteuft, dass auf seiner Sohle
zunächst tiefe Löcher in grosser Zahl gebohrt wurden. In diese
kam dann so viel Sand, dass oben der zum Sprengen erforderliche
Raum leer blieb. Nachdem die Löcher gleichzeitig abgesprengt
waren, wurde aus dem Reste so viel Sand entfernt, als man Raum
zum Sprengen brauchte und in dieser Weise fortgefahren, bis man
die ganze Tiefe der Löcher zum Sprengen benutzt hatte.

In solchen tiefen Löchern würde sich vor ihrer Ausfüllung
mit Sand, wenn kein Wasser von unten aufsteigt, sehr sicher beobachten lassen. Da es aber zu umständlich wäre, so tiefe Löcher
mit einem schlechten Wärmeleiter auszustopfen und diesen wieder
herauszuziehen, so müsste für das Maximumthermometer durch einen
angemessenen Apparat, je nachdem ein Loch Wasser oder Luft enthält, eine kurze Wasser- oder Luftsäule abgeschlossen werden.

Es pflegt hervorgehoben zu werden, dass die Erdwärme im
Kohlengebirge stärker als sonst zunehme, was aber, wie NAUMANN
bemerkt hat[1], nicht immer der Fall ist. Es ist dies einer durch
Zersetzung der Kohle entstandenen Wärme zugeschrieben worden.
G. BISCHOF führt mit grösserem Rechte an[2], dass, weil Kohle ein
sehr geringes Wärmeleitungsvermögen besitze, die Wärme in ihr
sehr stark zunehmen müsse. Bei Beobachtungen hierüber wäre auch
anzugeben, ob sie sich auf das Kohlengebirge im Ganzen, oder nur

---

[1] a. a. O. Bd. I. 1849. S. 57.
[2] a. a. O. S. 171.

auf die Kohlen beziehen. Entsteht durch Zersetzung der Kohlen Wärme, so wird das am stärksten nach der Aussenfläche hin eintreten. Ausnahmsweise wäre dann eine grosse Tiefe der Löcher für die Wärmebeobachtung nöthig, um der höheren Wärme, die nicht ursprünglich, und deshalb störend ist, auszuweichen. Wenn ein Kohlenflötz stark einfällt, so wäre es interessant zu ermitteln, wie in ihm und dem Nebengestein die Wärme mit der Tiefe zunimmt.

Da die durch Bergbau und Tunnel geschaffenen Hohlräume es möglich machen, dass in Klüften das Wasser dahinfliesst, so wird dadurch das Gestein unter der Zone der veränderlichen Temperaturen abgekühlt, also die Wärme zu gering gefunden und wenn dabei das Gestein unten stärker abgekühlt wird, als oben, was um so mehr eintreten muss, je schneller das Wasser herunterzieht, so findet man eine Verzögerung der Wärmezunahme, auch wenn sie im Gestein vor der Existenz des unteren Hohlraums nicht vorhanden war. Die mit stillstehendem Wasser angefüllten Bohrlöcher und die jedesmalige tiefste Sohle eines Bergwerks, in der kein Wasser aufsteigt, haben den grossen Vorzug, dass sie von dieser Fehlerquelle frei sind.

Erhält man daher in Gruben, aus denen Wasser in nicht sehr kleiner Menge gefördert werden muss, in denen es also in ansehnlicher Menge von oben nach unten gezogen ist, selbst durch die sorgfältigsten Beobachtungen eine nicht kleine, also nicht den unvermeidlichen kleineren Fehlern oder geringen Veränderungen der Wärmeleitungsfähigkeit des Gesteins zuzuschreibende Verzögerung der Wärmezunahme, so ist das nicht Folge eines Gesetzes, sondern der eingetretenen Störung. Den Steinsalzwerken kommt zu statten, dass sie meistens wenig oder gar kein Wasser führen. Man darf daher in einem solchen Falle hoffen, zuverlässige Beobachtungen zu erhalten.

Vierundzwanzigstes Capitel.

Beobachtungen in Bohrlöchern mit Benutzung eines dicken Schlammes. — Neuer Abschlussapparat mit Kautschukballons. — Abschluss einer Wassersäule durch Thon. — Apparat hierzu. — Wasserabschluss mittelst durchlochter massiver Kugeln von Kautschuk. — Beobachten in dickem Schlamme nach Einstellung des Bohrens. — Benutzung eines Seils für die Abschlussapparate. — Sonstige Mittel zum Abschluss von Wassersäulen. — Becquerell's Verfahren zur Messung der Temperatur mittelst des elektrischen Stromes.

Das wichtigste Mittel zur Erlangung möglichst fehlerfreier Beobachtungen werden auch ferner die mit stillstehendem Wasser angefüllten Bohrlöcher und darunter namentlich die tiefen bleiben.

Der dicke Schlamm, dem die Beobachtungen zu Pregny und Neuffen ihre Richtigkeit verdankten, lässt sich in einem vollendeten Bohrloche zur Erlangung richtiger Beobachtungen in folgender Weise benutzen.

Da er in seinem unteren Theile zu fest werden könnte, wenn man gleich das ganze Bohrloch damit ausfüllen wollte, so muss seine Einbringung nach und nach geschehen. Man untersuche zuerst, ob trockener zerkleinerter Lehm, oder ein ebenso wirkender Stoff, zu einem Brei wird, wenn er sich eine Zeitlang unter Wasser befindet. Ist das nicht der Fall, so muss er erst durch Bearbeitung mit Wasser plastisch gemacht werden. Dann bringe man so viel Lehm in das Bohrloch, dass er, nachdem er sich im Wasser festgesetzt, und die Erdwärme völlig angenommen hat, eine etwa 3 m hohe Säule bildet, stosse durch denselben das Thermometer mittelst des Gestänges bis auf die Bohrlochsohle, lasse es daselbst hinreichend lange und messe dann die Wärme. Hierauf bringe man wieder ebensoviel Lehm in das Bohrloch, gehe dann, nachdem er sich gesetzt und die Erdwärme angenommen hat, wieder mit dem Thermometer bis auf die Sohle und messe abermals die Wärme. In dieser Weise ist fortzufahren bis die Temperatur auf der Sohle durch Verlängerung der Lehmsäule sich nicht mehr erhöht. Man hat dann ermittelt, wie hoch an jeder anderen Stelle die Lehmsäule über dem Thermometer sein muss, um durch die Wärme des Schlammes die der Erde richtig zu erhalten und kann in dieser Weise weiter aufwärts verfahren.

Es setzt das aber voraus, dass ein Bohrloch nicht offen erhalten zu werden braucht, die Bohrvorrichtungen noch an ihrem Orte bleiben können und die zu den periodischen Arbeiten erforderliche Mannschaft zu Gebote steht. Da das aber wahrscheinlich nicht oft der Fall sein wird, so hat man hauptsächlich den Abschluss kurzer Wassersäulen im Auge zu behalten, besonders da, wo er weniger kostet als die Erzeugung des Schlammes, was namentlich in weiten Bohrlöchern der Fall sein kann. Gleichwohl würde es belehrend sein, auch dann neben dem Wasserabschluss auf eine nicht zu kleine Länge des Bohrlochs den Schlamm anzuwenden, um die Leistungen beider Methoden mit einander vergleichen zu können.

Es wurde angeführt, was in Sperenberg dazu nöthigte, den ursprünglich ins Auge gefassten Abschlussapparat, Taf. I Fig. 9, durch den künstlicheren und nicht für sehr grosse Tiefen ausreichenden, Taf. I Fig. 10, zu ersetzen. Allein auch jener ist nach der inzwischen gewonnenen Erfahrung einer verbesserten Einrichtung fähig. Den oberen Theil derselben zeigt Taf. II Fig. 15 im senkrechten Durchschnitte und Taf. II Fig. 14 in der Ansicht von unten Die Grösse des Apparats bezieht sich auf ein 20 cm weites Bohrloch.

Es ist $abcd$ der Kautschukballon, der oben und unten in einen abgekürzten Kegel mit nach oben gerichteter kleinerer Öffnung endigt. Die Wandstärke des Ballons beträgt 4 mm und kann bei kleineren Apparaten noch weniger betragen. Von der in Sperenberg zur Anwendung gekommenen grossen Wandstärke von 9 mm ist abgegangen worden, weil sie die Ausdehnung beim Eintreten des Drucks erschwert und, wenn solche Verhältnisse wie in Sperenberg eintreten, was bei der Wirkung des Apparats d u r c h D r u c k, den ein über ihm befindliches Gewicht erzeugt, nicht zu befürchten ist, auch die grösste Stärke des Kautschuks keine Sicherheit gegen das Zerreissen gewährt. A und B sind abgedrehte Scheiben von hartem Holze, jede in ihrer Mitte mit einem conischen Loche versehen, das dem conischen Theile des Ballons entspricht. Das abgedrehte Eisenstück $efgh$ ist der Länge nach 6 mm weit durchbohrt, hat bis i eine Schraube, wird von da bis kl kegelförmig und dann mit geringerer Dicke bis gh cylindrisch. Auf dieses cylindrische Stück wird die 3,1 cm weite, in ihrer Wand 4,5 mm starke eiserne Röhre $klmn$ geschroben oder gelöthet. Eine Spalte op geht durch diese Röhre und das cylindrische Stück, auf welchem sie befestigt ist, bis in die Durchbohrung des Eisenstücks $efgh$. Die Schraube qr geht über in das conische Stück $stuv$ und dieses

14*

in die cylindrische Stange $u\,v\,w\,x$, die sich in dem Röhrentheile $m\,n\,g\,h$ verschieben lässt, wobei ein in ihr befindlicher Keil k in zwei einander gegenüber liegende Spalten $y\,z$ gleitet. Die Schrauben $a'\,b'\,c'\,d'$ sind in der unteren Holzscheibe befestigt und auf sie passt mit 4 Löchern die Eisenscheibe $f'\,g'\,h'\,i'$, die mittelst eines in ihrer Mitte befindlichen Lochs auf die Schraube $q\,r$ geschoben werden kann. Auf diese Scheibe wird das ringförmige Blech $\alpha\,\beta$ gelegt, oder auch weich gelöthet. Die Durchbohrung von $e\,f\,g\,h$ kann durch eine Schraube γ, nöthigenfalls mit Legung eines Kautschukringes unter ihren Kopf, vollkommen dicht geschlossen werden. $C\,D\,E\,F$ ist die Wand des Bohrlochs.

Die Zusammensetzung des Apparats und seine Vorbereitung für den Gebrauch geschieht in folgender Weise.

Das untere conische Ende des Kautschukballons wird in das Loch der Scheibe B gesteckt. Dadurch, dass man es zusammenfaltet, oder sein unteres Ende zusammenschnürt, lässt es sich durch die obere engere Öffnung des Lochs schieben. Hierauf wird der Mechanismus zur Verschiebung von q bis $e\,f$ durch das Loch und den Ballon geschoben. Die Dicke von $u\,v$ ist etwas grösser als die von $k\,l$, aber nur so viel, dass sich die letztere bequem durch die untere Öffnung des Ballons schieben lässt. Um zu verhindern, dass hierbei die Verschiebung in Thätigkeit kommt, kann man, damit dem das Gewicht des Eisens entgegenwirkt, das Ganze umkehren, oder, wenn das nicht genügen sollte, in die Durchbohrung bei $e\,f$ mit einem Korke einen geraden Draht festklemmen, der zuerst durch den Ballon geht und mit dem das Übrige nachgezogen werden kann. Man schiebt nun die Scheibe $f'\,g'\,h'\,i'$ auf $q\,r$, mit den in ihr befindlichen Löchern auf die Schrauben $a'\,b'\,c'\,d'$ und setzt auf diese die Schraubenmuttern, die gleichmässig anzuziehen sind. Hierdurch presst der Ring $\alpha\,\beta$ den conischen Stangentheil $s\,t\,u\,v$ wasserdicht an das Kautschuk. Jetzt schiebt man die Holzscheibe A auf ihren Kautschukkegel, legt die Druckscheibe $e^2\,f^2$ auf und schraubt auf sie die grosse Schraubenmutter $g^2\,h^2$, durch deren Anziehen der kegelförmige Theil $a\,b\,k\,l$ des Eisens etwas in die Höhe gezogen und wasserdicht an das Kautschuk gepresst wird. Es muss vermieden werden, dass der Ballon dadurch verlängert wird. Ist das aber doch eingetreten, so schraubt man $g^2\,h^2$ zurück, schiebt die Scheibe A etwas herunter, wodurch der Ballon breiter wird und schraubt dann $g^2\,h^2$ wieder fest.

Die Füllung des Ballons mit Wasser ist in folgender Weise

auszuführen. Die Schraube $q\,r$ wird in senkrechter Richtung befestigt und auf den über $g^2\,h^2$ hervorragenden Theil der Schraube $e\,a$
der Stiel eines Blechtrichters, der mit Wasser zu füllen ist, geschoben. Drückt man nun den Ballon von den Seiten zusammen,
so entweicht Luft in Blasen durch das Wasser im Trichter. Nach
dem Aufhören des Seitendrucks nimmt der Ballon, unterstützt durch
den Druck des Wassers im Trichter, seine ursprüngliche Gestalt
wieder an und entsprechend der entwichenen Luft tritt Wasser in
den Ballon. Hiermit ist fortzufahren und wenn auf diese Weise
schon viel Wasser in den Ballon gebracht worden ist, wird erforderlichen Falls die Scheibe A so viel in die Höhe gezogen, dass der
Keil k auf dem unteren Ende der für sein Gleiten bestimmten beiden
Spalten ruht und das angegebene Verfahren unter Beibehaltung des
Zugs der Scheibe A nach oben noch so lange angewandt, bis beim
Zusammendrücken des Ballons nur Wasser und keine Luft in das
Trichterwasser tritt. Wird dies bemerkt und lässt man A nicht
wieder heruntergehen, so ist der Ballon bis oben hin voll Wasser
und durch die Schraube γ fest zu schliessen, wobei wenn nöthig
für den Raum dieser Schraube ein wenig Wasser zu entfernen ist.
Die Öffnung $o\,p$ hat den Zweck, dass an Stellen, die höher als $g\,h$
liegen, keine Luft zurückbleiben kann, die unter dem Drucke der
Wassersäule im Bohrloche fast zu nichts verschwinden, und dadurch
den Ballon, wenn auch nur sehr wenig, verkleinern, also in seiner
Wirkung beschränken würde. Durch die Schraubenmutter $i^2\,k^2$ wird
die Verbindung des Apparats mit dem Bohrgestänge hergestellt.
Zur Entfernung des Wassers aus dem Ballon ist nur nöthig, die
Schraube γ zu entfernen, das Ende $e\,f$ nach unten zu kehren und
den Ballon zusammenzudrücken.

Beim Einlassen des Apparats in das Bohrloch hängt sein Gewicht und das von dem, was sich unter ihm befindet, an dem Keile k
und nichts davon an dem Kautschukballon. Stösst der Apparat
auf die Bohrlochsohle, so kommt der Druck des Gestänges zur
Wirkung. Die Scheibe A geht herunter, indem sich die Röhre $g\,h\,m\,n$
auf der Stange $u\,v\,w\,x$ herunterschiebt. In dem Maasse als dies
geschieht, legt sich das Kautschuk an die Scheiben A und B und
dann ringsum mit einer breiten Fläche an die Bohrlochwand, wodurch
auf der Bohrlochsohle eine Wassersäule abgeschlossen wird, die so
lang ist wie eine unter der Scheibe B angebrachte Stange. Kann
hierbei das Kautschuk auch nicht in Löcher der Bohrlochwand
dringen, die etwa durch das Herausfallen kleiner Steine entstanden

sind, so vermag es doch deren Ränder abzuschliessen und selbst wenn dies ausnahmsweise nicht der Fall wäre, würden doch wegen der Breite, mit der es an das Gestein gedrückt wird, noch hinreichend andere Stellen vorhanden sein, durch welche ein guter Abschluss gesichert wird. Es können übrigens, wenn auf der jedesmaligen Bohrlochsohle beobachtet wird, solche Löcher wegen der Kürze der Zeit zwischen Bohren und Beobachten nur bei sehr ungünstiger Gesteinsbeschaffenheit vorkommen und wenn das doch eintreten sollte, ist es geboten, das Beobachten so lange zu unterlassen, bis der Nachfall aufgehört hat.

Der die Breitdrückung des Ballons ermöglichende Verschiebungsapparat kann wirken bis zur Länge $h\,x = n\,n'$, was mehr als genügend ist.

Wie bereits bei Beschreibung des zuerst projectirten Ballonapparats, Taf. I Fig. 9, angeführt wurde, ist das zum hinreichenden Breitdrücken des Ballons erforderliche Gewicht über Tage zu ermitteln und ihm dann noch so viel zuzusetzen, dass es im Bohrlochwasser ebensoviel wiegt, wie vorher in der Luft. Es sei der erforderliche Druck $= a$, das specifische Gewicht der drückenden Masse $= g$ und das Gewicht der Masse, welche im Wasser das Gewicht a hat $= x$. Verliert diese Masse im Wasser das Gewicht y, so ist $g = \frac{x}{y}$, also der Gewichtsverlust $y = \frac{x}{g}$. Nach Erleidung dieses Verlustes soll das Gewicht im Wasser noch a betragen. Es ist also $x - \frac{x}{g} = a$ und daraus das Gewicht des Stoffes in der Luft $x = \frac{a \cdot g}{g-1}$. Befindet sich im Bohrloche eine Flüssigkeit, z. B. Soole mit dem specifischen Gewicht $= \gamma$, so ist $x = \frac{a \cdot g}{g - \gamma}$.

Hiernach ergiebt sich, wie lang der Theil des Gestänges, der den Druck ausüben soll und mit dem darüber befindlichen Gestänge durch eine Rutschscheere zu verbinden ist, sein muss.

Nach hinreichend langem Verweilen des Apparates im Bohrloche — in Sperenberg wenigstens 10 Stunden — ist er zunächst sehr langsam aufzuziehen, am besten durch Drehung einer Schraube am oberen Ende des Gestänges. In dem Maasse als dies geschieht, geht die Röhre $g\,h\,m\,n$ auf der Stange $u\,v\,w\,x$ in die Höhe, wodurch der Ballon entlastet wird, seine frühere Gestalt wieder annimmt und sich dadurch von der Bohrlochwand ablöst. Wäre diese Bewegung der Röhre $g\,h\,m\,n$ mit grosser Reibung verbunden, so würde dadurch in nachtheiliger Weise auch der an das Gestein gedrückte Ballon mit- oder sogar auseinander gezogen werden, wenn nicht der Theil des Apparates, der noch nicht mit gehoben werden soll, also auch der Ballon, durch ein unter ihm angebrachtes Gewicht vorläufig zurückgehalten würde. Die gut gearbeitete Verschiebung wird aber nur eine sehr geringe Reibung veranlassen. Man hat sich zwar bei den Beobachtungen zu Sudenburg veranlasst gesehen, am untersten Theile des Apparates ein ansehnliches Gewicht anzubringen, aber hier hatte die Verschiebung, weil sie von einer Abänderung des früheren Apparates, Taf. I Fig. 10, herrührte, Stopfbüchsen, die eine grosse Reibung veranlassen konnten. Gleichwohl ist der Vollständigkeit wegen in Taf. II Fig. 16 auch das Belastungsgewicht mit dargestellt worden.

Dieser Theil des Apparates bildet die kurze abzuschliessende Wassersäule. Der Raumersparniss wegen, und weil er nicht solche kleine Theile enthält, die zu ihrer deutlichen Darstellung einen ziemlich grossen Maassstab erfordern, ist für ihn ein etwas kleinerer Maassstab als für den oberen Theil angewandt worden. Sein oberes Stück $f'g'$ ist identisch mit dem ebenso bezeichneten Theile in Taf. II Fig. 15.

Es ist $a\,b\,c\,d$ ein cylindrisches Gefäss von Zinkblech, von dessen Boden eine Röhre $e\,f\,g\,h$ aufsteigt, mit der sich das Gefäss auf der cylindrischen Eisenstange $i\,k$ verschieben lässt, und in seiner Stellung durch eine darunter befestigte Schraubenkluppe l erhalten wird. An dem Boden befindet sich zum Ablassen des Wassers ein kleiner Hahn m. Dem Gefässe ist eine Länge gegeben, wie sie für das längste der mir bekannten Maximumthermometer erforderlich ist. An der Innenseite der Aussenwand des Gefässes ist das Maximumthermometer oder zur Vergleichung auch mehr als ein solches Instrument in angemessener Weise senkrecht zu befestigen, wobei darauf zu sehen ist, dass die Gefässe solcher Thermometer sich in der halben Länge der abgeschlossenen Wassersäule befinden. Auf der Eisenstange $i\,k$ ist mittelst einer Schraube die cylindrische Holzscheibe $n\,n'$ befestigt. Sie bildet den Boden des cylindrischen Gefässes $o\,p\,q\,r$ von Zinkblech, an welches sie mit Nägeln befestigt wird. Um die centrische Lage des Gefässes zu sichern, erhält es einen Deckel von Eisenblech, der mittelst der kleinen Röhre $s\,t\,u\,v$ an der Stange $i\,k$ in die Höhe geschoben werden kann. Das Gefäss $o\,p\,q\,r$ wird, weil ein massives Gewicht unter Umständen gefährlich werden könnte, unter Hebung seines Deckels mit zerkleinertem

Schwerspath angefüllt. Zum Ein- und Austritt des Wassers erhält es im Boden und Deckel Löcher, die im Boden kleiner sind als die Schwerspathstücke. Der Boden reicht nicht bis auf die Bohrlochsohle, damit die Abgabe von Wärme aus dieser nicht verhindert wird. Das Gefäss $abcd$ wird vor dem Einsetzen eines Maximumthermometers mit möglichst kaltem Wasser angefüllt.

Ob das Belastungsgewicht erforderlich ist, kann dadurch ermittelt werden, dass man den Apparat ohne das Gewicht über Tage in einer Röhre von der Weite des Bohrloches dem erforderlichen Drucke aussetzt und dann herauszieht. Wenn man für ein Geothermometer wieder wie früher den Apparat Taf. I Fig. 4, 5 und 7 anwenden will, so ist er statt der Stange ik nebst Zubehör anzubringen. Das Belastungsgewicht wird dabei noch weniger nöthig sein, weil der Apparat Taf. I Fig. 7 schon ein ziemliches Gewicht hat. Es ist aber besser, das Geothermometer in eine wasserdicht schliessende Stahlbüchse zu bringen, wodurch jener Apparat überflüssig wird.

Dem beschriebenen Apparate können nun gegen den früher projectirten Taf. I Fig. 9 folgende Vorzüge zuerkannt werden.

In Sperenberg war die Herstellung der wasserdichten Verbindung zwischen den Ballons und den Rändern der eisernen Druckscheiben schwierig, während jetzt nur die Umdrehung von Schrauben nöthig ist, um das Kautschuk wasserdicht an Eisen zu drücken und diese Verbindung ebenso leicht wieder gelöst werden kann. Es ist auch mit Sicherheit darauf zu rechnen, dass die Eisenkegel $uvst$ und $abkl$ sich durch den beim Breitdrücken eines Ballons in dessen Innern entstehenden Wasserdruck in ihren Kautschukkegeln nicht verschieben und also wasserdicht bleiben, denn das Herunterschieben des unteren Kegels wird durch festes Anziehen der Schrauben $a' b' c' d'$ verhindert und beim oberen Kegel befördert der Wasserdruck sogar die Pressung des Eisens an das Kautschuk.

Durch Beseitigung der früheren Röhre $ABCD$, Taf. I Fig. 9, ist der Apparat wesentlich vereinfacht worden. Sie wurde dadurch möglich, dass der Ballon bei seiner grösseren Länge die ganze Verschiebung aufnehmen konnte. Gleichwohl liess sich die Wölbung des Ballons, weil sie nicht mehr von den Rändern der Druckscheiben, sondern von ihrer Mitte ausgeht, viel grösser als früher nehmen, so dass beim Zusammendrücken des Ballons die Entstehung der nachtheiligen, nach innen gerichteten Falten des Kautschuks nicht zu besorgen ist. Wollte man wie früher dem Kautschuk von den Rändern der Scheiben aus eine starke Wölbung geben, so wäre das nur durch

Verkleinerung der Scheiben möglich. Damit ist aber der Nachtheil verbunden, dass die obere Scheibe zu gleicher Leistung einen längeren Weg zurückzulegen hat und dass sich dabei die Scheiben, weil ihre Fläche bedeutend kleiner ist, als die des mittleren Querschnitts des Ballons, unter nachtheiliger und die Leistung weiter beeinträchtigender Umstülpung des Kautschuks in den Ballon drücken werden. Jetzt dagegen legt sich das Kautschuk in dem Maasse als die obere Scheibe heruntergeht, an die Scheiben und man kann diese daher so breit machen, dass sie im Bohrloche nur den für ihre Bewegung erforderlichen Spielraum haben.

Früher konnte etwas Wärme durch die eisernen Scheiben nach oben entweichen, wenn auch wohl anzunehmen ist, dass auf der Bohrlochsohle und wenn wegen der Entfernung von ihr zwei Ballons übereinander angewandt werden, zum Ersatz Wärme von unten in das abgeschlossene Wasser gelangt. Jetzt hat die Wärme zweimal durch zwei schlechte Wärmeleiter, das Kautschuk und das Holz zu dringen, und nur die über die Scheiben hinausgehenden Eisentheile leiten die Wärme gut. Die dadurch herbeigeführte Ausstrahlung kann aber nur sehr gering sein, weil der Querschnitt dieser Theile, wenigstens bei weiten Bohrlöchern gegen den des Bohrloches klein ist. Will man sich aber davon überzeugen, ob es nöthig ist, auch dies zu beschränken, so kann es in folgender Weise geschehen. Die Theile $e^2 f^2$ und $g^2 h^2$, Taf. II Fig. 15, werden entfernt und statt ihrer nimmt man eine Schraubenmutter von hartem Holze, die so lang ist, wie jene beiden Stücke zusammen und eine so dicke Wand hat, dass sie die Öffnung $a\,b$ reichlich deckt. Darauf kommt eine Schraubenmutter von hartem Holze, so lang wie $i^2 k^2$, aber mit stärkerer Wand. Der obere Theil derselben erhält eine zur Verbindung mit dem Gestänge dienende Vaterschraube. Dadurch ist auch die geringe vorstehende Eisenmasse durch einen schlechten Wärmeleiter, das Holz, vom nicht abgeschlossenen Wasser getrennt.

Wenn der Durchmesser des Bohrloches kleiner geworden ist, muss zwar ein kleinerer Ballon angeschafft werden, aber die hölzernen Druckscheiben sind noch weiter zu brauchen, weil es nur nöthig ist, sie durch Abdrehen oder in sonstiger Weise kleiner zu machen, was sich bewirken lassen wird, ohne dass man, wie bei den früheren Eisenscheiben, genöthigt ist, sich deshalb an eine vielleicht weit entfernte Maschinenfabrik zu wenden. Dies kann so lange fortgesetzt werden, bis ihr Durchmesser auf $x'\,y'$, Taf. II Fig. 14, heruntergekommen ist. Die etwaige Entstehung von Sprüngen in den

Scheiben lässt sich dadurch vermeiden, dass man ihnen nach aussen einen wenig geringeren Durchmesser giebt und dann einen Reifen von Eisenblech bis auf die halbe Länge treibt.

Der Durchmesser der Druckscheiben und des Ballons in seiner halben Länge beträgt 188 mm, der Spielraum in dem 200 mm weiten Bohrloche also ringsum 6 mm.

In einem Bohrloche, dessen Wand sehr fest, glatt und dessen Querschnitt gut kreisförmig ist, kann der Spielraum etwas geringer sein, als bei nicht so guter Beschaffenheit der Bohrlochwand. Ebenso bei kleineren Ballons, weil sie sich weniger ausdehnen lassen, als die grösseren.

Um die kleinste zulässige Grösse des Spielraums festzustellen, ist ein Lehrrohr, das heisst ein Rohr von dünnem Bleche, welches sich leicht weiter und enger machen lässt, im Bohrloche herabzulassen. Oder es ist am Gestänge in genau gerader Richtung ein Brett zu befestigen und unter häufigem Drehen nach rechts und links, wodurch es wie ein Lehrrohr wirkt, herabzulassen, dessen Breite nur wenig kleiner ist, als die Weite des Bohrloches. Geht es hierbei nicht völlig herunter, so ist es auf beiden Seiten so viel abzuhobeln, dass es ohne Anstand heruntergeht. Beide Vorrichtungen dürfen nicht sehr kurz sein, weil, wenn das Bohrloch an einer Stelle nicht genau senkrecht ist, ein kurzes Stück wohl noch durchgeschoben werden kann, nicht aber ein längeres.

Hat der Ballon durch Druck mit seiner in der halben Länge liegenden grössten Breite die Bohrlochwand erreicht, so ist er noch fester an das Gestein zu drücken, weil so viel Druck vorhanden sein muss, dass er auch eine etwas erweiterte Stelle des Bohrloches erreichen kann und die Sicherheit des Abschlusses mit seiner Breite zunimmt. Bei diesem Pressen nach der ersten Berührung legt sich der Ballon nicht nur weiter an das Gestein, sondern seine Mitte gleitet auch an demselben mit Reibung um einige Centimeter herunter. Es ist daher zweckmässig, das Kautschuk zu beiden Seiten der grössten Breite des Ballons etwas stärker zu nehmen, als an den übrigen Stellen. Sollte es aber wider Erwarten, auch dabei durch jenes Gleiten zu sehr abgenutzt, oder stärker beschädigt werden, so kann man auch, wie es in der Zeichnung durch punktirte Linien angegeben ist, die grösste Breite mehr nach unten legen, wodurch das Gleiten, wenn nicht ganz beseitigt, doch in seiner Länge verkleinert wird. Der punktirt angegebene Bogen $\pi\,\psi$ steht dann in seiner Mitte, von der äusseren Seite des Kautschuks gerechnet, noch

1,6 cm von seiner Sehne ab, was zur Verhinderung der einwärts gerichteten Falten noch genügen wird.

Der beschriebene Apparat ist noch anwendbar bei Bohrlöchern von so geringer Weite, wie sie beim Bohren mit Diamanten vorkommen kann. Die das Breitdrücken ermöglichenden Theile werden dann so zierlich, dass es sich empfiehlt, sie zur Vermeidung starker Oxydation aus Messing bestehen zu lassen. Da hierbei der Apparat nach dem Breitdrücken die Bohrlochwand nur mit einer kleinen Fläche berührt, so wird man das dadurch auszugleichen haben, dass mehrere dieser kleinen Apparate übereinander angebracht werden.

Es ist indes doch wünschenswerth, neben dem Kautschukballon noch ein anderes Abschlussmittel zu haben, namentlich wenn es gestattet, auch bei geringer Bohrlochweite schon mit einem Apparate den abschliessenden Stoff auf eine genügende Länge an das Gestein zu pressen. Hierzu dienten folgende Versuche.

Auf eine cylindrische, 24 mm dicke Holzstange wurden zwei durchlochte cylindrische Holzscheiben von 45 mm Durchmesser und 16 mm Dicke geschoben. Die untere, 11 cm vom Ende der Stange abstehende, wurde durch an ihre Unterseite geschmolzenes Siegellack gegen das Herunterdrücken geschützt, die andere blieb beweglich. Diese wurde gegen 4 cm von der anderen entfernt und der Raum zwischen beiden mit festem, plastisch gemachtem Thon angefüllt, wobei man darauf zu sehen hat, dass der Thon die Holzstange möglichst dicht umschliesst, was bequem dadurch erreicht wird, dass man Thonstücke mit einem breiten Messer auf die Stange drückt. Durch Hin- und Herwälzen der beiden Scheiben auf einer ebenen Fläche erhielt der Thon eine cylindrische Gestalt und glatte Oberfläche. Das Ganze wurde in ein cylindrisches, 26 cm hohes Glasgefäss von 55 mm lichter Weite gestellt, in dem sich so viel Wasser befand, dass es auch die obere Scheibe bedeckte. Die Scheiben hatten also ringsum gegen das Glas einen Spielraum von 5 mm. Nachdem die obere Scheibe mit zwei Stangen heruntergedrückt war, hatte sich der herausgequetschte Thon gleichmässig an die Wand des Glascylinders gelegt. Hierbei gelangte auch wenig Thon auf den unteren Rand der festen Druckscheibe. Wo er sehr dünn war, lösten sich einige Körnchen ab und fielen in das Wasser, was aber bald aufhörte. Als man beim ersten der in dieser Weise angestellten Versuche, ohne die obere Scheibe zu heben, an der Stange zog, traten, obgleich eine Bewegung noch nicht bemerkt wurde, aus dem Stangentheile unter der untersten Scheibe in grosser

Menge kleine Luftblasen in das Wasser, was nur möglich war, wenn der Thon so dicht abschloss, wie der Kolben einer Luftpumpe. Der Abschluss war also sehr vollkommen und er wird das auch an einer rauhen Bohrlochwand sein, weil der plastische Thon sich jeder Vertiefung und Erhöhung anschmiegen kann. Bei späteren Versuchen traten keine Luftblasen aus der Stange, wahrscheinlich weil das Holz schon mehr mit Wasser getränkt war, dagegen zeigten sich einmal zwischen der oberen Seite der unteren Scheibe und dem Thone Luftblasen, welche die obere Scheibe aus dem Thone gepresst hatte, was eintreten konnte, wenn der Thon nicht dicht genug an der Stange lag. Die Luftblasen störten aber in keiner Weise den Zusammenhang des darüber befindlichen Thons und sie werden im Bohrloche verschwinden, weil der gewaltige Druck des Wassers aus dem Thone schon vor seiner Zusammenpressung im Apparate die Luft entfernt.

Wenn die obere Scheibe durch Ziehen an zwei Schnüren auf ihre frühere Stelle gebracht, also vom Thone getrennt ist, erfordert das Losreissen noch ziemlich viel Kraft, weil ihm infolge des guten Anschlusses Atmosphärendruck entgegenwirkt. Zieht man daher nicht sehr langsam an der Stange, so entsteht, wie beim Entkorken einer Flasche, ein Knall. Hierbei stürzt das Wasser über der oberen Scheibe rasch nach unten und es verbleibt nicht nur der hervorgequetschte Thon im Glascylinder, sondern auch von dem noch zwischen den Scheiben befindlichen, der jetzt die obere Scheibe nicht mehr berührt, wird $\frac{1}{3}$ oder mehr mit fortgerissen. Bewegt man den nicht mehr cylindrischen Rest des Thons im Wasser auf und nieder, so wird ein Theil davon fortgeschlämmt und es kann daher sein, dass beim Herausziehen aus einem tiefen Bohrloche nichts davon übrig bleibt, also aller Thon herunterfällt.

Wird ein hiernach construirter Apparat im Bohrloche herabgelassen, so wirkt das auf den Thon so, als ob Wasser mit der Geschwindigkeit des Gestänges in dem Spielraume zwischen Apparat und Bohrloch nach oben strömte. Es kam daher in Frage, ob dadurch nicht so viel Thon weggeführt werden könnte, dass davon zu wenig oder nichts in der betreffenden Tiefe übrig bliebe.

Um hierüber Aufschluss zu erhalten, wurden zwei durchbohrte, 16 mm dicke Korkstopfen auf einen Draht geschoben. Der zwischen beiden vorhandene 4 cm lange Raum erhielt in der beschriebenen Weise die Füllung mit Thon. Diese Vorrichtung kam in eine 22 mm weite Glasröhre, die unten mit einem 4 mm weit durchbohrten

Korke geschlossen war und durch den Hahn der Wasserleitung wurde so viel Wasser in die Röhre gelassen, dass es oben nicht überfloss. Es strömte also um den Thoncylinder mit der geringen Geschwindigkeit herunter, welche der unteren kleinen Öffnung entsprach und bei welcher der Thon unversehrt blieb. Hierauf wurde der Kork entfernt und wieder Wasser eingelassen, das heftig auf den oberen Kork prallte und dann mit einer Geschwindigkeit neben dem Thon herunterfloss, die nicht geringer war, als die, mit welcher man ein Gestänge herablässt. Ein Fortschlämmen von Thon trat auch dabei nicht ein. Es kann also angenommen werden, dass der Thon zwischen den beiden Druckscheiben bei glatter Oberfläche und cylindrischer Gestalt während des Herunterlassens im Bohrloche durch das Wasser nicht verletzt wird. Man kann sich hiervon aber auch noch dadurch überzeugen, dass der zwischen den Scheiben befindliche Thon an einem Seile bis zur betreffenden halben Tiefe in das Bohrloch gesenkt, und dann wieder herausgezogen wird, was eben so wirkt, als wenn man ihn bis zur ganzen Tiefe eingelassen hätte.

Nach den Beobachtungen in Sperenberg muss ein Abschlussapparat mindestens 10 Stunden im Bohrloche bleiben. Der Thon darf also während dieser Zeit seinen Zusammenhang nicht verlieren und nicht zu weich werden. Er wurde daher, nachdem man ihn an die Wand des Glascylinders gedrückt hatte, 24 Stunden im Wasser gelassen. Danach lag zwar auf dem Boden des Cylinders wenig Thon, der von dem über das Ende der unteren Scheibe herausgedrückten herrühren musste, aber der an das Glas gedrückte, den Verschluss bewirkende Theil, war unverletzt. Der Verschluss verträgt also auch einen langen Aufenthalt im Bohrloche.

Ferner wurde Leinwand so zusammengenäht, dass sie einen an beiden Enden offenen Sack bildete, dessen Weite, als Cylinder gedacht, grösser war als die des Glascylinders. Nach dem Anbringen des Thons wurde der Sack mit einigen Falten auf den Druckscheiben festgebunden. Das Zusammendrücken des Thons war etwas schwerer als vorher, aber der Sack legte sich mit dem in ihm befindlichen Thone wasserdicht an die Glaswand. Während das Zusammendrücken des nicht in Leinwand eingeschlossenen Thons keine Trübung des Wassers bewirkte, trat jetzt dadurch eine dünne Brühe von Thon durch die Leinwand. Nachdem der Sack durch das Aufziehen der oberen Scheibe gespannt worden war, enthielt er selbstverständlich in seinem oberen Theile keinen Thon und den ausgebreiteten in seinem unteren Theile. Der Sack kann daher, wenn der Thon in ihm auch dem äusseren Drucke nachgiebt, beim Aufziehen durch Reibung an der Bohrlochwand alsbald oder nach längerem Gebrauche zerreissen. Ausserdem kann er den Thon verhindern, an einer stark erweiterten Stelle des Bohrlochs das Gestein zu erreichen und noch mehr wird er ihm die Möglichkeit nehmen, Löcher in der Bohrlochwand auszufüllen. Seine Anwendung ist daher nicht anzurathen

Die Einrichtung ist nun so zu treffen, dass der Abschluss einer Wassersäule durch das Zusammendrücken des Thons in jeder Bohrlochtiefe erfolgen kann. Dem entspricht der in Taf. II Fig. 17 dargestellte Apparat, bestimmt für ein Bohrloch, dessen Weite nur 55 mm, gleich der des zu den Versuchen benutzten Glascylinders ist.

$A B C D$ ist die Bohrlochwand und $a b$ die cylindrische Holzstange für die Scheiben zum Zusammendrücken des Thons. Für die Stange ist eine Holzart zu nehmen, die dem Umbiegen gut wiedersteht, z. B. Eschenholz, und so, dass der Kern des Holzes in der Längenachse liegt. Die untere Scheibe $d e f g$ wird gegen das Herunterdrücken dadurch geschützt, dass der Theil $c b$ der Stange dicker ist, als der, auf welchem sich die Scheiben befinden. Wenn man, was im Allgemeinen vorausgesetzt wird, auf der jedesmaligen Bohrlochsohle beobachtet, so ist der Theil $b c$ der Stange so lang zu nehmen, als die abzuschliessende Wassersäule werden soll und wenn man zu befürchten hat, dass sie sich durch den auf den Thon auszuübenden Druck biegen werde, ist sie durch eine Leitung, die von Holz sein kann, zu versteifen. Mit dieser Stange verbindet man ein oder auch mehr als ein Maximumthermometer in der Weise, wie es bei dem Kautschukapparate angegeben wurde. Wenn aber ein Bohrloch eine so geringe Weite hat, wie es für die Zeichnung angenommen worden ist, reicht der Raum nicht dazu aus, das Gefäss für das Maximumthermometer auf die Stange zu schieben. Es ist dann erforderlich, in $b c$ eine Blechbüchse einzuschalten, die an ihrem unteren Ende und auf ihrem durch eine Schraube oder sonstige Schliessvorrichtung zu befestigenden Deckel eine Schraubenmutter zu ihrer Verbindung mit der Holzstange hat. Die Wand einer solchen Büchse muss stark genug sein, um durch den auf den Apparat auszuübenden Druck nicht verbogen zu werden. An ihrem oberen Ende erhält sie bei Thermometern, die sich in einer zugeschmolzenen Glasröhre befinden, ein Loch zum Eintritt des Wassers. Beim Gebrauch des Geothermometers muss sie starkwandig und vollkommen dicht geschlossen sein. Der Stangentheil unter der Büchse kann auch von Eisen sein.

Die obere Druckscheibe *h i k l* ist länger als die untere, damit sie sicher auf der Stange gleiten kann. Ihr oberer Theil ist von *h i* bis *m n* etwas abgedreht. Darauf wird die Röhre von Eisen- blech *m n o p* geschoben und noch mit 4 Schrauben *o*, die etwas in das Holz der Scheibe greifen, daran befestigt. Auf den obersten Theil der Stange ist ein durchbohrtes und abgedrehtes Stück Schmiede- eisen *h i q r* geschoben und mit Schrauben *y* an der Stange, in deren Holz sie etwas reichen, befestigt. Diese Schrauben sind so angebracht, dass einige von ihnen möglichst viel Holz über sich haben, um das Zerreissen des Holzes zu verhindern, wenn unter dem Apparate ein schweres Gestänge hängt. Der Stangenkopf kann nicht von Holz sein, weil er in dem Röhrentheile *h i s t* zu gleiten hat und Holz im trockenen Zustande zu willig und, wenn eingequollen, zu schwer gleiten würde. Die Röhre wird an ihrem oberen Ende durch das mit der Schraube *w* für das Gestänge versehene Eisen- stück *o p s t* geschlossen, zu dessen Befestigung an der Röhre 4 Schrauben *u* dienen. In der Blechröhre, die im Innern voll- kommen glatt, also entweder gezogen oder auf der Längsfuge ge- löthet sein muss, befinden sich für den Ein- und Austritt des Wassers bei *s t* und *h i* je zwei Löcher *x*. Es ist endlich *k l d e* der zwischen den Druckscheiben befindliche, die Holzstange um- gebende und an die Bohrlochwand zu pressende Thon.

Über Tage ist in einer Röhre von der Weite des Bohrlochs zu ermitteln, wie viel Gewicht erforderlich ist, um den Thon sicher an die Bohrlochwand zu drücken und ihm dann noch, wie schon gezeigt wurde, das Erforderliche wegen des Verlustes im Wasser zuzusetzen. Dieser Zusatz muss angemessen über die Berechnung hinausgehen, weil der Thon nicht immer in gleichem Grade nach- giebig sein wird und hier keine Rücksicht auf die Haltbarkeit von Kautschuk genommen zu werden braucht.

Sobald der Apparat auf die Bohrlochsohle gestossen ist, kommt das Belastungsgewicht zur Wirkung. Die mit der eisernen Röhre *m n o p* verbundene obere Scheibe geht herunter, wobei der Stangenkopf *h i q r* in dem Röhrentheile *q r s t* gleitet und der Thon an die Bohrloch- wand gedrückt wird. Hierzu ist viel weniger Kraft erforderlich, als wenn man zwecklos die obere Scheibe so stark drücken wollte, dass der Thon auch über die Scheiben hinaus getrieben würde. Es ist daraus zu schliessen, dass wenn der Thon an das Gestein gedrückt worden ist, die Wirkung des Gewichts aufhören wird. Man kann aber auch die Bewegung der oberen Scheibe dadurch begrenzen, dass man, sobald am Gestänge gefühlt wird, dass der Apparat die Bohrlochsohle erreicht hat, an das Gestänge eine Kluppe schraubt, die um die beabsichtigte Länge der Bewegung der oberen Druckscheibe von dem Bohrkopfe absteht und sich nach Zurücklegung jener Länge aufsetzt. Ob das der Wahrscheinlichkeit entgegen nöthig ist, davon kann man sich über Tage durch den Versuch in einer Röhre überzeugen.

Das Gewicht, welches, wenn überhaupt erforderlich, den Kautschukapparat bei seinem Aufziehen so lange zurückhalten soll, bis die Schiebevorrichtung die Spannung des Ballons aufgehoben hat, kommt hier nicht in Betracht, weil der Thon doch abgerissen werden muss. Dies Abreissen ist langsam auszuführen, damit das Thermometer nicht zu stark erschüttert wird.

Nach den für die Zeichnung angenommenen Dimensionen ist der ringförmige Querschnitt des Spielraums zwischen Thon und Bohrloch 0,69 des ringförmigen Querschnitts des zwischen die beiden Scheiben gebrachten Thons. Soll daher z. B. der Thon auf eine Länge von 10 cm an das Gestein gedrückt werden, so muss der hierzu erforderliche Theil des Thons vor seinem Herausdrücken eine Länge von $10 \times 0,69 = 6,9$ cm haben. Um so viel muss also der zwischen die Scheiben zu bringende Thon länger sein als 10 cm, das heisst 16,9 cm. Da hierbei die obere Druckscheibe 6,9 cm heruntergeht, die Verschiebbarkeit $s\,q$ aber zu 17 cm angenommen worden ist, so reicht sie auch für eine grössere Thonlänge aus.

Es kann zwar schon ein guter Abschluss entstehen, wenn, wie nur beispielsweise angenommen worden ist, der Thon auf eine Länge von 10 cm an das Gestein gepresst wird, es ist aber weder nöthig noch zweckmässig, sich darauf zu beschränken. Nimmt man, wie nach der Zeichnung, das Zweifache an = 20 cm, so müssen auch der zwischen die Druckscheiben zu bringende Thon und die Verschiebbarkeit die zweifache Länge haben, die erstere also $2 \times 16,9 = 33,8$ oder 34 cm und die andere $6,9 \times 2 = 13,8$ oder 14 cm lang sein. Die Verschiebbarkeit reicht also auch hierzu aus.

Wie lang der Thonabschluss sein kann, ohne dass es zu schwer wird, ihn von der Bohrlochwand abzureissen, lässt sich über Tage in einer Röhre feststellen. Ein mehrmaliges Beobachten in derselben Tiefe wird ergeben, ob man durch Verlängerung des Thonabschlusses eine höhere, das heisst richtigere Temperatur erhält, wonach dann die zur Erlangung eines richtigen Resultats erforderliche Länge gewählt werden kann.

Soll ein Thonabschluss kürzer sein, als wofür der Apparat eingerichtet ist, so braucht nur die untere Druckscheibe $d\,e\,f\,g$ so viel als nöthig ist heraufgeschoben und in dieser Lage durch ·eine unter ihr auf dem Stangentheile $a\,c$ angezogene Schraubenkluppe festgehalten zu werden.

Wenn man weiss, dass sich das Bohrloch an einer Stelle durch Nachfall erweitert hat, so ist der Abschluss länger als sonst zu nehmen, falls man es nicht vorzieht, das Beobachten an einer solchen Stelle zu vermeiden.

Dadurch, dass der Theil $a\,c$ der Schiebestange und die beiden Druckscheiben aus Holz bestehen, ist erreicht, dass der Abschluss der kurzen Wassersäule nur durch die schlechten Wärmeleiter Thon und Holz erfolgt, also der Wärmeausstrahlung wirksam entgegengetreten ist.

Der Apparat ·wird sich auch für Bohrlöcher von grosser Weite anwenden lassen. Dass hierbei nicht mehr Thon zur Anwendung kommt, als zum Abschluss erforderlich ist, lässt sich durch die Dicke des Stangentheils $a\,c$ erreichen, denn je grösser diese ist, desto geringer wird die Masse des Thons. Da die Dimensionen der Schieberöhre und der hölzernen Theile von der Weite des Bohrlochs abhängig sind, so muss, wenn diese geringer geworden ist, ein neuer Apparat angefertigt werden, was wegen seiner grossen Einfachheit nicht viel kostet. Die hierdurch entbehrlich gewordenen Apparate können, wenn Aussicht vorhanden ist, sie bei einem anderen Bohrloche wieder zu verwenden, aufbewahrt werden.

Verbindet man, um entfernt von der Bohrlochsohle mit dem Ballonapparate zu beobachten, zwei solcher Apparate durch die in die abgeschlossene Wassersäule kommende Stange mit einander und stellt diese Verbindung aufrecht, so wirkt auf das Breitdrücken des oberen Ballons das Gewicht seiner Armaturen von $e\,f$ bis $g\,h$ und das der Röhre $k\,l\,m\,n$. Dasselbe tritt ein bei dem unteren Ballon, es kommt aber noch hinzu das Gewicht der Stange $w\,x\,q$ nebst Zubehör und das der Eisenstange zwischen den beiden Ballons nebst Zubehör. Der untere Ballon wird also etwas früher und stärker breitgedrückt, als der obere.

Dies wird sich aber nicht sehr geltend machen, wenn im Bohrloche noch der Gestängedruck hinzukommt. Es wird also bei dem oberen Ballon zu der bereits erwähnten kleinen eigenen Herunterschiebung seiner Mitte noch die des unteren Ballons kommen, was unerwünscht ist. Es lässt sich dies, wenn es auch das Kautschuk wohl nicht zu stark angreifen wird, fast ganz dadurch vermeiden, dass man mit diesem Apparate in der Regel nur auf der Bohrlochsohle beobachtet, was stets möglich ist, wenn mit den Beobachtungen zeitig genug angefangen wurde. Damit ist jedoch nicht ausgeschlossen zu untersuchen, ob man ein besseres Resultat erhält, wenn beim Beobachten auf der Sohle zur etwa noch weiter nöthigen Beseitigung der Wärmeausstrahlung zwei Apparate übereinander angewandt werden.

Beim Beobachten über der Sohle mit dem Thonapparate ist es zweckmässig, den unteren Apparat in umgekehrter Stellung zu verwenden, weil dadurch erreicht wird, dass sich in der abzuschliessenden Wassersäule nur die Stange mit dem Thermometer befindet. Bei dem unteren Apparate bewegt sich dann die feste Druckscheibe $d\,e\,f\,g$ nach unten, die Wirkung auf den Thon ist aber dieselbe wie bei dem oberen Apparate. Will man von dem Thone eine geringere Länge benutzen, als für welche der Apparat eingerichtet ist, so kommt die vorerwähnte Kluppe bei dem unteren Apparate über die Scheibe $d\,e\,f\,g$.

Wenn bei dem Apparate so viel Holz zur Anwendung kommt wie nach der Construction, so ruht auf dem unteren Apparate vor dem Zusammendrücken des Thons nicht bedeutend mehr Gewicht, als auf dem oberen, die beiden Thonmassen werden daher gleichzeitig breitgedrückt. Die obere Thonmasse muss daher, auch nachdem sie breitgedrückt ist, in Folge der Verkürzung der unteren mit Reibung an der Bohrlochwand heruntergleiten und es fragt sich daher, ob sie auch dabei noch einen sicheren Abschluss gewährt. Ein Versuch hierüber hat Folgendes ergeben.

Zwischen die Druckscheiben der zu den Versuchen benutzten Stange wurde eine 12,7 cm lange Thonmasse gebracht und in den mit Wasser angefüllten Glascylinder an dessen Wand gepresst, wonach sie noch 10,9 cm lang war. Die obere Druckscheibe wurde nun so mit der Stange verbunden, dass sie sich auf derselben nicht verschieben konnte und die so zusammen gehaltene, an das Glas gepresste Thonmasse mehrmals hintereinander 3 cm lang auf und nieder geschoben, wobei eine Trübung des Wassers durch den abgeriebenen Thon entstand. Das dichte Haften des Thons am Glase litt hierdurch nicht und es wird dies im Bohrloche um so weniger der Fall sein, als der Druck auf den Thon bis zum Ende der Verschiebung bleibt. Nach der Ablagerung des abgeriebenen Thons während der Nacht stand er auf dem Boden des Glascylinders 10,7 mm hoch und hatte denselben Querschnitt wie der an das Glas gepresste Thon, weil vor seinem Absatze die Stange des Apparats bis auf den Boden des Glases geschoben worden war. Als plastischer Thon würde der schlammige Absatz höchstens 5 mm hoch sein. Es gingen also von der 10,9 cm langen Thonmasse durch wiederholte Reibung am Glase 5 mm, also vollgerechnet nur 5 % verloren. Dass an der rauhen Bohrlochwand mehr Thon abgerieben werden kann, als an der glatten Glaswand, wird sich dadurch ausgleichen, dass die gleitende Bewegung im Bohrloche nur einmal vorkommt, bei dem Versuche aber mehrmals hintereinander ausgeführt wurde. Der Verlust ist also sehr gering, man kann aber mit Rücksicht darauf den oberen Thon etwas länger nehmen, als den unteren. Ausserdem ist dieser Verlust keine Beschädigung des Apparats, sondern nur ein kleiner Mehrverbrauch an Dichtungsmaterial. Der Apparat ist also zum Beobachten über der Bohrlochsohle gut geeignet.

Ist ein Bohrloch so eng, dass die Holzstange so dünn wie in der Zeichnung genommen werden muss, so kann sie kein langes und dadurch schweres Untergestänge tragen, es sei denn, dass es möglichst dick aus Holz gemacht würde, wozu man aber gewöhnlich nicht eingerichtet sein wird. Man würde sich also mit den Beobachtungen nicht sehr weit von der Bohrlochsohle entfernen können, was aber noch nicht genügt, auf den Vortheil, den die geringe Wärmeleitungsfähigkeit des Holzes gewährt, zu verzichten. Wieviel Gewicht unter dem Apparate angebracht werden kann, ohne dass eine Beschädigung, namentlich ein Ausreissen des Holzes durch die Schrauben y im Stangenkopfe $h i q r$ und die Schrauben o in der oberen Druckscheibe $h i k l$ eintritt, lässt sich durch einen Versuch über Tage ermitteln. Nöthigenfalls kann der Widerstand des Holzes gegen ein solches Ausreissen dadurch erhöht werden, dass man dem Stangenkopfe und der oberen Druckscheibe eine noch grössere Länge giebt, als in der Zeichnung angegeben ist.

Muss man aber doch in bedeutender Entfernung von der Sohle beobachten, so ist statt der hölzernen Stange eine solche von Eisen, aber nur in der gerade erforderlichen Stärke anzuwenden, für die Druckscheiben aber das Holz beizubehalten, weil dadurch die Wärme ausstrahlende Fläche auf den Querschnitt der Stange beschränkt wird. Es ist dies möglich, weil die Last des Untergestänges an der Stange hängt, der Stangenkopf und die obere Druckscheibe zwar ebenso belastet sind, aber dagegen durch ihre Länge geschützt werden können und die untere Druckscheibe nicht belastet ist.

Bei Bohrlöchern von nicht geringer Weite sind derartige Rücksichten entbehrlich, weil die belasteten Holztheile sich so stark machen lassen, dass sie auch ein schweres Untergestänge tragen können.

Die hier angegebene Art der Benutzung des Thons zum Abschluss von Wassersäulen ist nicht zu verwechseln mit der in Sperenberg als Nothbehelf angewandten, bei welcher sich der Thon in doppeltconischen Leinwandsäcken befand.

Wegen der jedesmaligen Anbringung und Wiederentfernung des Thons ist das Beobachten nicht so bequem, wie mit dem Kautschukapparate, den man nur herabzulassen und wieder herauszuziehen hat.

Auf meinen Rath ist die Benutzung des Thons als Abschlussmittel bei den vorerwähnten Beobachtungen in dem Bohrloche zu Schladebach zur Anwendung gekommen. Bei der von Oberberginspector KÖBRICH zu Schönebeck ausgeführten Construction des dazu erforderlichen Apparats musste von der vorzugsweisen Anwendung des Holzes abgesehen werden, weil (S. 166) das Bohrloch schon eine bedeutende Tiefe erreicht hatte, zur Erlangung einer hinreichend langen Temperaturreihe auch weit entfernt von der Sohle zu beobachten, also beim Mangel eines Gestänges von Holz ein langes schweres eisernes Gestänge unter dem Apparate anzuwenden war, zu dessen Tragung das Holz bei der geringen Stärke, die es in dem sehr engen Bohrloche nur erhalten konnte, nicht ausreichte. Dadurch wurde es nothwendig, zu dem betreffenden Theile des Apparats Eisen zu nehmen. Wegen der Nothwendigkeit, auch entfernt von der Sohle zu beobachten, war der Apparat gleich auf zwei Thonabschlüsse eingerichtet. Ausser dem in der abgeschlossenen Wassersäule befindlichen Maximumthermometer befand sich ein zweites am oberen Theile des Apparats im offenen Wasser, um gleichzeitig auch dessen Wärme messen zu können.

Bei beiden Arten des Apparats ist das Untergestänge durch Leitungen zu versteifen. Die Anbringung einiger Leitungen unmittelbar über dem Apparate gewährt Sicherheit dafür, dass der auszuübende Druck genau in senkrechter Richtung wirkt. Bei einem starken Gestänge, verbunden mit sehr geringer Weite des Bohrloches, ist beides entbehrlich.

In Beziehung auf den zu Sperenberg benutzten Apparat wurde

bemerkt, dass dessen Eisentheile das Wasser erst abkühlen und dadurch zur Beseitigung der durch die Bohrarbeit dem Wasser mitgetheilten Wärme beitragen würden. Bei den jetzt vorgeschlagenen Apparaten kommt dies wegen der geringeren Masse des an ihnen vorhandenen Eisens weniger in Betracht. Das wird aber ausgeglichen durch den Vortheil, welchen das Holz als schlechter Wärmeleiter gewährt und ausserdem genügen die sonst angegebenen Mittel zur Beseitigung jener Wärme.

Das an den beiden Apparaten befindliche Holz ist so lange in Wasser zu tauchen, dass sich das Zellgewebe vollständig mit Wasser füllt. Abgekürzt wird dies dadurch, dass man den Apparat etwa 30 m tief unter den Spiegel des Wassers im Bohrloche hängt. Dieses Durchtränken giebt dem Holze nicht nur die Dimensionen, die es im Wasser doch erhält, sondern es gleicht auch den Druck aus, den die hohe Wassersäule im Bohrloche ausübt, wenn das Holz noch Luft enthält. Bei dem Thonapparate ist es auch nothwendig, um sich zu überzeugen, dass die obere Druckscheibe selbst bei völlig eingequollenem Holze auf der Stange verschiebbar bleibt.

Es ist sehr zu wünschen, der Vergleichung wegen in denselben Tiefen mehrmals mit dem Kautschuk- und dem Thonapparate unter Anwendung derselben Thermometer zu beobachten. Derjenige Apparat, welcher hierbei die höheren Temperaturen ergiebt, ist der bessere. Ergiebt sich hierbei kein Unterschied, so kommt noch Folgendes in Betracht.

Für Bohrlöcher von sehr geringer Weite gewährt die Benutzung des Thons den Vortheil, dass man dem Abschlussmittel ohne Weiteres die zu seiner sicheren Wirkung erforderliche Länge geben kann, und wenn, wie es in Schladebach der Fall war, mit Dampfkraft und Spülung gebohrt wird, lässt sich der in das Bohrloch gelangte Thon leicht entfernen. Ist aber diese Entfernung lästig und zeitraubend, so wähle man den Kautschukapparat, dessen Mehrkosten durch die mit seiner Anwendung, namentlich bei zahlreichen Beobachtungen verbundene Ersparung an Arbeit und Material aufgewogen werden. Wenn zahlreiche Beobachtungen nicht in Aussicht stehen, spricht für den Thonapparat, dass er nicht nur wenig kostet, sondern auch rasch ohne Hilfe einer Maschinenfabrik hergestellt werden kann.

Es lässt sich ein Wasserabschluss auch dadurch bewirken, dass eine massive durchlochte Kugel von Kautschuk auf eine Stange geschoben und so zusammengedrückt wird, dass sie sich, wenn auch nicht mit so grosser Breite, wie beim Kautschukballon, an die

Bohrlochwand legt. Sie zerplatzt dabei aber leicht, weil ihre Oberfläche nicht so ausdehnbar ist, wie die Wand des Ballons und bei
weiten Bohrlöchern würde auch der Bedarf an Kautschuk sehr gross
und kostspielig werden. Dies Verfahren kann aber brauchbar sein
für kleine Kugeln, also für enge Bohrlöcher. Solchen Kugeln müsste
dann, damit sie nicht sehr plattgedrückt zu werden brauchten, im
Bohrloche nur so viel Spielraum gegeben werden, dass ihre Beschädigung bei der Bewegung eben vermieden würde und um einen
hinreichend langen Abschluss zu erhalten, müssten mehrere Kugeln
übereinander angewandt werden. Ob sie dabei unbeschädigt bleiben,
lässt sich über Tage in einer Röhre von der Weite des Bohrloches
ermitteln.

Sollte das Beobachten mit Abschlussapparaten wegen gar zu
geringer Bohrlochweite oder sonstiger Umstände nicht mehr möglich
sein, so kann man nach Einstellen des Bohrens das Fehlende durch
Beobachten in einem in das Bohrloch gebrachten hinreichend dicken
Schlamme ersetzen, wobei die Weite nur so gross zu sein braucht,
dass sich das Thermometer in einer Büchse herunterbringen lässt.
Auch ohne eine solche Nöthigung hierzu würde es von Werth sein,
bei der Einstellung des Bohrens auf der Sohle nach der Beobachtung mit einem Abschlussapparate einen hinreichend dicken und
hohen Schlamm zu erzeugen und in demselben nochmals auf der
Sohle zu beobachten, um beide Resultate mit einander vergleichen
zu können.

Es mag hier nochmals darauf hingewiesen werden, dass hinsichtlich ihrer Richtigkeit verdächtige Beobachtungen baldigst in
derselben, oder einer nicht viel davon abweichenden Tiefe zu wiederholen sind, um danach beurtheilen zu können, welche von beiden
Beobachtungen die richtigste ist, oder ob beide gleichrichtig sind.
Wurde die erste Beobachtung auf der Sohle angestellt, so benutze
man zur zweiten die Sohle, welche am Ende der Woche erhalten wird.

Es ist auch in Erwägung gezogen worden, ob es zulässig und
räthlich sei, Abschlussapparate wie die vorerwähnten zur Ersparung
von Zeit und Arbeit mit einem Seile, das der Sicherheit und Dauer
wegen ein hinreichend starkes, durch Umhüllung oder Durchtränkung
mit einem geeigneten Stoffe gegen Oxydation möglichst zu schützendes
Drahtseil sein muss, im Bohrloche herabzulassen.

Dem steht zunächst das Bedenken entgegen, dass man ein
Drahtseil nicht gern längere Zeit im Bohrloche lässt und, wenn in
der Woche kräftig gebohrt worden ist, während des Sonntags sich

so viel Schlamm auf dem Apparate. absetzen kann, dass für den dadurch entstehenden Widerstand die Stärke des Drahtseils nicht ausreicht. Ferner spricht für die Anwendung des Gestänges, dass die Beobachtungen mit Wasserabschluss nur in gewissen Abständen nöthig sind und dass die zeitraubende Anwendung von Klammerschrauben zur Feststellung der Gestängeschrauben, die in Sperenberg beim Benutzen des Apparats Taf. I Fig. 10 nicht zu umgehen war, jetzt nicht mehr erforderlich ist.

Ob das Bedenken wegen des Schlamms gerechtfertigt ist, lässt sich dadurch ermitteln, dass man zunächst mit dem Gestänge beobachtet und dadurch ohne Gefahr die Grösse des Widerstandes erfährt. Ist sie nicht bedenklich, so würde die Anwendung des Seiles zulässig sein. Da indes die Benutzung des Gestänges die grösste Sicherheit gewährt und nur zeitweise eintritt, so wird man wohl thun, nicht zu kurze Zeit dabei zu bleiben, um die Umstände kennen zu lernen. Danach wird sich beurtheilen lassen, ob die Anwendung eines starken Drahtseils, das öfters auf seine Haltbarkeit geprüft werden muss, räthlich ist. Beim Bohren mit Wasserspülung fällt das Bedenken wegen des Schlamms fort. Ein Drahtseil ist dann nicht vorhanden, weil man es zum Schlammlöffeln nicht braucht und seine Anschaffung zu den Beobachtungen wird von den Umständen abhängen.

Das Gewicht, welches erforderlich ist, um einen Abschlussapparat zur Wirkung zu bringen, muss aus Gestänge bestehen, weil ein hierzu dienendes dickes und kurzes Gewicht zu gefährlich werden könnte.

W. Thomson findet es wahrscheinlich, dass eine Reihe von in beträchtlicher Entfernung von einander angebrachten Kautschukscheiben die innere Strömung des Wassers in einem Bohrloche beseitigen werde [1]. Zwischen in beträchtlicher Entfernung von einander angebrachten Scheiben würde aber, selbst wenn sie das Gestein dicht berühren könnten, wieder die innere Strömung des Wassers entstehen. Mehr würde zu erwarten sein, wenn erst eine hinreichende Anzahl noch übereinander befindlicher Scheiben vorhanden wäre, dann ein Wassersäulenstück für das Maximumthermometer und über demselben die gleiche Anzahl von Scheiben wie unten. Allein auch so könnte nicht das erreicht werden, was ein mit hinreichender Kraft an das Gestein gedrückter Abschluss leistet.

---

[1] Nature a weekly illustrated journal of science. Jan. 11. 1877. p. 242.

P. Harting hat bei seinen in einem 369 m tiefen Bohrloche zu Utrecht angestellten Beobachtungen den Abschluss einer kurzen Wassersäule angewandt[1]. Über und unter dem thermometrischen Apparate befand sich eine mit zwei Öffnungen versehene runde eiserne Scheibe von geringerem Durchmesser als dem des Bohrlochs. Über der oberen und unter der unteren Scheibe war eine 4 mm dicke runde Kautschukscheibe angebracht, deren Durchmesser grösser war, als der des Bohrlochs. Es war daher nöthig, am Rande derselben einige kurze radiale Einschnitte zu machen, um ihre Auf- und Nieder- bewegung im Bohrloche zu ermöglichen. Die Öffnungen in den Eisenscheiben bewirkten, dass beim Einlassen die obere Kautschuk- scheibe nach oben und beim Herausziehen die untere nach unten umgebogen wurde. Zur Beförderung des Einlassens an einem 1,5 mm dicken Kupferdrahte war unter dem Apparate ein Gewicht von 10 kg angebracht. Der Draht konnte viel mehr als das Gewicht des Apparats, nämlich 50 kg tragen, zerriss aber doch in der Tiefe von 200 m. Der Apparat hing dann noch an einem mit herab- gelassenen Seile von 4 mm Dicke und liess sich mit einem anderen Seile mittelst eines daran befindlichen Hakens wieder herausziehen.

Es würde werthvoll sein, wenn in dieser Weise der Abschluss ebenso genau wie durch zwei Kautschukballons oder zwei Thon- massen erfolgte, denn dann könnte man auch noch nach der Voll- endung eines Bohrlochs sehr bequem gute Beobachtungen erhalten, ohne dass für den Apparat ein Stützpunkt nöthig wäre.

Allein der schmale Rand, mit welchem die Kautschukscheiben das Bohrloch berühren und daran nur mit der geringen Kraft ge- drückt werden, die das Kautschuk dem Umbiegen entgegensetzt, kann nicht so sicher wirken, wie der breit und kräftig an das Ge- stein gedrückte Kautschukballon oder der Thon. Wenn sich die durch die Einschnitte an den Rändern gebildeten Abtheilungen nicht regelmässig aufeinander legen, was wahrscheinlich ist, entstehen grössere Öffnungen für die innere Strömung des Wassers. Der Schutz, den die Eisen- und Kautschukscheibe gegen die Ausstrahlung der Wärme geben, ist nicht gross genug. Endlich aber und haupt- sächlich geht, wie bei dem Vorschlage von W. Thomson, den Kaut- schukscheiben die Möglichkeit ab, Löcher oder locale Erweiterung in der Bohrlochwand zu schliessen. Da nun die Sperenberger Be- obachtungen gezeigt haben, dass man schon bei kleinen Mängeln

---

[1] Archives néerlandaises des sciences exactes et naturelles. Tome XIV. 1879. p. 473.

des Abschlusses die Wärme zu gering, also unrichtig findet, so muss, wenn die Aufgabe gelöst werden soll, aus den Beobachtungen auch das Gesetz der Wärmezunahme mit hinreichender Wahrscheinlichkeit abzuleiten, bei den Abschlussapparaten ohne Rücksicht auf die entstehenden Kosten die möglichste Vollkommenheit erstrebt werden und dies ist nur zu erreichen, wenn völlige Sicherheit dafür gegeben ist, dass der abschliessende Stoff auf eine nicht zu kleine Länge fest und wasserdicht auch an eine rauhe Bohrlochwand gepresst werden kann.

In einem 75 mm weiten Bohrloche zu Sulz am Neckar sind zwei Beobachtungen so angestellt, dass man dabei das Maximumthermometer zwischen zwei, je 2 m lange Bürsten von grösserem Durchmesser als dem des Bohrlochs brachte. Es wurde dadurch fast genau die Wärme wie im offenen Wasser erhalten. Es wäre zu untersuchen, ob man dadurch auch in einem weiten Bohrloche ein ebenso gutes Resultat erhält, wie durch den Kautschukapparat, Taf. II. Fig. 15. Der störende Einfluss der inneren Wasserströmung lässt sich nur bei einer längeren Temperaturreihe erkennen.

In England hat man ein Verfahren zur Ermittelung der Erdwärme in Erwägung gezogen, dass von BECQUEREL schon vor längerer Zeit angewandt, aber wegen der dazu erforderlichen Nebenarbeit und Geschicklichkeit zurückgesetzt wurde, nämlich die Messung einer vom Beobachter entfernt liegenden Temperatur mittelst des elektrischen Stromes. Das Verfahren beruht auf Folgendem.

Ein elektrischer Strom kann in einer durch zwei verschiedene metallische Leiter gebildeten, in sich geschlossenen Kette bei gleicher Temperatur ihrer Theile nicht entstehen, weil sich die entgegengesetzten elektromotorischen Kräfte in ihrer stromerregenden Wirkung aufheben. Dies gilt bei ungleicher Temperatur der Metalle oder der Berührungspunkte nicht mehr. Im Jahre 1823 entdeckte nämlich SEEBECK, dass in einem ganz metallischen Bogen, welcher aus einem auf einen Wismuthstab gelötheten Kupferbügel bestand, ein Strom entstand, sobald eine der beiden Löthstellen eine höhere Temperatur hatte, als die andere. Um dies näher nachzuweisen, wird, wenn beide Löthstellen noch die Temperatur der Umgebung haben, der Apparat so gestellt, dass seine Längsachse in die Ebene des magnetischen Meridians fällt, also auch eine unter den Kupferbügel gebrachte, auf einer Spitze frei spielende Magnetnadel mit der Achse und den Längenkanten des Wismuthstäbchens parallel ist. Erwärmt man nun eine der Löthstellen, so erleidet die Nadel eine mehr oder weniger bedeutende Ablenkung. Erkaltet man aber dieselbe Löthstelle unter die Temperatur der umgebenden Luft, so beobachtet man eine Ablenkung nach entgegengesetzter Richtung[1]. Dasselbe findet auch bei anderen Metallverbindungen, namentlich solchen statt, die wie Kupfer und Eisen in der elektrischen Spannungsreihe weit von einander stehen.

Der Unterschied zwischen den Temperaturen an den Enden der Kette oder ihre Gleichheit lässt sich in folgender Weise ermitteln. In einem Glasrohre liegen neben einander, durch Umhüllung isolirt, ein Eisen- und Neusilberdraht. Die nach unten aus der Röhre hervorragenden Enden der Drähte sind zusammengelöthet und zu einer Spitze ausgearbeitet. Nach oben geht die Röhre mittelst Stopfen wasserdicht durch ein kugelförmiges Glasgefäss und an die aus der Röhre hervorragenden Enden der Drähte sind Drähte gelöthet, die zum Multiplicator und zu dem dazu gehörenden Galvanometer, welches am besten ein Spiegelgalvanometer ist, führen. In dem Glasgefässe befindet sich Eiswasser.

Ist die Ablenkung des Galvanometers, welche entsteht, wenn die untere Spitze der beiden Drähte in Wasser von bestimmter Wärme gesteckt wird, beobachtet worden und dies auch für andere Temperaturunterschiede geschehen, so kann aus der für irgend einen anderen Fall beobachteten Ablenkung auf die Temperatur geschlossen werden, welcher das untere Ende der Leitung ausgesetzt wurde, weil für nicht zu grosse Temperaturunterschiede anzunehmen ist, dass die beobachteten Ablenkungen den Temperaturunterschieden proportional sind. Hat man die zu den Ausschlägen gehörenden Temperaturbeträge in eine Tabelle gebracht, so kann das Wasser in der Glaskugel auch eine Temperatur über Null haben, denn es ist nur nöthig, mit seiner Temperatur die positive oder negative Temperaturdifferenz zu verbinden, welche der Ablenkung des Galvanometers entspricht[2].

Man kann aber auch, analog dem für den Gebrauch eines Ausflussthermometers früher angeführten Controlversuche, die Temperatur des Wassers in der Glaskugel so lange abändern, bis das vor dem Versuche auf Null gestellt gewesene Galvanometer wieder auf Null zurückgegangen und da einige Minuten geblieben ist. Dann giebt die Temperatur dieses Wassers die am unteren Ende der Leitung befindliche an.

---

[1] MÜLLER, Lehrbuch der Physik und Meteorologie. 8. Aufl. Bd. III. 1881. S. 587. Fig. 527.

[2] MÜLLER a. a. O. S. 590. Fig. 533.

In ähnlicher Weise hat nach demselben Princip BECQUEREL verfahren [1].

Die Anwendung dieses Verfahrens zur Bestimmung der Wärme des in einem Bohrloche stillstehenden Wassers erfordert zwei Leitungen, die eine von Kupfer- und die andere von Eisendraht, jede so lang, dass sie bis in die betreffende Tiefe reicht, durch Umhüllung mit Guttapercha oder einem sonstigen ebenso wirkenden Stoffe isolirt, an ihren unteren Enden zusammengelöthet und oben mit dem elektrothermischen Apparate versehen. W. THOMSON empfiehlt, die Drähte stark sowie durchaus möglichst homogen zu nehmen und sie nach ihrer Isolirung zu einem Kabel mit einander zu verbinden. Beides ist zweckmässig und das Letzterwähnte nöthig, um Raum zu ersparen und Verschlingungen zu verhindern. Ausserdem empfiehlt er, die Drähte unten nicht aneinander, sondern an das nicht mit einer Umhüllung versehene Stück einer starkwandigen kupfernen Röhre zu löthen, welches ringsum dicht die Erdmasse berühren soll, um sich zu sichern, dass es deren Temperatur annehme [2]. Ein so dichter Schluss ist nicht möglich, weil ein Bohrloch niemals so genau cylindrisch sein kann, dass sich in ihm ein solches Röhrenstück mit dem Kabel heruntersenken liess. Es würde sogar mit dem, wegen des Kabels hier nicht anwendbaren Gestänge, unmöglich sein.

BECQUEREL führt an, die durch das elektrische Thermometer erhaltene Wärme stimme bis auf $\frac{1}{10}^0$ C. und auch noch genauer mit der überein, die man durch eine directe Messung am Wärmeorte, z. B. im Wasser eines Bohrlochs erhalte [3]. Das legt die Meinung nahe, man könne in einem solchen Falle die Wärme ebenso gut und einfacher mit einem in das Bohrloch gesenkten empfindlichen Maximumthermometer finden.

Indes, wenn man auch durch das elektrische Thermometer die Wärme des offenen Wassers in einem Bohrloche mit sonst nicht erreichbarer Genauigkeit fände, so wäre doch damit nichts gewonnen, weil diese Wärme nicht die der Erde ist.

Genau liess sich aber die Wärme der Erde finden, wenn man, wie in dem vorerwähnten Report ebenfalls angeführt worden ist, so viel Kabel von verschiedener Länge einsenkt, als Temperaturbeobachtungen gemacht werden sollen und dann das Bohrloch mit

---

[1] Comptes rendus 1858. Vol. XLVI p. 1186 u. 1863; vol. LVI p. 1059.

[2] From the Report of the British Association for the Advancement of science for 1878. p. 6.

[3] Comptes rendus 1863. Vol. LVI p. 1062.

dem zerkleinerten Gestein, dem zur Beförderung der Dichtigkeit etwas Thon zugesetzt wird, ausfüllt.

Sobald sich diese Masse vollständig gesetzt und die Wärme der Erde angenommen hat, können die Beobachtungen mit Bequemlichkeit angestellt, und so lange, als die Kabel halten, auch wiederholt werden. Sind die kürzeren Kabel für die geringeren Tiefen in genügender Zahl angebracht, so lassen sich mit ihnen auch die Veränderungen der Wärme nach den Jahreszeiten und die Tiefe, in welcher die Wärme constant wird, ermitteln.

Die Beschaffung der hierbei für ein tiefes Bohrloch erforderlichen Kabel, die sich, etwa mit Ausnahme der kürzesten, nicht wieder herausziehen lassen, verursacht aber bedeutende Kosten. BECQUEREL bemerkt zwar, zu einem elektrischen Thermometer gehörten in seiner einfachsten Gestalt ein Kupfer- und ein Eisendraht, aber kurz darauf, das kupferne wie das eiserne Seil müsste aus 7 zusammengedrehten Drähten von der Länge des Kabels und 2 mm Dicke bestehen [1]. Ein Seil würde also wenigstens 14 mm dick.

Der Preis eines für Blitzableiter bestimmten nur 1 cm dicken kupfernen Drahtseils wurde mir zu 1,25 Mk. für das Meter angegeben. Ein solches, noch nicht mit der Isolirhülle versehenes Seil, würde also für eine Beobachtung in der Tiefe von 1000 m schon 1250 Mk. kosten, die wohl, zumal weil sie nur einen Theil der Kosten bilden, von dem Versuche abschrecken werden. Dazu kommt noch als wesentlich, dass BECQUEREL sein Verfahren nur bis zu einer Tiefe von 100 Fuss angewandt hat und dass es nach der von Prof. EVERETT angestellten Untersuchung für grosse Tiefen zur Erlangung zuverlässiger Beobachtungen nicht genau genug ist [2].

Danach wird man sich ferner zur Erlangung richtiger Beobachtungen an den Abschluss kurzer Wassersäulen durch möglichst gut wirkende Apparate oder vorkommenden Falls an den dicken Schlamm im Bohrloche zu halten haben. Sehr geeignet wird aber ferner die elektrische Methode zu einer länger dauernden Untersuchung der Wärme der oberen Bodenschichten bis zur Tiefe des Anfangs der constanten Wärme, wobei sich unter Umständen auch die Kabel wieder werden herausziehen lassen, bleiben [3].

---

[1] Comptes rendus 1863. Vol. LVI p. 1059. u. 1060.
[2] Nature a weekly etc. 1882. S. 564.
[3] Comptes rendus 1858. Vol. XLVII p. 717.

Fünfundzwanzigstes Capitel.

Was in neuerer Zeit für die Fortsetzung der Beobachtungen geschehen ist. — Bemühungen der British Association. — Beobachtungen in Utrecht. — Bohrungen und Beobachtungen in Deutschland. — Früherer Eifer. — Jetzige bessere Mittel zur Erlangung richtiger Beobachtungen. — Nachtheile eines zu späten Beginns der Beobachtungen in Bohrlöchern. — Hoher Werth der langen Temperaturreihen. — Rathschläge für künftige Beobachtungen. — Die Beurtheilung der Beobachtungen ist erleichtert durch die Möglichkeit ihrer Berechnung. — Was noch zu erreichen sein wird.

Die grosse Zahl der seither beobachteten Temperaturreihen, die wegen ihrer Fehlerhaftigkeit haltbare Schlüsse nicht zulassen gegen die wenigen hinreichend fehlerfreien, drängt zu der Frage, was in neuerer Zeit zur Vermehrung zuverlässiger Beobachtungen geschehen ist.

In England hat die British Association schon seit längerer Zeit einen aus namhaften Gelehrten bestehenden Ausschuss zur Erforschung der Veränderung der Temperatur niederwärts im Boden des festen Landes und unter Wasser gebildet. Er verschafft sich selbst aus entfernten Gegenden Mittheilungen über das Beobachtete, die jährlich durch den Schriftführer des Ausschusses, Prof. J. D. Everett zu Belfast, veröffentlicht werden. Unter Benutzung der so erhaltenen Mittheilungen wurde auch der mittlere Werth der Zunahme der Wärme mit der Tiefe berechnet und dabei, weil die Beobachtungen einen sehr verschiedenen Werth hatten, den besseren ein höheres Gewicht beigelegt. Man findet dadurch aber doch nur jenen mittleren Werth und noch nicht das Gesetz der Zunahme der Wärme mit der Tiefe. Wie ganz anders würde das Ergebniss ausgefallen sein, wenn es aus einer grossen Zahl richtiger Beobachtungen hätte abgeleitet werden können.

Zu den Verdiensten des Ausschusses gehört auch, dass er denjenigen, von denen er glaubt, dass sie für die Fortsetzung der Beobachtungen wirken können, unentgeltlich mit Sorgfalt angefertigte Thermometer mittheilt.

In den Niederlanden wurde von P. Harting eine ihm nur zu Gebote stehende kurze Zeit benutzt, um in dem Bohrloche zu Utrecht in der bereits angeführten Weise in vier verschiedenen Tiefen Temperaturbeobachtungen in einer kurzen abgeschlossenen Wassersäule, deren Benutzung hierzu von ihm[1] wie auch von anderer Seite[2] als nothwendig bezeichnet wurde, anzustellen.

In Deutschland hat sich Preussen durch Gewährung der Mittel zu den Beobachtungen in Sperenberg und Sudenburg ein besonderes Verdienst erworben. Gleichzeitig mit Sperenberg sind im preussischen Staate auf höhere Anordnung auch in anderen Bohrlöchern Beobachtungen angestellt worden, die aber hier nicht in Betracht kommen, weil bei ihnen das alte Verfahren angewandt wurde.

Seitdem ist in Deutschland vielfach und in einem Falle sogar tiefer als in Sperenberg gebohrt worden, ich habe aber nicht vernommen, dass daselbst oder anderwärts nach dem von mir angegebenen und ausgeführten Verfahren in Bohrlöchern beobachtet worden sei, bis diese lange Pause durch die schon angeführten Beobachtungen in dem sehr tiefen Bohrloche zu Schladebach bei Dürrenberg, nach dem Bohrloche von Paruschowitz in Oberschlesien, dem tiefsten auf der ganzen Erde, unterbrochen worden ist.

Wenn früher, als man zwar den durch die innere Strömung des Wassers entstehenden Fehler, aber noch nicht das Mittel zu seiner Beseitigung kannte, WALFERDIN die Reise von Paris nach Mondorf nicht scheute, um, wenn auch nur zwei richtige Beobachtungen zu machen, so hat man jetzt gegenüber den wenigen, als hinreichend richtig anzuerkennenden Reihen, um so weniger Grund, die Erforschung der Erdwärme für vollendet zu halten. Haben, wie gezeigt wurde, die wenigen richtigen Reihen werthvolle Aufschlüsse ergeben, so ist das noch mehr zu erwarten, wenn sie in hinreichend grosser Zahl vorhanden sein werden. Man kann nicht darauf rechnen, dass nur zum Zwecke von Temperaturbeobachtungen tief gebohrt werde. Wenn das aber in der Hoffnung, dadurch einen werthvollen Fund zu machen, geschieht, so ist der Wunsch berechtigt, dass eine so günstige Gelegenheit benutzt werden möge, durch Ausführung zuverlässiger Beobachtungen der Wissenschaft zu nützen. Die Bemühungen der British Association zeigen, wie sich günstig auf die Vornahme von Beobachtungen wirken lässt und es ist zu wünschen, dass dies auch anderwärts geschehe.

---

[1] a. a. O. p. 465.
[2] Nature a weekly etc. Jan 11. 1877. p. 242.

Es ist anzunehmen, dass mit den jetzt vorgeschlagenen Apparaten der Abschluss des Wassers in Bohrlöchern bequem und sicher erfolgt. Die damit verbundene Arbeit ist klein im Vergleiche mit dem, was dadurch erreicht wird, denn sie besteht nur darin, den Apparat in angemessenen Tiefenabständen mit dem Gestänge oder unter Umständen mit dem Drahtseile einzulassen und nach hinreichend langem Verweilen in der Tiefe zur Ermittelung der Temperatur wieder herauszuziehen. Die ausserdem zur Vergleichung vorzunehmende Messung der Wärme des offenen Wassers ist so einfach, dass sie nur wenig in Betracht kommt. Wird sie gleichzeitig mit dem Einlassen des Abschlussapparats vorgenommen, so verursacht sie gar keinen und wenn es mit einem Seile nach dem Herausziehen des Apparats geschieht, nur einen geringen Zeitverlust.

Es kommt vor, dass wenn man sich entschliesst, in einem Bohrloche Beobachtungen mit Wasserabschluss anzustellen, dies zwar nicht wie in Sperenberg nach Vollendung des Bohrlochs, aber doch erst geschieht, nachdem schon eine grosse Tiefe erreicht worden ist. Dazu könnte nur Veranlassung vorliegen, wenn es allein oder vorzugsweise auf die grossen Tiefen und die dazu gehörenden hohen Temperaturen ankäme. Beide sind allerdings insofern von Bedeutung als aus ihnen ersichtlich ist, welche bedeutende Höhe die Erdwärme erlangen kann, aber daneben steht als besonders wichtig die Ermittelung des Gesetzes der Wärmefortschreitung mit der Tiefe, welches, wie schon früher hervorgehoben wurde, um so sicherer gefunden wird, je länger die Reihe ist. Ausserdem setzt man sich dabei, worauf hier nochmals hingewiesen werden mag, den Schwierigkeiten und Störungen aus, die mit einem langen Untergestänge, der wenigstens theilweisen Entziehung der Möglichkeit, zur Zeit des Verweilens des Abschlussapparats im Bohrloche den Sonntag zu benutzen und dem Bezweifeln der Richtigkeit der in einer Verröhrung ausgeführten Beobachtungen, verbunden sind.

Eine lange Reihe gewährt, wie die Beobachtungen zu Schladebach gezeigt haben, auch die Möglichkeit, sie in mehrere Theile zu trennen, von denen jeder eine zur Beurtheilung seines Charakters hinreichende Anzahl von Gliedern enthält. Zeigen diese Theile dann einen verschiedenen Charakter und ist namentlich in ihnen die Wärmezunahme bald beschleunigt, bald verzögert, so lässt sich besser als sonst beurtheilen, ob darin ein wirkliches Gesetz, oder nur eine nicht maassgebende Änderung liegt.

Man kann bald erkennen, ob sich ein Bohrloch zu Beobachtungen eignet und wird auch ein Anhalten darüber haben, ob auf eine grosse Tiefe zu rechnen ist. Wird diese Tiefe aber wider Erwarten nicht gross und hat man von den geringeren Tiefen an beobachtet, so behält das Erlangte doch seinen Werth. Durch zu späten Anfang der Beobachtungen oder ihre gänzliche Unterlassung kann man sich um die längsten und besten Reihen bringen.

Man versehe sich daher rechtzeitig in zweifachen Exemplaren mit möglichst richtigen, absolut reines Quecksilber enthaltenden Thermometern, bei denen die Grade thunlichst gross sind. An einer Präcisionsanstalt (S. 47) sind sie mit den Normalthermometern zu vergleichen und mit Zeugnissen über die kleinen Abweichungen zu versehen.

Nur solche Beobachtungen in Bohrlöchern, bei denen die innere Strömung des Wassers, oder, wenn ausnahmsweise ein Bohrloch trocken sein sollte, die der Luft beseitigt ist, können als annehmbar und maassgebend betrachtet werden. Die dazu bestimmte Art des Abschlussapparats ist zur rechten Zeit anzufertigen und wenn man zur Vergleichung eine andere Art mitbenutzen will, auch diese.

Jedes Verfahren ist zu vermeiden, welches von einem erfahrenen Bohrinspektor oder Bohrmeister als gefährlich für das Bohrloch bezeichnet wird.

Bei Beobachtungen in Bergwerken besteht nach dem Vorhergehenden der umständliche Theil der Arbeit nur in der Herstellung hinreichend tiefer Bohrlöcher für das Maximumthermometer.

Werden Beobachtungen beschrieben, so muss das, damit der Leser den Grad ihrer Richtigkeit beurtheilen kann, eingehend und kritisch geschehen, andernfalls ist es möglich, dass mangelhafte Beobachtungen für gute gehalten werden und die daraus gezogenen unrichtigen Schlüsse sich lange erhalten.

ARAGO konnte seine Beobachtungen im Bohrloche zu Grenelle selbst anstellen. Wenn aber, wie in der Regel, der Leiter solcher Beobachtungen nicht in der Nähe des Bohrorts wohnt, ist die Mehrzahl der Beobachtungen dem betreffenden Bohrmeister zu überlassen. Es muss daher, wie es beispielsweise in Sperenberg der Fall war, ein Bohrmeister vorhanden sein, der, nachdem man ihm eine genaue schriftliche Anweisung übergeben, und in seinem Beisein selbst beobachtet hat, das Verfahren nicht nur mit Eifer und Verständniss auffasst, sondern auch die zur richtigen Anwendung der Instrumente erforderliche Geschicklichkeit besitzt. Ebenso ist es bei Beobachtungen in Bergwerken.

Möglichst fehlerfreie Beobachtungen der inneren Wärme der Erde erfordern zwar, wie sonstige physikalische Versuche, die Anwendung grosser Sorgfalt und zweckmässiger Apparate, sie haben aber auch sonstige Seiten, durch welche die Erlangung eines annehmbaren Resultats erleichtert wird. Es kann beispielsweise die genügende Erklärung der Veränderung, welche ein Gestein erlitten hat, schon deshalb schwer oder unmöglich sein, weil uns bei etwaigen Versuchen nicht wie der Natur das Hilfsmittel einer fast unbegrenzten Zeit zu Gebote steht, in der selbst eine kleine Kraft Grosses zu bewirken vermag. Bei der Erdwärme dagegen kann sich eine durch irgendwelche Ursache eingetretene Veränderung nur durch ihre Erhöhung oder Erniedrigung zeigen. Es handelt sich also zunächst noch nicht um die Auffindng jener Ursache, sondern darum, durch möglichst richtige Beobachtungen den jetzigen Zustand festzustellen, und wenn auch bei allem, was gewogen oder gemessen werden muss, absolute Richtigkeit nicht erreicht wird, so gewährt doch das Wiegen und hier das Messen die werthvolle Möglichkeit, die gefundenen Grössen der ausgleichenden Berechnung zu unterwerfen und dadurch das gesuchte Gesetz der Wärmefortschreitung zu erhalten. Ist dies geschehen, dann wird es bei unbefangener Beurtheilung nicht schwer fallen, diejenige Ursache der Erdwärme zu finden, die mit den Beobachtungen und den physischen Gesetzen am besten im Einklange steht.

G. BISCHOF hat darauf hingewiesen[1], es sei sehr zu wünschen, dass sich solche günstige Verhältnisse wie zu Pregny und bei der auf der Grube Himmelfahrt sammt Abraham Fundgrube bei Freiberg durch ein Verspünden abgeschlossenen Wassermasse, deren Wärme von REICH gemessen wurde, häufiger darböten und benutzt würden. Die Erfüllung dieses Wunsches ist jetzt bei Bohrlöchern durch die Beobachtungen der Wärme in kurzen abgeschlossenen Wassersäulen gegeben. Gleiches muss man bei Bergwerken in der schon beschriebenen Weise zu erreichen suchen, wobei freilich die Aussicht auf Erlangung zuverlässiger Ergebnisse in den meisten Fällen geringer ist als bei den Bohrlöchern.

Wenn nun auch die Erlangung zuverlässiger Beobachtungen von verschiedenen Bedingungen abhängt, so ist darunter doch keine,

[1] a. a. O. S. 255.

die durch die Schwierigkeit ihrer Erfüllung abschrecken könnte. Wird ihnen unter Benutzung der sich darbietenden Gelegenheiten entsprochen, dann dürfte, wie schon G. Bischof[1] erklärte „die Zeit, ein allgemeines Gesetz für die Wärmezunahme nach dem Innern zu finden, nicht mehr fern sein. Wenn auch dieses Gesetz, wie alle physischen Gesetze, Perturbationen erleiden sollte, so wäre es doch denkbar, dann selbst für diese Perturbationen numerische Ausdrücke zu finden."

---

[1] a. a. O. S. 255.